STARK

TRAINING Grundwissen
MATHEMATIK

Markus Fiederer

Algebra 7. Klasse

Aufgaben mit Lösungen

STARK

Bildnachweis

S. 1: © Ian Francis / Dreamstime.com
S. 13: © Jan Scott / Dreamstime.com
S. 15: © Uniqueglen / Dreamstime.com
S. 17: David Fuchs, Berlin
S. 19: © ullstein – Oed
S. 22: © „No sports today" von Harald Wittmaack / Sxc.hu; www.Wittmaack.de
S. 23: © Angela Schumann
S. 37: © Anna-Lena & Henning Hraban Ramm / PixelQuelle.de
S. 42: © Henrique Viviani / Sxc.hu
S. 44: © Gebr. Märklin & Cie. GmbH
S. 49: © Yanik Chauvin / Dreamstime.com
S. 51: © Neha Saini / Dreamstime.com
S. 59: © PixelQuelle.de
S. 61: © Craig Ruaux / Dreamstime.com
S. 63: Verkehrsschild: © Lukas Zlesak / Sxc.hu; Markenware © PixelQuelle.de;
Börsenblatt © Markus Hein / PixelQuelle.de
S. 64: © Aki / Dreamstime.com
S. 67: © neckermann.de GmbH
S. 68: © Carlo San / Sxc.hu
S. 69: © Gautier / Gimmestock.com
S. 70: © Rohit Seth / Dreamstime.com
S. 75: Fußball: © Ulrik De Wachter / Sxc.hu;
Würfel: © Davide Guglielmo / Sxc.hu
S. 76: © Andrew Barker / Gimmestock.com
S. 77: © Ben Goode / Gimmestock.com
S. 79: © Photocase.com
alle übrigen Fotos: Redaktion Stark Verlag

ISBN 13: 978-3-89449-865-8
ISBN 10: 3-89449-865-X

Inhalt

Autor: Markus Fiederer

Vorwort

Liebe Schülerin, lieber Schüler,

mit diesem Buch kannst du den **gesamten Unterrichtsstoff** für die **Algebra** in der **7. Klasse** selbstständig wiederholen und dich optimal auf Klassenarbeiten bzw. Schulaufgaben vorbereiten.

- Im **Grundwissen** werden alle relevanten Themen aufgegriffen und anhand von ausführlichen **Beispielen** veranschaulicht. **Kleinschrittige Hinweise** erklären dir die einzelnen Rechen- oder Denkschritte genau. Die Zusammenfassungen der **zentralen Inhalte** sind außerdem in blauer Schrift hervorgehoben.

- **Zahlreiche Übungsaufgaben** mit ansteigendem Schwierigkeitsgrad bieten dir die Möglichkeit, die verschiedenen Themen einzuüben. Hier kannst du überprüfen, ob du den gelernten Stoff auch anwenden kannst.

- Zu allen Aufgaben gibt es am Ende des Buches **vollständig vorgerechnete Lösungen** mit **zusätzlichen Hinweisen**, die dir den Lösungsansatz und die jeweiligen Schwierigkeiten genau erläutern.

Besonders effektiv kannst du mit dem Buch **arbeiten**, wenn du dich an einer der beiden folgenden Vorgehensweisen orientierst:

- Bearbeite **zunächst das Grundwissen mit den Beispielen** und löse anschließend selbstständig die Übungsaufgaben in der angegebenen Reihenfolge. Wichtig: Schlage erst dann in den Lösungen nach, wenn du mit einer Aufgabe wirklich fertig bist! Solltest du mit eine Aufgabe gar nicht zurechtkommen, dann markiere sie und bearbeite zunächst die zugehörige Lösung. Versuche, die Aufgabe nach ein paar Tagen noch einmal selbstständig zu lösen.

- Alternativ kannst du damit beginnen, **einige Übungsaufgaben** in einem Kapitel zu lösen und danach deine Lösungen mit den angegebenen Lösungen zu vergleichen. Wenn alle Aufgaben richtig sind, bearbeitest du die weiteren Aufgaben des Kapitels. Bei Unsicherheiten oder Schwierigkeiten wiederholst du die entsprechenden Inhalte im Grundwissen.

Ich wünsche dir gute Fortschritte bei der Arbeit mit diesem Buch und viel Erfolg in der Mathematik.

Markus Fiederer

Rechnen mit rationalen Zahlen

Die Melone wurde in einem bestimmten Verhältnis geteilt. Von dem lateinischen Wort „ratio" für „Verhältnis" stammt der Begriff „rationale Zahlen". Diese Zahlen umfassen auch die Werte, die zwischen zwei benachbarten ganzen Zahlen liegen.

Die bekannten Rechengesetze der positiven Zahlen werden auf die rationalen
Zahlen übertragen. Du lernst also, mit positiven und negativen Zahlen zu
rechnen, wie du es beispielsweise von einem Girokonto kennst: Einzahlungen
(positive Beträge) und Abhebungen (negative Beträge) werden dort zusammen-
gezählt oder abgezogen.

RAIFFEISENBANK NITTENAU	MKZ	VA	AUSZ.NR BL-NR.		KONTO-NR
93149 NITTENAU			397		337

BU-TAG	TEXT		PNR	VALUTA	UMSATZ* €
18.11.06	Überweisung an Telefonica Regensburg, für Rechnung 430/04		2459	18.11.	18,79 S
02.12.06	Prämie für Kundenwerbung				5,00 H

Herm/Frau/Fräulein/Firma **Kontoauszug**

Max Zantl		
Ludwig-Thoma-Weg 23	LETZTE ERSTELLUNG 17.11.2006	ALTER KONTOSTAND 63,53 H
93149 Nittenau	ERSTELLUNGSTAG 04.12.2006	NEUER KONTOSTAND 49,74 H

Bankgeschäfte im Internet? Schnell und bequem!
unter www.RB-SCHWANDORF-NITTENAU.DE

* S = BELASTUNG / H = GUTSCHRIFT

Der **Betrag** einer Zahl ist ihr **Abstand** vom Ursprung auf dem Zahlenstrahl.
Der Betrag ist deshalb stets positiv oder null, aber **nie negativ**.

Beispiele
1. $|-5| = 5$
2. $|2| = 2$

1 Addition rationaler Zahlen

Nutze die Addition rationaler Zahlen, um Begriffe und Rechenregeln aus früheren Jahren zu wiederholen.

$$
\underset{\substack{\text{1. Summand} \\ \qquad \text{Summe}}}{5 \quad + \quad \underset{\text{2. Summand}}{(-4)}} \quad = \quad \underset{\substack{\text{Wert der} \\ \text{Summe}}}{1}
$$

Unterscheide zwischen Rechenzeichen (hier: „+") und Vorzeichen (hier: „–"). Das Rechenzeichen entscheidet über den Termnamen (hier: Summe).

Mithilfe des Betrags kannst du positive und negative Zahlen nach folgenden Regeln **addieren**:

- Wenn beide Zahlen ein **positives Vorzeichen** haben, addierst du die Zahlen. Das Ergebnis der Summe ist **positiv**.
- Wenn beide Zahlen ein **negatives Vorzeichen** haben, werden die Beträge der Summanden addiert. Das Zwischenergebnis wird mit einem negativen Vorzeichen versehen. Das Ergebnis der Summe ist **negativ**.
- Wenn die Zahlen **verschiedene Vorzeichen** haben, subtrahiert man die Beträge der Zahlen so, dass das Zwischenergebnis positiv ist. Die ursprüngliche Zahl mit dem **größeren Betrag, bestimmt das Vorzeichen** der Summe.

Beispiele

1. $-19 + (-5)$

   $|-19| = 19$

   $|-5| = 5$

   $|-19| + |-5| = 19 + 5 = 24$

   -24

   $-19 + (-5) = \mathbf{-24}$

   Beide Zahlen sind **negativ**.

   Du addierst die Beträge der Summanden und setzt ein **Minuszeichen** vor die Summe der Beträge.

   Das Ergebnis ist **negativ**.

2. $-17 + 3$

   $|-17| = 17$

   $|3| = 3$

   $17 - 3 = 14$

   $|-17| > |3|$, da $17 > 3$

   $-17 + 3 = \mathbf{-14}$

   Die Summanden haben **unterschiedliche Vorzeichen**.

   Ihre Beträge werden so subtrahiert, dass das Ergebnis positiv ist.

   Die Zahl –17 hat den größeren Betrag, also ist die Summe **negativ**.

Aufgaben

1. Berechne folgende Summen:
   a) $-146+(-148) =$ b) $1\,111+(-2\,211) =$
   c) $865+(-278) =$ d) $-845+655 =$
   e) $-287+365 =$ f) $-121+11^2 =$

2. Berechne folgende Summen:
   a) $-16,2+22,4 =$ b) $-27,345+14,216 =$
   c) $38,5+(-22,53) =$ d) $365,2+(-576,38) =$
   e) $-6,2+(-24) =$ f) $-625,312+(-123,25) =$

3. Berechne:
   a) $\dfrac{3}{4}+\left(-\dfrac{5}{8}\right) =$ b) $\dfrac{4}{5}+\left(-1\dfrac{2}{3}\right) =$
   c) $-\dfrac{3}{8}+\left(-7\dfrac{2}{3}\right) =$ d) $-\dfrac{26}{27}+1\dfrac{1}{3} =$
   e) $-25\dfrac{1}{3}+23\dfrac{1}{5} =$ f) $-22\dfrac{4}{5}+\left(-7\dfrac{8}{13}\right) =$

4. Berechne folgende Summen:
   a) $-4,2+(-6,8)+22\dfrac{1}{4}-2\dfrac{1}{2} =$
   b) $\dfrac{1}{2}+\left(-\dfrac{1}{3}\right)+\dfrac{1}{4}+\left(-\dfrac{1}{5}\right) =$
   c) $\left[-\dfrac{1}{6}+\left(-\dfrac{1}{5}\right)\right]+[-1,6+(-1,5)] =$
   d) $-1,2+(-2,1)+\left[\dfrac{1}{2}+(-2,4)\right]+(-7,25) =$

5. Berechne die Summen und ordne jeder Teilaufgabe den richtigen Lösungs-
   buchstaben aus der Liste am Ende der Aufgabe zu. Damit erhältst du ein
   Lösungswort.
   a) $22,12+(-23,58)+(-25,642) =$
   b) $\dfrac{1}{2}+1,3+\left(-\dfrac{1}{4}\right)+1,5 =$
   c) $\left[\dfrac{2}{3}+\left(-\dfrac{5}{6}\right)\right]+\left[-\dfrac{1}{9}+\left(-\dfrac{5}{3}\right)\right] =$
   d) $\left[\dfrac{1}{27}+\left(-\dfrac{1}{9}\right)+\left(-\dfrac{1}{3}\right)\right]+\left(-2\dfrac{1}{3}\right)+\left[\dfrac{2}{81}+\left(-\dfrac{4}{27}\right)\right] =$

e) $\dfrac{1}{2}+\left(-\dfrac{1}{4}\right)+\dfrac{1}{8}+\left[\left(-\dfrac{1}{32}\right)+\left(-\dfrac{1}{16}\right)\right]=$

f) $2,25+(-5,22)+(-2,52)+\left(-\dfrac{2}{5}\right)+\left(-\dfrac{5}{2}\right)=$

S: $-2\dfrac{70}{81}$ S: $\dfrac{9}{32}$

E: $-8,39$ L: $3,05$

K: $-27,102$ A: $-1\dfrac{17}{18}$

Lösungswort:

a)	b)	c)	d)	e)	f)

!

2 Subtraktion rationaler Zahlen

Negative Zahlen können als Geld-
schulden interpretiert werden. Du
leihst dir von einem Freund, bei dem
du bereits 4 € Schulden hast, weitere
3 €. Dein neuer Schuldenstand beträgt 7 €. Umgekehrt kannst du deine
7 € Schulden nach der Taschen-
geldauszahlung um 2 € vermin-
dern: Nun musst du also nur noch
5 € Schulden zurückzahlen.

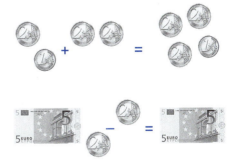

Betrachte das Problem nun mathematisch: Für die Subtraktion rationaler Zahlen
wird das Konzept der **Gegenzahl** eingeführt. Zahl und Gegenzahl haben den
gleichen Abstand zum Ursprung des Zahlenstrahls, d. h. sie haben den **gleichen
Betrag**, aber unterschiedliche Vorzeichen.

Zahl und Gegenzahl

Beispiele

1. Gegenzahl zu $\quad-4 \quad \rightarrow \quad 4$

2. Gegenzahl zu $\quad-4\dfrac{1}{3} \quad \rightarrow \quad 4\dfrac{1}{3}$

3. Gegenzahl zu $\quad 0 \quad \rightarrow \quad 0$

> Eine rationale Zahl wird **subtrahiert**, indem du ihre **Gegenzahl addierst** und dabei die Regeln der Addition rationaler Zahlen anwendest.

Beispiele

5. $17-(-5)=$

$17+(\mathbf{+5})=17+5=\mathbf{22}$

Die Gegenzahl zu –5 ist 5.
Addiere die Gegenzahl –5.

6. $\quad-15-3=$

$-15+(\mathbf{-3})=$

$-(15+3)=\mathbf{-18}$

Die Gegenzahl zu 3 ist –3. Beide Summanden haben ein negatives Vorzeichen.

7. $-16-(-4)=$

$-16+(\mathbf{+4})=$

$-(16-4)=\mathbf{-12}$

Die Gegenzahl zu –4 ist 4. Die Summanden haben unterschiedliche Vorzeichen, also entscheidet der größere Betrag über das Vorzeichen.

Aufgaben

6. Berechne folgende Differenzen:

a) $-233-456=$

b) $2\,576-3\,845=$

c) $-423-352=$

d) $11^2-13^2=$

e) $4\,321-1\,234=$

f) $111-222=$

7. Berechne folgende Differenzen:

a) $\dfrac{1}{2}-\dfrac{3}{8}=$

b) $1,4-2\dfrac{1}{3}=$

c) $-2\dfrac{3}{5}-7\dfrac{1}{8}=$

d) $-1\dfrac{1}{2}-5,45=$

8. Berechne folgende Terme:

a) $5,4-\left(6,8+23\dfrac{2}{5}\right)-21,25=$

b) $-\dfrac{1}{2}+\dfrac{1}{3}-\dfrac{1}{4}+\dfrac{1}{5}=$

c) $\left(-\dfrac{1}{8}-\dfrac{1}{9}\right)+[-1,8+(-1,9)]=$

d) $\left(\dfrac{1}{3}-\dfrac{1}{2}\right)-\left(\dfrac{1}{4}-\dfrac{1}{5}\right)=$

9. Setze passend Klammern, sodass folgende Gleichungen erfüllt sind:

a) $2,52 - 3,67 - 7,5 + 1,2 = 7,55$

b) $\dfrac{1}{6} - \dfrac{1}{9} - \dfrac{1}{3} - \dfrac{2}{9} = -\dfrac{1}{18}$

c) $\dfrac{1}{2} - \dfrac{1}{3} - \dfrac{1}{6} + \dfrac{1}{4} = \dfrac{7}{12}$

d) $5,17 - 5,71 + 1,75 - 1,57 - 7,51 + 7,15 = 10,8$

10. Fülle das Zahlenrätsel aus. Negative Vorzeichen und Kommas beanspruchen jeweils ein eigenes Kästchen.

Waagrecht

1 $\quad -8645 - 6543$

6 $\quad -8,94 - (-9,48 + 4,89)$

7 $\quad 18^2 - 17^2 - 12^2$

8 $\quad -55 - 66 - (-77 - 88)$

9 $\quad 9^2$

10 $\quad -\left[-13^2 + \left(2,37 + 35\dfrac{1}{4} \right) - (-23,15 - 23,53) \right]$

11 $\quad -(-12\,891 - 3\,589 - 5\,677)$

Senkrecht

2 $\quad$ Wie viele Sekunden sind 9 min?

3 $\quad -5,34 - 8\dfrac{1}{4} - \left(-7,12 + 1\dfrac{1}{5} \right) + 9,57$

4 $\quad$ drittgrößte Primzahl kleiner als 100

5 $\quad -35,4 + (-31,8 - 27,54) - [-89,9 + (-90,01)]$

7 $\quad 82,1 - \left(-5\dfrac{1}{4} + 4\dfrac{1}{5} \right) + \left(-41\dfrac{1}{5} - 51\dfrac{1}{4} \right) + 5,1$

9 $\quad -2\dfrac{1}{20} + (12,5 - 21,8) + 20,05$

3 Multiplikation und Division rationaler Zahlen

Natürlich kannst du rationale Zahlen auch multiplizieren und dividieren. Zu den rationalen Zahlen gehören ebenso die Bruchzahlen. Wie du weißt, wird **durch einen Bruch dividiert**, indem man mit dem **Kehrbruch multipliziert**.

Das **Multiplizieren** und **Dividieren** rationaler Zahlen wird in zwei Schritten ausgeführt.

1. Zuerst werden die Zahlen ohne Rücksicht auf ihr Vorzeichen multipliziert bzw. dividiert, d. h. es werden alle **Beträge** der Zahlen **multipliziert** bzw. **dividiert**.
2. Das Vorzeichen des Produkt- bzw. Quotientenwertes wird nach folgender Vorzeichenregel bestimmt:

   gleiche Vorzeichen → **positives** Ergebnis

   $(+) \cdot (+) = (+)$

   $(-) \cdot (-) = (+)$

   verschiedene Vorzeichen → **negatives** Ergebnis

   $(+) \cdot (-) = (-)$

   $(-) \cdot (+) = (\;)$

Beispiele

1. $(-5) \cdot (+3)$

   $5 \cdot 3 = 15$

   $(-) \cdot (+) = (-)$

   $(-5) \cdot (+3) = -(5 \cdot 3) = \mathbf{-15}$

   Multipliziere die Beträge.
   Bestimme das Vorzeichen.

2. $(+4) : (-6)$

   $4 : 6 = \dfrac{4}{6} = \dfrac{2}{3}$

   $(+) : (-) = (-)$

   $(+4) : (-6) = -\dfrac{\mathbf{2}}{\mathbf{3}}$

   Dividiere die Beträge.

   Bestimme das Vorzeichen.

3. $(-7) \cdot (-9)$

   $7 \cdot 9 = 63$

   $(-) \cdot (-) = (+)$

   $(-7) \cdot (-9) = +(7 \cdot 9) = \mathbf{63}$

4. $-\dfrac{2}{3} : \dfrac{4}{5}$

   $\dfrac{2}{3} \cdot \dfrac{5}{4} = \dfrac{2 \cdot 5}{3 \cdot 4} = \dfrac{1 \cdot 5}{3 \cdot 2} = \dfrac{5}{6}$

   $(-) : (+) = (-)$

   $-\dfrac{2}{3} : \dfrac{4}{5} = -\dfrac{5}{6}$

   Die Division ist gleich der Multiplikation mit dem Kehrbruch $\frac{5}{4}$. Kürze anschließend.

5. $1\frac{1}{2}:\left(-1\frac{2}{3}\right)=\frac{3}{2}:\left(-\frac{5}{3}\right)=-\left(\frac{3}{2}:\frac{5}{3}\right)$ Schreibe die gemischten Zahlen als gewöhnliche Brüche.

$\frac{3}{2}:\frac{5}{3}=\left(\frac{3}{2}\cdot\frac{3}{5}\right)=\frac{3\cdot3}{2\cdot5}=\frac{9}{10}$ Die Division ist gleich der Multiplikation mit dem Kehrbruch $\frac{3}{5}$.

$(+):(-)=(-)$

$1\frac{1}{2}:\left(-1\frac{2}{3}\right)=-\frac{9}{10}$

Aufgaben

11. Berechne folgende Produkte und Quotienten:

a) $36\cdot(-2)=$ b) $(-24):(-12)=$

c) $(-36):(-6)=$ d) $(-0{,}2)\cdot18=$

e) $\frac{2}{3}:\left(-\frac{3}{2}\right)=$ f) $\left(-2\frac{2}{3}\right):\left(-\frac{3}{4}\right)=$

g) $(-25)\cdot(-4)=$ h) $(-22):66=$

12. Berechne:

a) $\left(-\frac{8}{3}\right)\cdot\left(-\frac{9}{2}\right)\cdot\frac{1}{11}\cdot(-12)\cdot(-11)=$ b) $\left(-\frac{5}{2}\right)\cdot\frac{2}{3}\cdot\left(-\frac{3}{2}\right)\cdot\left(-\frac{1}{2}\right)\cdot6=$

c) $1{,}9\cdot(-9{,}8)\cdot(-0{,}5)\cdot0{,}1\cdot(-20)=$ d) $2\frac{1}{3}\cdot\left(-3\frac{1}{2}\right)\cdot1\frac{2}{3}\cdot(-2{,}5)\cdot(-5{,}2)=$

13. Wie viele $\frac{3}{4}$ m lange Teilstücke bekommt man aus einem 9 m langen Teppich?

14. In einem Kanister stehen 120 ℓ Traubensaft zur Abfüllung bereit.

a) Wie viele Flaschen erhält man bei einem Flaschenvolumen von 0,7 ℓ?

b) Wie viele Flaschen erhält man bei einem Flaschenvolumen von $\frac{1}{4}$ ℓ?

15. Bestimme für die Platzhalter die fehlenden Zahlen so, dass die Gleichungen erfüllt sind.

a) $(-56\,232):\boxed{}=-99$

b) $\frac{8}{5}\cdot\left(-\frac{12}{25}\right)\cdot\boxed{}=7\frac{1}{2}$

c) $\left(-1\frac{2}{5}\right)\cdot\left(-5\frac{1}{2}\right):\left(-2\frac{1}{5}\right)\cdot\boxed{}=-11\frac{2}{3}$

d) $\boxed{}:(-2{,}5)\cdot12\frac{1}{5}\cdot(-1{,}16)=-0{,}28304$

4   Potenzen mit natürlichen Exponenten

Wie du weißt, kann ein **Produkt mit gleichen Faktoren** verkürzt als **Potenz** geschrieben werden: $5 \cdot 5 \cdot 5 \cdot 5 = 5^4$

Zum Verallgemeinern ersetzt du die Zahlen durch Buchstaben und erhältst:

$a^n = \underbrace{a \cdot ... \cdot a}_{n \text{ Faktoren}}$ mit $a \in \mathbb{Q}$ und $n \in \mathbb{N}$

a^n nennt man eine **Potenz** mit der **Basis a** und dem **Exponenten n**.

Beispiele

1. $2^7 = \underbrace{2 \cdot 2 \cdot 2 \cdot 2 \cdot 2 \cdot 2 \cdot 2}_{\textbf{7 Faktoren}} = 128$

Schreibe die Potenz aus und multipliziere schrittweise:

$2^7 = \overbrace{2 \cdot 2}^{=4} \cdot \overbrace{2 \cdot 2}^{=4} \cdot \overbrace{2 \cdot 2}^{=4} \cdot 2 =$
$\underbrace{4 \cdot 4}_{= 16} \cdot \underbrace{4 \cdot 2}_{= 8} = 16 \cdot 8 = 128$

2. $7^2 = 7 \cdot 7 = 49$

Schreibe die Potenz aus und multipliziere.

3. $2^3 = 2 \cdot 2 \cdot 2 = 8$
    $2 \cdot 3 = 2 + 2 + 2 = 6$

Beachte den Unterschied zwischen den beiden Termen.

Das Vorzeichen einer Potenz mit **negativer Basis** kannst du ermitteln, indem du die Potenz als Produkt schreibst und mithilfe der Vorzeichenregeln das Vorzeichen bestimmst.

Beispiele

4. $(-2)^2 = (\mathbf{-2}) \cdot (\mathbf{-2}) = 4$

Die 2. Potenz ist positiv, da sie ein Produkt aus zwei negativen Zahlen ist.

5. $(-2)^3 = \underbrace{(-2) \cdot (-2)}_{= 4} \cdot (-2) =$
    $4 \cdot (-2) = -8$

Die 3. Potenz einer negativen Basis ist negativ.

6. $(-2)^4 = \underbrace{(-2) \cdot (-2)}_{= 4} \cdot \underbrace{(-2) \cdot (-2)}_{= 4} =$
    $4 \cdot 4 = 16$

Die 4. Potenz einer negativen Basis ist positiv.

7. $(-2)^5 = \underbrace{(-2)^4}_{= 16} \cdot (-2) =$
    $16 \cdot (-2) = -32$

Die 5. Potenz einer negativen Basis ist negativ.

Wie du anhand der Beispiele sehen kannst, erhältst du bei **geraden Exponenten** 2, 4, 6, 8, … eine **positive Zahl**. Ist der Exponent **ungerade** (1, 3, 5, 7 …), so ist das Ergebnis **negativ**. In einer Formel wird das folgendermaßen notiert:

$$(-a)^n = \begin{cases} a^n & \text{für gerade Exponenten } n \quad a \in \mathbb{R}^+ \\ -a^n & \text{für ungerade Exponenten } n \end{cases}$$

Beachte, dass dies jedoch nur bei einer **negativen Basis** gilt. Überprüfe also immer, ob **das Vorzeichen zur Basis gehört**. Dies wird durch Klammern angezeigt.

Beispiele

8. $(-3)^4 = \underbrace{(-3)\cdot(-3)}_{= \,+9}\cdot\underbrace{(-3)\cdot(-3)}_{= \,+9} =$

Hier gehört das Vorzeichen zur Basis.

$9 \cdot 9 = 81$

9. $-3^4 = -(3\cdot3\cdot3\cdot3) = -81$

Beachte den Unterschied zu Beispiel 8: Hier gehört das Vorzeichen nicht zur Basis.

Aufgaben

16. Suche für jede Aufgabe das richtige Ergebnis aus der Liste und trage den dazugehörigen Buchstaben der Reihe nach in die Kästchen ein.

a) $\left(\dfrac{1}{3}\right)^3$ 256   (I)

b) $0{,}01^4$ 0,008   (!)

c) 2^{10} 25   (T)

d) $2^9 - 2^8$ 81   (K)

e) $3^4 + 3^3 - 3^2$ 1 024   (S)

f) $\left(\dfrac{2}{3}\right)^3$ 99   (S)

g) $\left(\dfrac{3}{2}\right)^3$ $\dfrac{1}{27}$ (D)

h) 5^2 10   (R)

i) 2^5 32   (A)

j) $2 \cdot 5$ $\dfrac{8}{27}$ (T)

k) 3^4 0,000 000 01   (A)

l) $0{,}2^3$ $\dfrac{27}{8}$ (S)

Lösungssatz:

 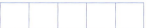

17. a) $(-3)^3 =$

    b) $(-3)^2 =$

    c) $-3^2 =$

    d) $-3^3 =$

    e) $\left(-\dfrac{1}{4}\right)^3 =$

    f) $(-0,01)^4 =$

    g) $10^5 =$

    h) $-10^6 =$

    i) $\left(-\dfrac{1}{2}\right)^5 =$

    j) $\left(-\dfrac{1}{4}\right)^4 =$

    k) $(-1)^{2n} =; \quad n \in \mathbb{N}$

    l) $(-1)^{2n+1} =; \quad n \in \mathbb{N}$

18. a) $\left(-\dfrac{2}{3}\right) \cdot \left(-\dfrac{3}{2}\right)^3 =$

    b) $\left(-\dfrac{1}{3}\right)^3 \cdot 9 \cdot (-3)^3 \cdot \left(-\dfrac{1}{9}\right) =$

    c) $(-2)^4 \cdot \left(-\dfrac{1}{5}\right)^2 \cdot 10^2 \cdot \left(-\dfrac{1}{2}\right)^3 =$

    d) $1,2^3 \cdot \left(-\dfrac{1}{2}\right)^1 \cdot \left(\dfrac{1}{2}\right)^4 \cdot (-2)^5$

19. a) Trage in die freien Felder die Ergebnisse der Multiplikation ein.

$\cdot$	$(-1)^3$	$(-1)^4$	$(-1)^{25}$
$(-1)^3$			
$(-1)^4$			
$(-1)^{25}$			

    b) Nun wird addiert. Trage wieder die Ergebnisse in die freien Felder ein.

$+$	$(-1)^5$	$(-1)^6$	$(-1)^{153}$
$(-1)^7$			
$(-1)^8$			
$(-1)^{57}$			

20. Beim Roulette kann man auf Rot oder Schwarz setzen. Kommt die vorausge-
sagte Farbe, dann erhält man den doppelten Einsatz zurück (bei 2 € Einsatz
werden 4 € ausgezahlt).

Marius hat folgende Spielidee: Verliert Marius seinen Einsatz, so verdoppelt
er diesen Einsatz im nächsten Spiel:

1. Spiel	1 € Einsatz	verloren
2. Spiel	2 € Einsatz	verloren
3. Spiel	4 € Einsatz	verloren
4. Spiel	8 € Einsatz	gewonnen

Gesamter Einsatz: 1 € + 2 € + 4 € + 8 € = 15 €

Auszahlung: $2 \cdot 8$ € = 16 €

Gewinn: 16 € – 15 € = 1€

a) Wie viel Euro Einsatz muss Marius bereithalten, falls er in den ersten
11 Spielen verliert? (Stelle den Ansatz in Potenzschreibweise auf.)

b) Warum ist Marius' Spielsystem mangelhaft?

5 Verbindung der vier Grundrechenarten

Ein **Term** ist eine **sinnvolle Zusammenstellung** aus **Zahlen** und **Rechen-zeichen**, z. B.: $10 - 4 \cdot (6 - 3^2) - (18 - 17 \cdot 5)$
In einem Term können alle bekannten Rechenzeichen vorkommen. Dabei gibt es **genaue Regeln**, in welcher **Reihenfolge** die Rechenoperationen ausgeführt werden. Gäbe es diese Regeln nicht, dann müssten noch viel mehr Klammern gesetzt werden, um eindeutige Terme zu erhalten.

Regeln für das Berechnen von Termen

1. **Klammern zuerst:** Bei verschachtelten Klammern **[(…)]** wird die innere Klammer **(…)** zuerst berechnet.
2. **Potenzen** haben **„Vorfahrt"**, d. h. Potenzen werden bei Termen vor den Punkt- und Strichrechnungen ausgeführt.
3. Es gilt **Punktrechnung** (· und :) **vor Strichrechnung** (– und +), das bedeutet: Multiplikation und Division werden stets vor Addition und Subtraktion ausgeführt.

Beispiele

1. $10 - 4 \cdot (6 - 3^2) - (18 - 17 \cdot 5) =$

   $10 - 4 \cdot (6 - \mathbf{9}) - (18 - 17 \cdot 5) =$

   $10 - 4 \cdot (6 - 9) - (18 - \mathbf{85}) =$

   $10 - 4 \cdot (-3) - (-67) =$

   $10 + 12 + 67 = 89$

   Zuerst werden die Klammern berechnet, dabei wird in der ersten Klammer die „Vorfahrt" der Potenz beachtet, in der zweiten Klammer die Regel Punkt vor Strich. Nachdem die Klammern berechnet sind, wendest du wieder die Regel Punkt vor Strich an.

2. $10 - \{4 \cdot [6 - (3^2)]\} - [18 - (17 \cdot 5)] = 38$

   Dieser Term ist identisch mit dem Term im ersten Beispiel. Allerdings wäre hier die Reihenfolge auch festgelegt, wenn die Regeln 2 und 3 nicht gelten würden. Du siehst, dass die Anwendung von Rechen-regeln viele Klammern sparen kann.

3. $5\frac{2}{7} - \left(-2\frac{2}{5}\right) \cdot 1\frac{2}{3} =$

   $5\frac{2}{7} - \left(-\frac{12}{5}\right) \cdot \frac{5}{3} =$

   $5\frac{2}{7} - (-4) = 5\frac{2}{7} + 4 = 9\frac{2}{7}$

   Schreibe zuerst die gemischten Zahlen als gewöhnliche Brüche und beachte dann die Regel Punktrechnung vor Strich-rechnung.

Aufgaben **21.** Berechne:

a) $27:(-9)-18:(-9)-9\cdot(-1)=$

b) $(-14)\cdot4-\dfrac{1}{2}:\left(-\dfrac{1}{32}\right)=$

c) $\left(0-2:\dfrac{1}{16}\right)\cdot(-2)+\left(3:\dfrac{1}{3}\right):(-1)=$

d) $[-2\cdot(6-3-9)]:(-4)=$

22. Ordne den Termen jeweils den richtigen Buchstaben zu. Trage die Buchstaben in der Reihenfolge der Aufgaben beim Lösungswort ein.

a) $\left(-\dfrac{1}{2}\right)\cdot\left(-3-\dfrac{1}{2}\right)-\dfrac{1}{3}\cdot(2-5)$

b) $\left(-2-3\dfrac{1}{3}\right)\cdot3-(-2)\cdot\left(\dfrac{1}{8}-\dfrac{1}{2}\right)$

c) $\left(-\dfrac{3}{7}\right)\cdot(-21)\cdot\dfrac{5}{9}-\dfrac{1}{9}\cdot\left(-3+2:\dfrac{1}{3}\right)$

d) $\left[\dfrac{3}{8}:\dfrac{7}{2}-\dfrac{4}{5}:\left(-\dfrac{2}{9}\right)\right]:\left[-\dfrac{4}{7}\cdot\dfrac{3}{10}+\dfrac{5}{6}:\dfrac{2}{3}\right]$

e) $\left(1-\dfrac{\frac{1}{6}}{\frac{1}{2}-\frac{1}{6}}\right)\cdot\left(1-\dfrac{1,5}{0,5+\frac{1}{6}}\right)+\left(1+\dfrac{0,5}{0,5-\frac{1}{6}}\right)\cdot\left(1-\dfrac{0,5}{0,5+\frac{1}{6}}\right)$

$P=-15\dfrac{1}{4}$ $\qquad$ $T=4\dfrac{1}{3}$ $\qquad$ $U=-16\dfrac{3}{4}$ $\qquad$ $E=1\dfrac{3}{4}$

$N=16\dfrac{3}{4}$ $\qquad$ $S=0$ $\qquad$ $L=\dfrac{3}{4}$ $\qquad$ $I=2$

$B=\dfrac{6}{151}$ $\qquad$ $K=-\dfrac{3}{4}$ $\qquad$ $A=5\dfrac{1}{3}$ $\qquad$ $L=-4\dfrac{2}{3}$

$F=2\dfrac{3}{4}$ $\qquad$ $D=\dfrac{66}{157}$ $\qquad$ $M=3$ $\qquad$ $C=4\dfrac{2}{3}$

$O=-\dfrac{2}{3}$ $\qquad$ $W=-1$ $\qquad$ $R=1\dfrac{1}{4}$ $\qquad$ $H=3\dfrac{66}{151}$

Lösungswort:

23. Berechne:

a) $5 \cdot 2^5 - 2^4 \cdot 3 - (5 \cdot 4)^2 =$

b) $(4 \cdot 3^4 - 3 \cdot 4^3) : \left[\left(-6 : \left(-\dfrac{1}{2} \right) \right) \right] =$

c) $(-2)^3 + 15 \cdot (-2) - [-5 + 3 \cdot (-1)] + 60 =$

d) $10 \cdot (-3^2) - (-3) \cdot (-3)^3 + (-2 - 34) \cdot 2 =$

e) $[(-2)^3 \cdot (-2)^4 + (-2) \cdot 4 - 1^5]^2 =$

f) $[0{,}1^3 + (0{,}1)^4]^2 + [(-2)^3]^5 \cdot (-1)^{1\,025} =$

g) $\left(-\dfrac{2}{5} \right)^3 \cdot \left(\dfrac{3}{2} \right)^4 - \left[\left(-\dfrac{1}{3} \right)^3 + \left(-\dfrac{1}{2} \right)^2 \right] : \left(-\dfrac{1}{6} \right)^3 =$

h) $\{ [(-1{,}2)^2 + (-1{,}2)^3] : (-2{,}4)^2 \}^1 - \left[\left(\dfrac{1}{3} \right)^2 - \left(-\dfrac{1}{4} \right)^3 \right] =$

24. Streiche die überflüssigen Klammern und berechne anschließend den Term.

a) $(-2) \cdot \left\{ 5\dfrac{1}{3} - \left[\left(-2\dfrac{1}{3} \right) \cdot 2 \right] + \left(-1\dfrac{1}{9} \right) \right\} - 2\dfrac{1}{2} =$

b) $1 - \left\{ \left[-\dfrac{1}{6} : \left(\dfrac{2}{3} - \dfrac{1}{2} \right) \right] + \left[\dfrac{1}{6} \cdot \left(\dfrac{1}{3} - \dfrac{3}{4} \right) \right] \right\} =$

c) $\left\{ \left[(2^4 \cdot 3^4) + (4^2 - 3^4) \right] : \left(-3\dfrac{1}{3} \right) \right\} - (-2) =$

d) $[(10^2 - 11^2) + 12^2] + \{ [(-1)^3 \cdot (-1)^4] : [(-1)^2 + (-1)^5 + (-1)^7] \} =$

25. Berechne die folgenden Potenzen und ordne deine Lösungen jeweils einem Feld zu. Male die entsprechenden Felder aus.

a) -4^3

b) $(-6)^3$

c) $(-3)^4$

d) -3^4

e) $(-4) \cdot 3$

f) $(-4) + 3$

g) $\left(\left((-2)^2 \right)^3 \right)^4$

h) $\left(\left((-1)^3 \right)^5 \right)^7 \cdot \left(\left((-1)^2 \right)^4 \right)^6 - 1$

i) $0{,}002 \cdot 10^5$

j) $(-0{,}1)^5 \cdot 10^7$

k) $10^5 + 10^6 + (-10)^7 - (10)^8$

l) $2^6 : 2^4 \cdot (-0{,}2)^3 : 10^4$

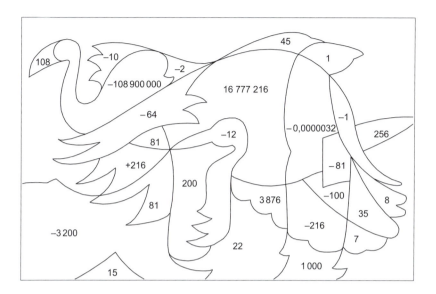

26. Bei dem internationalen Schülertest GENUA gibt es 15 Fragen vom Typ A und 25 Fragen vom Typ B.
Die richtige Antwort auf eine A-Frage bringt +2,1 Punkte, eine falsche Antwort hat −1,8 Punkte zur Folge. Für die richtige Antwort auf eine B-Frage erhält man +1,4 Punkte, für eine falsche B-Antwort −0,8 Punkte.

a) Wie viele Punkte sind maximal bzw. minimal möglich?

b) Peter beantwortet 7 A-Fragen richtig und 8 A-Fragen falsch.
   Bei den B-Fragen gibt er 9 falsche und 16 richtige Antworten.
   Wie viele Punkte erreicht Peter? (Rechne mit einem Gesamtansatz.)

c) Christoph beantwortet 11 Fragen vom Typ B richtig und 14 B-Fragen falsch. Insgesamt erreicht er 20,1 Punkte.
   Wie viele A-Fragen hat er richtig beantwortet?

Terme und ihre Umformungen

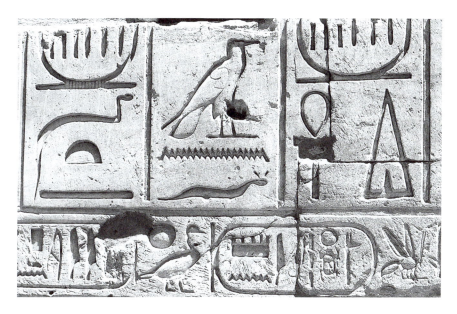

Im Jahr 1822 gelang es Jean-François Champollion, die Hieroglyphen der alten
Ägypter zu entziffern und in moderne Sprachen zu übersetzen.
Ähnlich rätselhaft erscheinen mathematische Terme im ersten Moment. Aber du
wirst sehen, dass Terme eine logische Symbolik sind, die du zu übersetzen lernst.

Bevor du mit Termen rechnest, solltest du eine in der Mathematik übliche Vereinbarung wiederholen: Werden Buchstaben oder eine Zahl und Buchstaben durch ein Malzeichen verbunden, lässt man dieses Rechenzeichen weg.

$$2 \cdot a \cdot b \cdot x \cdot y = 2abxy$$

Platzhalter oder **Variablen** spielen in allen Naturwissenschaften eine große Rolle. Mithilfe von Variablen werden Aussagen verallgemeinert und Gesetze aufgestellt.

So kannst du beispielsweise statt des Volumens $V = (3 \text{ cm})^3 = 27 \text{ cm}^3$ eines Würfels mit der Kantenlänge 3 cm Folgendes schreiben:

Volumen eines Würfels mit der Kantenlänge **a**: $V = a^3$

Für a kannst du nun eine beliebige Kantenlänge einsetzen. Als Ergebnis erhältst du sofort das Volumen des Würfels.

> Jede sinnvolle **Zusammenstellung** aus **Zahlen** und **Variablen** mithilfe von Rechenzeichen nennt man einen **Term**. Die Definition des Terms wird um den Begriff Variable erweitert.

Beispiele

1. $x + 1$ ist ein sinnvoller Term.

2. $18 : 3 - (2 : 5) \cdot 1\frac{1}{3}$ ist ein sinnvoller Term.

3. $\dfrac{2 + b}{2 \cdot c}$ ist ein sinnvoller Term.

4. $18 - + \cdot 5$ ist **kein** sinnvoller Term, da 3 Rechenzeichen hintereinander stehen.

1   Berechnen von Termwerten

Terme werden abkürzend mit T bezeichnet. Treten in einem Term Variablen auf, gibst du diese nach dem T in runden Klammern an: $T(x) = x + 1$

> Setzt man für die **Variable x** in einem Term eine **Zahl** ein, so erhält man den **Termwert T(x)** zu dieser Zahl.

Beispiele

1. Berechne für $x = \mathbf{2}$ den Wert des Terms: $T(x) = 3x + 11$

   Lösung: Anstelle der Variablen x wird die Zahl 2 eingesetzt.

   $T(\mathbf{2}) = 3 \cdot \mathbf{2} + 11 = 17$

2. Berechne den Term $T(a; b) = 7a^2 - 6b^2 + \dfrac{a+3}{b-3}$ für $a = 3$ und $b = 4$.

Lösung:

$T(\mathbf{3}; b) = 7 \cdot \mathbf{3}^2 - 6b^2 + \dfrac{\mathbf{3}+3}{b-3}$

$T(3; \mathbf{4}) = 7 \cdot 3^2 - 6 \cdot \mathbf{4}^2 + \dfrac{3+3}{\mathbf{4}-3}$

$= 7 \cdot 9 - 6 \cdot 16 + \dfrac{6}{1}$

$= 63 - 96 + 6 = -27$

Gehe **schrittweise** vor: Anstelle der Variablen a wird die Zahl 3 eingesetzt. Im zweiten Schritt ersetzt du b durch die Zahl 4.

Aufgaben

27. Berechne den Wert des Terms $T(x) = 25x^2 - 24x + 12$ für $x = 2$, $x = 4$ und $x = -3$.

28. Berechne den Wert des Terms $T(x) = \dfrac{2x^3 - 5x^2 + 23x - 4}{2x^2 + 4x + 1}$

für $x = -2$, $x = -1$, $x = 0$, $x = 1$ und $x = 2$.

29. Gegeben ist der Term $T(x; y) = x^2 - y^2 + 2xy$.

Berechne die Termwerte $T(1; 2)$, $T(-1; 2)$, $T(0; -1)$, $T\left(-\dfrac{1}{2}; -\dfrac{1}{2}\right)$ und $T\left(\dfrac{1}{3}; 0\right)$.

30. Gegeben ist der Term $T(x; y) = xy + xy^2 - x^y$.

Berechne die Termwerte $T(1; 1)$, $T(2; 1)$, $T(1; 2)$, $T(0; 5)$, $T(-1; 5)$, $T(0; 1)$, $T(-2; 1)$, $T(-1; 2)$, $T\left(\dfrac{1}{5}; 4\right)$ und $T\left(-\dfrac{1}{3}; 3\right)$.

31. Berechne für folgende Terme die Werte $T(1; -1; -1)$ und $T\left(\dfrac{1}{4}; -\dfrac{1}{2}; -1\right)$.

a) $T(c; d; f) = (cd) : f - c : \dfrac{d}{2f}$

b) $T(x; y; z) = 1 : [x \cdot (y : z)]$

32. Berechne den Wert des Terms $T(k; \ell; m) = (-k)^3 \cdot \ell : \left(\dfrac{k}{m}\right)^\ell$ für die Werte

$T\left(\dfrac{1}{2}; 2; \dfrac{1}{3}\right)$, $T(2; 2; 3)$, $T\left(-\dfrac{1}{3}; 3; 1\right)$, $T\left(-\dfrac{1}{2}; 5; 2\right)$ und $T(-1; 153; 1)$.

2 Aufstellen von Termen

Eine Formel beschreibt Sachverhalte kurz und treffend. Um eine Formel aufzustellen, musst du eine Aussage in die Sprache der Mathematik übersetzen.

Regeln zur Termaufstellung
Nimm dir die Zeit, den Text **mehrmals intensiv** zu lesen. Du hast den Text verstanden, wenn dir die gegebenen und gesuchten Größen bewusst sind.
Gehe dann in den folgenden Schritten vor:
1. Notiere die gesuchten und die gegebenen Größen. Verwende dabei Abkürzungen, so genannte mathematische **Parameter**.
2. Formuliere die zum Problem **passenden Formeln** und ersetze die gegebenen Parameter durch ihre jeweiligen **Werte**.
3. Ersetze den Parameter einer veränderlichen (variablen) Größe durch die **freie Variable x**.
4. Ersetze bei der Formel für die gesuchte Größe alle offenen Parameter durch Ausdrücke **in Abhängigkeit von x**.

Beispiel

Gib einen Term an, mit dem man zu jeder beliebigen **Länge** eines Rechtecks mit **9 m Umfang** den zugehörigen **Flächeninhalt** dieses Rechtecks ermitteln kann.

Lösung:
Schritt 1:
Für die **Länge** wählst du den Parameter ℓ, für die **Breite** des Rechtecks **b**, für den **Umfang U = 9 m** und für den **Flächeninhalt A**.

Schritt 2:
Wie wird der Umfang eines Rechtecks berechnet?

$$U = 2 \cdot b + 2 \cdot \ell$$
$$9\,m = 2 \cdot b + 2 \cdot \ell$$
$$9\,m = 2 \cdot (b + \ell)$$
$$4{,}5\,m = b + \ell$$

Formel für den Umfang; Einsetzen der gegebenen Parameter. Wende das Distributivgesetz an, um die Formel zu vereinfachen:
$2 \cdot b + 2 \cdot \ell = 2 \cdot (b + \ell)$

Wie wird der Flächeninhalt eines Rechtecks berechnet?
$$A = b \cdot \ell$$

Schritt 3:
Der **Parameter b ist frei wählbar** und damit die variable Größe im Term.
Ersetze b durch die **Variable x**.
Beim Umfang:
$$4,5\,\text{m} = x + \ell$$
$$\ell = 4,5\,\text{m} - x$$

Beim Flächeninhalt:
$$A = b \cdot \ell$$
$$A = x \cdot \ell$$

Schritt 4:
Ersetze alle offenen Parameter durch Ausdrücke **in Abhängigkeit von x**.
Beim Umfang gibt es keine offenen Parameter, aber beim Flächeninhalt A.

$$A = x \cdot \ell$$
$$A = x \cdot (4,5\,\text{m} - x)$$
$$A(x) = x \cdot (4,5\,\text{m} - x)$$

Ersetze ℓ durch $\ell = 4,5\,\text{m} - x$ nach der abgeleiteten Formel.

Da der Flächeninhalt von x abhängt, wird die Abhängigkeit durch die Notation A(x) (sprich A von x) verdeutlicht.

Ergebnis: Der Term $A(x) = x \cdot (4,5\,\text{m} - x)$ beschreibt den Flächeninhalt des Rechtecks für jedes x mit $0 < x < 4,5\,\text{m}$.

Aufgaben

33. Gib einen Term an, mit dem man zu jeder beliebigen Länge eines Rechtecks mit 30 cm Umfang die zugehörige Breite dieses Rechtecks berechnen kann.

34. Ein Auto verbraucht auf 100 km Strecke durchschnittlich 7,2 Liter Benzin. Beschreibe einen Term für den Benzinverbrauch, wenn man die Strecke x gefahren ist.

35. Gib einen Term für den Volumeninhalt eines Schwimmbeckens in der Einheit Liter an, wenn das Schwimmbecken 10 m lang, 5 m breit und x m tief ist.

36. In einer Klasse gibt es x Mädchen. Stelle den Term für die Anzahl der Schüler der Klasse auf, wenn die Anzahl der Jungen um fünf größer ist als die Anzahl der Mädchen.

37. Stelle zu folgenden Vorschriften die Terme auf:
a) Zu 1,5x ist 2y zu addieren.

b) Vom Produkt aus x und y ist die Differenz aus x und y zu subtrahieren.

c) Der Quotient aus 0,5x und (x – y) ist von der Differenz aus 2y und x zu subtrahieren.

38. Herr Habermayr verdient momentan 2 325 € pro Monat. Mit seinem Arbeitgeber hat er eine Lohnerhöhung vereinbart. Zu Beginn eines Jahres wird sein alter Lohn mit 1,02 multipliziert (entspricht einer Lohnerhöhung um 2 %). Beschreibe einen Term, mit dem man den Lohn von Herrn Habermayr in einem beliebigen Jahr x berechnen kann.

39. In einem Bus haben insgesamt 86 Menschen Platz. Es gibt 18 Sitzplätze mehr als Stehplätze.
Wie viele Sitzplätze gibt es in dem Bus und wie viele Menschen müssen stehen?

40. Oma Inge ist 25 Jahre älter als ihr Sohn Hans. Die Enkelin Marleen ist halb so alt wie ihr Vater Hans. Die Urenkelin Vanessa ist 23 Jahre jünger als die Enkelin Marleen. Alle zusammen sind 200 Jahre alt.

a) Stelle einen Gesamtterm auf, um das Alter von Hans zu berechnen.

b) Berechne das Alter der vier Familienmitglieder und trage die fehlenden Geburtsjahre in den Stammbaum ein.

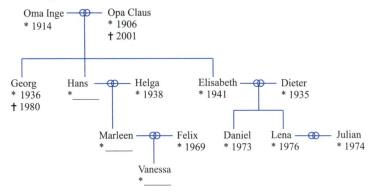

3 Gliederung von Termen

Genau wie Zahlen berechnest du Terme nach vereinbarten Regeln in einer bestimmten Reihenfolge. Die festgelegte Reihenfolge der Rechenoperationen ist die gleiche wie bei Zahlen. Du musst also zuerst Klammern von innen nach außen, dann Potenzen und schließlich die Punktrechnung vor der Strichrechnung ausführen.

> Die **letzte Rechenoperation**, die nach den Regeln der Reihenfolge auszuführen ist, bestimmt die Art des Terms oder den **Namen des Terms**.
> Es gibt die **Summe** mit den **Summanden**, die **Differenz** mit **Minuend** und **Subtrahend**, das **Produk**t mit den **Faktoren** und schließlich den **Quotienten** mit **Dividend** und **Divisor**.

Beispiele

1. $-4 : 3 = -\dfrac{4}{3}$

   -4 ist der Dividend, 3 ist der Divisor des **Quotienten**; $-\frac{4}{3}$ ist sein Wert.

2. $8 - (-3) = 11$

   8 ist der Minuend, -3 der Subtrahend der **Differenz**. 11 ist der Wert der Differenz.

3. Bestimme den Namen des Terms $(8x + y) : 6 + z \cdot 5$ und gliedere ihn.

   Lösung:
   Der Term ist eine **Summe**, da zuerst die Klammer und dann Punkt vor Strich ausgeführt wird. Also ist die Addition die Rechenoperation, die als letzte ausgeführt wird.
   Der erste Summand ist ein Quotient mit dem Dividenden gleich der Summe aus 8 x und y und dem Divisor 6.
   Der zweite Summand ist ein Produkt mit den Faktoren z und 5.

   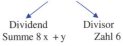

   Summe
   $(8x + y) : 6 + z \cdot 5$

   1. Summand

   Quotient

   Dividend · · · · · Divisor
   Summe 8 x + y · · · Zahl 6

   2. Summand

   Produkt
   z · 5

Aufgaben

41. Gliedere die folgenden Terme in Worten und bestimme den Namen des Terms.

    a) $(x + y) : 2 - 1 =$

    b) $(x + y : 2) : 4 =$

    c) $(x - 4) : 4 + 4(x + 2) =$

    d) $(x + y) \cdot (4x - y) - 2xy =$

    e) $[x \cdot y - 2] \cdot [(x + y) \cdot 4]$

    f) $x : (27ab - b : 5)$

    g) $(x - 2)^2 + (x - 3) \cdot (x + 4)$

    h) $\dfrac{(x - 4) \cdot (x + 3)}{y + 1}$

4 Umformen von Summen und Differenzen mithilfe der Rechengesetze

Enthält ein Term Variablen, kannst du wie bisher rechnen, denn die **Rechengesetze** für rationale Zahlen gelten auch für das **Rechnen mit Variablen**.

- **Kommutativgesetz** der Addition (K-Gesetz)
  $a + b = b + a$ für a, b $\in \mathbb{Q}$
- **Assoziativgesetz** der Addition (A-Gesetz)
  $(a + b) + c = a + (b + c) = a + b + c$ für a, b, c $\in \mathbb{Q}$
- **Distributivgesetz** (D-Gesetz)
  $au + bu + cu = u(a + b + c)$ für a, b, c $\in \mathbb{Q}$
- Beachte, dass das **K-Gesetz** und das **A-Gesetz nicht** für die **Subtraktion gelten**.

Beispiele

1. $4x + 3x + 8x = x(4 + 3 + 8) =$
    $x \cdot 15 = 15x$

    Ausklammern mithilfe des D-Gesetzes

2. $2x - 6 - 12x + 17 - 6{,}8x =$
    $2x - 12x - 6{,}8x + (-6) + 17 =$
    $[2x - 12x - 6{,}8x] + [-6 + 17] =$
    $[2 - 12 - 6{,}8]\,x + [-6 + 17] =$
    $-16{,}8x + 11$

    In einer Summe dürfen die Summanden unter Mitnahme ihres Vorzeichens und des Rechenzeichens beliebig umgestellt werden (K-Gesetz). Sortiere nach Summanden mit Variablen und ohne Variablen. Setze Klammern um die Summanden mit und ohne Variablen (A-Gesetz). Klammere nach dem D-Gesetz die Variable aus. Berechne die beiden Summen.

3. $2x - 6 - 12x + 17 - 6{,}8x =$
    $-16{,}8x + 11$

    Das ist nochmals das zweite Beispiel. Du kannst schneller rechnen, wenn du gleichartige Glieder zusammenfasst, ohne sie zuerst umzustellen. Damit kein Glied vergessen wird, kannst du bereits berücksichtigte Glieder markieren.

4. $10ab - 7a + 3a - 17ab - 3y =$
    $\mathbf{10ab} - 7a + 3a - \mathbf{17ab} - 3y =$
    $-7ab - 4a - 3y$

    Glieder der gleichen Variablen werden zusammengefasst.

Aufgaben

42. Fasse so weit wie möglich zusammen:

a) $2x + \dfrac{1}{2} - 4 =$

b) $0{,}5 - 3a - 4{,}7 - \dfrac{1}{8} =$

c) $6a - 14{,}08 - 7{,}4a + 8{,}02 - 5{,}12 - a =$

d) $-x + 1\dfrac{1}{2} - 3\dfrac{1}{3} - \dfrac{1}{6} =$

43. Vereinfache:

a) $4t - 5t + 3t - 2t + 7t =$

b) $r + a - 4r + 2a - 3r + s =$

c) $x + y + z - 2x - 2y - 2z + 3x + 3y + 3z =$

44. Berechne:

a) $-3x + 4,8x - 6,8x =$

b) $-\dfrac{2}{3}a - \dfrac{1}{6}a - 3\dfrac{1}{3}a =$

c) $x^2 + \dfrac{6}{5}x^2 - \dfrac{3}{5}x^2 - 3x^2 =$

d) $2ab - 1 - 3ab + a - 4 =$

e) $\dfrac{1}{3}z^2 - \dfrac{2}{9}zy + y^2 - \dfrac{1}{9}y^2 + \dfrac{1}{4} \cdot z \cdot z - \dfrac{1}{3}yz$

f) $13,4aba - 12,5aab + 23,4abb - 7,3aab - 46,5bab$

45. Fasse zusammen:

a) $8t - 5 - 3t + 2t^2 - 6 - 4t^2 =$

b) $2x - 3y - 2x + 3y - x - 2x =$

c) $\dfrac{1}{2}a - 2b + 2,5c - 2\dfrac{1}{2}a + 3b - 5c =$

d) $-4\dfrac{5}{8}x + xy + 3,5y - 5\dfrac{2}{3}x + 1\dfrac{17}{24}x - xy - 4\dfrac{3}{4} =$

e) $\dfrac{1}{6}a^2 - \dfrac{1}{2}ab + \dfrac{1}{3}b^2 - \dfrac{1}{3}a^2 - \dfrac{1}{4}ab + \dfrac{1}{6}b^2 =$

46. Bestimme die gesuchten rationalen Zahlen.

a) $\square \cdot xy + 2\dfrac{1}{3}y^2 - \triangledown \cdot y^2 + 1,2x^2 - \dfrac{4}{5}xy + 1\dfrac{1}{6}x^2 = \dfrac{7}{10}xy + 1\dfrac{5}{6}y^2 + \lozenge \cdot x^2$

b) $\square \cdot x + 2y - 2x + \triangle \cdot y = x + 3y$

c) $\dfrac{1}{3}x^2 + \square \cdot x^2 - \dfrac{1}{5}x^2 + 1,2y - 2,1y + \triangledown y = \dfrac{23}{60}x^2 - 1,4y$

d) $\dfrac{1}{3}xy^2 - \dfrac{1}{2}x^2y + x^2y^2 + \triangle yxy - \dfrac{1}{8}yxx + \square xyxy$

$= -1\dfrac{11}{30}xy^2 - \dfrac{5}{8}x^2y + 3\dfrac{1}{3}x^2y^2$

e) $4t + \square\, t^2 - 23t^3 + \lozenge - 2t - 52t^2 - \triangledown t^3 + 2 = -35t^3 - 34t^2 + 2t + 7$

f) $\dfrac{1}{3}a + \square\, b + \dfrac{1}{5}c - \triangle\, a - \dfrac{1}{7}b + \dfrac{1}{8}c = \dfrac{1}{6}a + \dfrac{3}{28}b + \lozenge\, c$

47. Von den folgenden Termen sind jeweils zwei äquivalent. Ordne diese Terme einander zu.

(1) $\dfrac{1}{2}ab + \dfrac{1}{4}a^2b - 0{,}3ab^2 + \dfrac{1}{3}ab - \dfrac{1}{8}a^2b + \dfrac{3}{10}ab^2 =$

(2) $\dfrac{1}{2}a^2b - \dfrac{1}{6}ab + \dfrac{1}{3}ab + 0{,}3aba + 3bba - 2\dfrac{1}{3}ab^2 =$

(3) $2\dfrac{1}{3}a^2b^2 - 1\dfrac{1}{2}ab^2 + 2\dfrac{1}{2}a^2b - 3ab - 1\dfrac{1}{2}a^2b^2 + \dfrac{1}{3}ab - \dfrac{2}{3}ab^2 - \dfrac{3}{5}bab =$

(4) $-\dfrac{1}{2}ab - \dfrac{1}{4}a^2b + 0{,}3ab^2 + \dfrac{1}{3}ab - \dfrac{1}{8}a^2b + \dfrac{3}{10}ab^2 =$

- -

(A) $3{,}7a^2b^2 - 1\dfrac{1}{2}ab^2 - 2{,}1abab - \dfrac{23}{30}b^2a^2 - 1\dfrac{4}{15}ab^2 - \dfrac{5}{2}a^2b + 3\dfrac{1}{5}ab +$

$\qquad + 5a^2b - 5\dfrac{13}{15}ab =$

(B) $2ab - 2\dfrac{1}{2}a^2b - 1\dfrac{1}{6}ab + 2\dfrac{5}{8}a^2b - \left(\dfrac{3}{4}ab\right)^2 + \dfrac{9}{16}a^2b^2 =$

(C) $2ab - 2\dfrac{1}{2}a^2b + 2\dfrac{1}{8}aba + \dfrac{3}{4}a^2b^2 - 1\dfrac{7}{6}ba - \dfrac{3}{20}abba =$

(D) $-2\dfrac{1}{3}a^2b + 3\dfrac{2}{3}ab + \dfrac{14}{15}abb \cdot \dfrac{5}{7} + 3\dfrac{2}{15}a^2b - 3\dfrac{1}{2}ab =$

(1)	(2)	(3)	(4)

5 Umformen von Produkten und Quotienten

Genau wie bei Summen und Differenzen kannst du mit Produkten und Differenzen, die Variablen enthalten, rechnen wie mit Zahlen.

- Das **Vorzeichen** der Faktoren entscheidet über das Vorzeichen des Produkts bzw. des Quotienten.
- Das **K-Gesetz** erlaubt, bei der **Multiplikation** die Faktoren in eine beliebige Reihenfolge umzustellen und erst dann zu multiplizieren.
- Weiter dürfen bei einem Produkt Klammern beliebig gesetzt oder weggelassen werden. Dies gewährt das **A-Gesetz**.
- Bei der Division gilt weder das A-Gesetz noch das K-Gesetz.

Beispiele

1. $-5y \cdot (-13) \cdot x =$

$$\underbrace{(-) \cdot (+)}_{(-)} \cdot \underbrace{(-) \cdot (+)}_{(-)} = (-) \cdot (-) = (+)$$

$5y \cdot 13 \cdot x = 5 \cdot 13 \cdot x \cdot y$

$-5y \cdot (-13) \cdot x = 65xy$

Bestimme das Vorzeichen und setze es vor das Produkt, alle Vorzeichen im Term lässt du dann weg.

Sortiere nach Zahlen und Variablen, bringe die Zahlen an die erste Stelle und multipliziere.

2. $-ab : [3 \cdot (-b) \cdot (-a)] =$

$$\frac{-ab}{3 \cdot (-b) \cdot (-a)} =$$

$$-\frac{\cancel{a}b}{3b\cancel{a}} = -\frac{\cancel{b}\,1}{3\cancel{b}} = -\frac{1}{3}$$

Schreibe den Term als Bruch und stelle dann das Vorzeichen fest:

$$\frac{(-) \cdot (+)}{\underbrace{(+) \cdot (-) \cdot (-)}_{(+)}} = \frac{(-)}{(+)} = (-)$$

Kürze den Bruch: Werden dabei **alle Faktoren** im Zähler oder Nenner **gekürzt**, so bleibt eine **1** stehen.

3. $(4z) \cdot a \cdot \left(-\frac{5}{6}az\right) : (-z) =$

$$\frac{(4z) \cdot a \cdot \left(-\frac{5}{6}b\right)}{-z} =$$

$$\frac{4z \cdot a \cdot \frac{5}{6}b}{z} = \frac{4 \cdot a \cdot \frac{5}{6} \cdot b}{1} =$$

$$4 \cdot a \cdot \frac{5}{6} \cdot b = 4 \cdot \frac{5}{6} \cdot a \cdot b = \frac{\cancel{4}^{\,2} \cdot 5}{\cancel{6}_{\,3}}ab =$$

$$\frac{2 \cdot 5}{3}ab = \frac{10}{3}ab = 3\frac{1}{3}ab$$

Ersetze die Division durch einen Bruch und stelle dann das Vorzeichen fest:

Zähler: $(+) \cdot (+) \cdot (-) = (-) \Big\}$
Nenner: $(-) \Big\}$ $(+)$

Wegen des A-Gesetzes darfst du beim Produkt im Nenner die Klammern weglassen. Kürze den Faktor z. Schließlich kannst du mithilfe des K-Gesetzes die Reihenfolge der Faktoren verändern: Schreibe dabei die Zahlen nach vorne.

48. Vereinfache:

a) $6\frac{1}{4} \cdot 3\frac{2}{3} a =$

b) $-1,5r \cdot 2,5a \cdot 4t \cdot (-3s) =$

c) $-\frac{3}{2} \cdot \left(-\frac{5}{4}t\right) \cdot 4s \cdot \left(5\frac{1}{3}r\right) =$

d) $\left(-\frac{5}{4}a\right) \cdot \left(-\frac{3}{7}b\right) \cdot c \cdot \left(-\frac{4}{3}d\right) \cdot \left(-\frac{7}{5}e\right) =$

49. Schreibe die folgenden Quotienten mithilfe eines Bruchstrichs und kürze so weit wie möglich:

a) $(24xy):(3x) =$

b) $-2xz : [7 \cdot (-x)\,(-1)] =$

c) $-2pq : \left(\frac{1}{2}pqr\right) =$

d) $-4xyz : \left(-\frac{1}{4}x^2\right) =$

50. Fasse zunächst Zähler und Nenner getrennt voneinander zusammen und kürze dann so weit wie möglich.

a) $\dfrac{2\frac{1}{3} \cdot a \cdot \left(-\frac{2}{7}b\right) \cdot \left(-\frac{7}{5}c\right)}{4\frac{1}{5}b \cdot \left(-2\frac{1}{2}c\right) \cdot 0,3a} =$

b) $\dfrac{12 \cdot \left(5\frac{1}{4}a\right)}{4\frac{1}{5} \cdot \frac{12}{3} \cdot b \cdot \left(2\frac{1}{5}a\right)} =$

c) $\dfrac{-0,2r \cdot 1,8s \cdot (-0,4t)}{1,3s \cdot (-2,1t) \cdot (0,15s)} =$

d) $\dfrac{\left(-\frac{2}{3}\right) \cdot (-a) \cdot (-b) \cdot \left(-\frac{5}{7}c\right)}{\left(-\frac{3}{5}b\right) \cdot \frac{7}{5} \cdot c \cdot (-a) \cdot \left(-\frac{5}{4}\right)} =$

e) $\dfrac{\frac{1}{2}x \cdot \frac{2}{3}y \cdot \left(-\frac{3}{4}\right) \cdot (-0,75z)}{\left(-\frac{3}{4}y\right) \cdot \left(-\frac{5}{6}x\right) \cdot (-0,8)} =$

f) $\dfrac{b \cdot (-2,5a) \cdot a \cdot \left(-4\frac{1}{5}\right) \cdot b}{\left(-5\frac{1}{4}\right) \cdot b \cdot (-a) \cdot (-a)} =$

51. Vereinfache:

a) $27ax : \left(18ax \cdot \frac{x}{a}\right) =$

b) $6ab : [(3ab) \cdot (-a) \cdot b] =$

c) $\dfrac{2,2xy(-z) \cdot (-z)}{xy \cdot (-11x \cdot z)} =$

d) $\dfrac{-\frac{1}{2}x \cdot (4,25 \cdot y) \cdot x}{\frac{1}{6}y \cdot (-x) \cdot \frac{1}{3} \cdot (-x)} =$

52. Fasse so weit wie möglich zusammen.

a) $\left(-1\frac{1}{3} \cdot a\right) \cdot \left(\frac{3}{8} \cdot b\right) \cdot (-1) \cdot (-1,2 \cdot c) \cdot (-5,1 \cdot d) =$

b) $1,1 \cdot x \cdot (-1,2y) \cdot (1,3 \cdot z) \cdot (-1,4) =$

c) $\left(-1\dfrac{4}{5}\right)\cdot y\cdot(-z)\cdot(-1,7\cdot x)\cdot(-1)=$

d) $(-9acb):\left[-\dfrac{1}{3}\cdot(-c)\cdot(-b\cdot a)\right]=$

e) $(y\cdot 13x):[26x\cdot(-y)]=$

f) $[-3b\cdot(-a)\cdot(-1)]:[9\cdot a\cdot(-1)]:\left(-\dfrac{1}{3}b\right)=$

6 Potenzieren von Produkten und Quotienten

$2^4\cdot 3^4$ und $5^6\cdot 5^7$ sind zwei verschiedene Arten von Potenzprodukten. Bei $2^4\cdot 3^4$ haben beide Faktoren den gleichen Exponenten und verschiedene Basen.

$$2^4\cdot 3^4=\underbrace{2\cdot 2\cdot 2\cdot 2}_{\textbf{4 Faktoren}}\cdot\underbrace{3\cdot 3\cdot 3\cdot 3}_{\textbf{4 Faktoren}}=\underbrace{\overbrace{2\cdot 3}\cdot\overbrace{2\cdot 3}\cdot\overbrace{2\cdot 3}\cdot\overbrace{2\cdot 3}}_{\textbf{4 Faktoren der Form 2}\cdot\textbf{3}}=(2\cdot 3)^4=6^4$$

Das zweite Potenzprodukt $5^6\cdot 5^7$ besteht aus zwei Faktoren mit gleicher Basis und verschiedenen Exponenten.

$$5^6\cdot 5^7=\underbrace{5\cdot 5\cdot 5\cdot 5\cdot 5\cdot 5}_{\textbf{6 Faktoren}}\cdot\underbrace{5\cdot 5\cdot 5\cdot 5\cdot 5\cdot 5\cdot 5}_{\textbf{7 Faktoren}}=5^{6+7}=5^{13}$$

$$\underbrace{\hphantom{5\cdot 5\cdot 5\cdot 5\cdot 5\cdot 5\cdot 5\cdot 5\cdot 5\cdot 5\cdot 5\cdot 5\cdot 5}}_{\textbf{(6 + 7) Faktoren}}$$

> Ersetzt man die Zahlen durch Variablen, so erhält man folgende **Potenzgesetze**:
>
> - Bei Potenzzahlen mit **gleichem Exponenten** multiplizierst du die Basis, der Exponent bleibt erhalten.
> $$\mathbf{a^n\cdot b^n=(a\cdot b)^n}\qquad a,b\in\mathbb{R};\ n\in\mathbb{N}$$
>
> - Bei Potenzzahlen mit **gleicher Basis** werden bei der Multiplikation die Exponenten addiert und die Basis bleibt erhalten.
> $$\mathbf{a^m\cdot a^n=a^{m+n}}\qquad a\in\mathbb{R};\ m,n\in\mathbb{N}$$

Beispiele

1. $2^3\cdot 2^9=2^{12}$ Gleiche Basis, addiere die Exponenten.

2. $3^4\cdot 7^4=(3\cdot 7)^4=21^4$ Gleicher Exponent, die Basen werden multipliziert.

3. $a^n\cdot a^{2n}=a^{n+2n}=a^{3n}$ Gleiche Basis, addiere die Exponenten.

Bei Quotienten kannst du durch das Ausschreiben der Potenzen genauso das Potenzgesetz erraten:

$$\frac{7^5}{7^3} = \frac{\overbrace{7 \cdot 7 \cdot 7 \cdot 7 \cdot 7}^{\text{5 Faktoren}}}{\underbrace{7 \cdot 7 \cdot 7}_{\text{3 Faktoren}}} = \frac{\overbrace{7 \cdot 7}^{\text{2 Faktoren}}}{1} = 7^2 = 7^{5-3}$$

Die Brüche kannst du kürzen, da die Potenzen die gleiche Basis haben. Das Ergebnis kannst du nur dann wieder als Potenz schreiben, wenn der Exponent im Zähler größer als der Exponent des Nenners ist.

Die Verallgemeinerung der Division führt zum **Potenzgesetz**: $\dfrac{\mathbf{a^m}}{\mathbf{a^n}} = \mathbf{a^{m-n}}$

mit $a \in \mathbb{R}$; $m, n \in \mathbb{N}$ mit $m > n$.

Beispiele

4. $\dfrac{(a-b)^{16}}{(a-b)^5} = (a-b)^{16-5} = (a-b)^{11}$

5. $\dfrac{(x-y)^4}{z^2} \cdot \dfrac{z^2 a}{(x-y)^3} \cdot \dfrac{a \cdot z^2}{z} =$ Schreibe alle Faktoren auf einen Bruchstrich.

$\dfrac{(x-y)^4 \cdot z^2 \cdot a \cdot a \cdot z^2}{z^2 \cdot (x-y)^3 \cdot z} =$ Ordne nach gleichen Variablen.

$\dfrac{(x-y)^4 \, a \cdot a \cdot z^2 \cdot z^2}{(x-y)^3 \cdot z^2 \cdot z} = \dfrac{(x-y)^4 \, a^2 z^4}{(x-y)^3 z^3} =$ Fasse so viele Faktoren wie möglich zusammen und wende das Potenzgesetz an.

$(x-y)^{4-3} \cdot a^2 \cdot z^{4-3} = (x-y) \cdot a^2 \cdot z$

Aufgaben

53. Berechne:

a) $\dfrac{(x-y)^5}{(x-y)^3} =$ b) $\dfrac{(a-b)^4}{(a-b)^3} =$

c) $\dfrac{a^n \cdot a^{n+2}}{a^{2n}} =$ d) $\dfrac{(a-b)^4}{(b-a)^3} =$

54. Berechne:

a) $\dfrac{1}{2}x \cdot \dfrac{2}{3}y \cdot \dfrac{3}{4}x^2 y^2 =$

b) $xy \cdot (-x^2) \cdot (-2y^2) \cdot \dfrac{1}{2}x^3 \cdot (-y^3) =$

c) $\dfrac{1}{2}a^3 b^2 \cdot (-4ab^5) \cdot \left(-\dfrac{1}{8}a^3\right) \cdot (-5b^3) \cdot (-3) =$

55. Vereinfache:

a) $3x^2 \cdot 4x^3 =$

b) $(-2x^2y)^2 \cdot (-4xy) =$

c) $(3x^2y)^2 \cdot (-x)^2 =$

d) $\left(\dfrac{2}{3}ab^3\right) \cdot \left(-\dfrac{3}{4}bc^2\right) \cdot \left(-\dfrac{4}{5}ca^3\right) =$

56. Lukas geht heute Nachmittag weg. Weißt du, zu wem er geht?
Beginne mit der Rechnung im Kasten nach dem ersten Pfeil und ermittle die
Lösung. Ist das angegebene Ergebnis richtig, so folge dem Pfeil „wahr", ist
das Ergebnis falsch, so folge dem Pfeil „falsch". Damit gelangst du zu einem
neuen Kasten, bei dem du analog vorgehst. Am Ende erreichst du den
Namen der Person, zu der Lukas gehen wird.

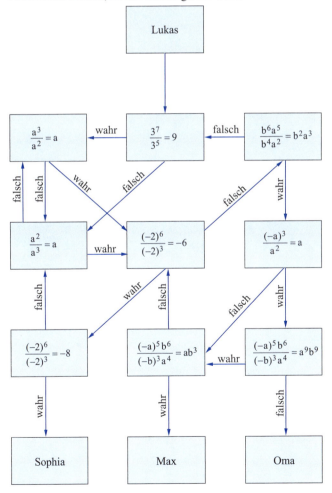

57. Welche Puzzleteile gehören zusammen?
Berechne die Terme und verbinde die entsprechenden Teile.

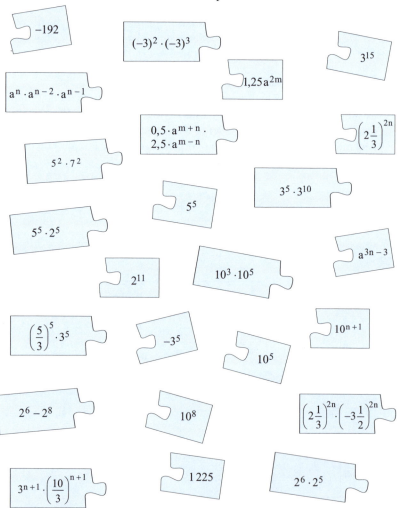

58. Berechne:

a) $(-1)^n \cdot (-1)^n =$

b) $1^n \cdot (-1)^n =$

c) $(-1)^{2n} \cdot (-1) =$

d) $(-1)^{2n} \cdot (-1)^{2n} \cdot (-1)^n \cdot (-1)^n \cdot (-1) =$

e) $\left(-2\frac{1}{3}\right)^{2n} \cdot \left(-3\frac{1}{2}\right)^{2n} =$

f) $3^{n+1} \cdot \left(\frac{10}{3}\right)^{n+1} =$

59. Vereinfache:

a) $2a \cdot 3b + 6ab =$

b) $7b - 7ab : a + b^2 : 2b =$

c) $-3x : 3 + 7 - 8x : x =$

d) $3y + 17x^2y : x^2 =$

e) $-5c + 2c : c + c - c^2 : 4c - \dfrac{1}{2}c^2 : \left(c : \dfrac{1}{c}\right) =$

f) $4a - 4b \cdot 4 + 16b + \left(4a : \dfrac{1}{a^2}\right) : (-a^2) - b \cdot 15 =$

g) $\left\{ [12d^2 - 12e] \cdot d + 18 \cdot (-d)^3 : (-d) - d^2 \cdot \left[\dfrac{1}{2} \cdot \dfrac{e}{d} + 3e : (e^2d^2)\right] \right\} : d =$

h) $[4 \cdot (-a)]^2 \cdot \left(\dfrac{1}{2} \cdot \dfrac{1}{b}\right)^4 + (-a)^3 \cdot 3^3 \cdot \left[\dfrac{1}{(-b)^2}\right]^2 \cdot \left(\dfrac{1}{4}\right)^3 : a =$

i) $\left(y : \dfrac{1}{y}\right) : \left(\dfrac{1}{y^2} : \dfrac{1}{y^4}\right) + (-a)^3 \cdot \dfrac{1}{(2a+a)^2} \cdot (-1)^{265} : \left[\left(\dfrac{1}{a}\right)^3 : \left(\dfrac{1}{a^2} \cdot \dfrac{1}{a} \cdot a\right)\right] =$

60. Berechne:

a) $-4{,}5r \cdot (-s) - (-r) \cdot (-s) - rs + [5 : (-2)] \cdot rs =$

b) $\dfrac{13}{15} \cdot \left(-\dfrac{5}{52}\right) \cdot (-x) \cdot (-2y) - \left[\dfrac{5}{6} : (-5)\right] \cdot xz - \dfrac{1}{3}x \cdot 0{,}5 \cdot (-z) - \dfrac{1}{6}y \cdot (-x) =$

c) $-4x^2y : (-3x) - 4xz + 4x \cdot \dfrac{1}{3}y + 8x^2z : (-3x) =$

d) $35abc : (-7c) - [25a \cdot (-3b)] : (-150) - 15ab^2 : (-5ab) =$

e) $a^3b^3 \cdot (-4)^2 + (ab)^3 \cdot 2 - \dfrac{a^3b^5}{b^2 \cdot (-2)} =$

f) $42x^2yz : (-7xz) + \left[32\dfrac{x}{y} \cdot \dfrac{1}{8}y^2\right] \cdot (-5) + \dfrac{12x^3y^2z^2}{x^2yz^2} \cdot \left(-\dfrac{1}{3}\right) =$

g) $r^2s^3 \cdot (-4r) + \dfrac{1}{2}(rs)^3 - (-5)^2 \cdot r \cdot (rs)^2 \cdot s =$

h) $a^2b^2 \cdot \left(a \cdot \dfrac{1}{b}\right)^3 \cdot (-2)^3 + aba \cdot (ab)^2 \cdot \left(\dfrac{1}{4}\right)^2 \cdot \dfrac{a}{b^4} - \left(-\dfrac{1}{2}ab\right)^3 \cdot \left(\dfrac{1}{b}\right)^4 \cdot a^2 =$

i) $\left\{\dfrac{23k^5\ell^4m^2}{2k^3\ell^5m^4} \cdot m\ell^4m^2 - (k\ell m)^5 : \left[\left(-\dfrac{1}{2}\right)^4 \cdot (k^3\ell^2m^4)\right]\right\} \cdot k\ell m$

$- \dfrac{12 \cdot (k\ell)^3 \cdot (\ell m)^4}{\ell^3m^2} =$

Der Umgang mit Klammern

Wer hat Vorfahrt? Die „Vorfahrtsregeln" in der Mathematik geben die Reihenfolge der Berechnung in einem Term an. Je mehr du übst, desto übersichtlicher erscheint dir der mathematische „Schilderwald".

1 Die Summe als Faktor

Berechnest du das Produkt $7 \cdot 19$ im Kopf, so kannst du die Zahl 19 in die Summe $10+9$ zerlegen. Anschließend multiplizierst du jeden Summanden mit der Zahl 7.
$$7 \cdot 19 = 7 \cdot (10+9) = 7 \cdot 10 + 7 \cdot 9 = 70 + 63 = 133$$

> Das **Distributivgesetz** lautet: Eine Zahl wird mit einer Summe multipliziert, indem man die Zahl mit jedem Summanden multipliziert und die Produkte addiert.
> $\mathbf{c} \cdot (a+b) = \mathbf{c} \cdot a + \mathbf{c} \cdot b = (a+b) \cdot \mathbf{c}$ mit a, b, c $\in \mathbb{Q}$

Beispiele

1. Multipliziere den Term $2 \cdot (12x^2 - 24r + 3y^2)$ aus.

   Lösung:

   $\mathbf{2} \cdot (12x^2 - 24r + 3y^2) =$ Multipliziere jeden Faktor in der Klammer
   $\mathbf{2} \cdot 12x^2 - \mathbf{2} \cdot 24r + \mathbf{2} \cdot 3y^2 =$ mit der Zahl 2.
   $24x^2 - 48r + 6y^2$

2. Schreibe den Term $5a \cdot (-2a + 3b - 4c)$ ohne Klammer.

   Lösung:

   $\mathbf{5a} \cdot (-2a + 3b - 4c) =$ Multipliziere jeden Faktor in der Klammer
   $\mathbf{5a} \cdot (-2a) + \mathbf{5a} \cdot 3b + \mathbf{5a} \, (-4c) =$ mit dem Term 5a.
   $-10a^2 + 15ab - 20ac$

Aufgaben

61. Multipliziere und fasse so weit wie möglich zusammen.

a) $x \cdot (1+x) =$

b) $\dfrac{1}{2}x^2 + x(1+x) =$

c) $x^2 + x \cdot (1,2x + 0,4 \cdot x) =$

d) $x^2 + (1+x) \cdot 0,1x =$

e) $13a \cdot \left(a + \dfrac{1}{2}b + 0,2a^2\right) + a^2 \cdot \left(1 + 4\dfrac{b}{a} - 1,3a\right) =$

f) $x \cdot (x+y) + y \cdot (x+y) - \dfrac{1}{2}x^2 + \dfrac{1}{2}y \cdot (y-x) =$

g) $e \cdot (e^2 - f) + f \cdot (e - f^2) + e \cdot (e^2 + f^2) + f \cdot (e^2 - f^2) =$

h) $x \cdot (x-y) + y \cdot (y-x) + \dfrac{3}{4} \cdot (-x^2 - y^2) + 2x \cdot (-1+y) =$

62. Multipliziere und fasse wenn möglich zusammen.

a) $3 \cdot \left(5x - 2 - \dfrac{1}{3}y\right) =$

b) $2y \cdot (2x - y) =$

c) $(17a - 4{,}7b) \cdot 3a + 1{,}5b \cdot (-0{,}6a - 1{,}5b) =$

d) $6u \cdot (2u + 3v - 2) + 2v \cdot \left(-v + 2 - \dfrac{1}{2}u\right) + 12 \cdot \left[-3u + \left(\dfrac{1}{3}v\right)^2 - \dfrac{1}{6}\right] =$

e) $\left[\dfrac{1}{3}x \cdot \left(\dfrac{1}{2}x - 0{,}2y + 1\dfrac{1}{3}xy\right) \cdot \dfrac{1}{2}y + 1{,}3xy^2 \cdot \left(-1 - \dfrac{1}{2}\dfrac{x}{y} + \dfrac{1}{4}x\right)\right] \cdot 3xy =$

f) $a \cdot (a + b + c) + b \cdot (a + b + c) + c \cdot (a + b + c) =$

63. Berechne:

a) $\left[12r + 8 \cdot \left(1{,}2r - \left(\dfrac{1}{2}\right)^2 \cdot s\right)\right] \cdot \dfrac{1}{3}r + 2 \cdot [r^2 + s \cdot (1 - r)] =$

b) $\left\{a \cdot \left[1 + 3 \cdot \left(\dfrac{1}{2}b - a\right)\right] - 4a^2 + 2 \cdot \left[(1 - 4b - 3a) \cdot a + b \cdot \left(\dfrac{1}{b} + 3 - 3a\right)\right]\right\} \cdot b \cdot \dfrac{1}{2} =$

c) $\dfrac{1}{2} \cdot \left\{x \cdot \left[y \cdot (z + v^2 + 1) + v \cdot \left(\dfrac{zy}{v} - yv + 1\right)\right]\right.$

$\left. + 3x \cdot \left[z \cdot (-y + vy - 1) + y \cdot \left(-2 + \left(\dfrac{1}{2}v\right)^2 - \dfrac{z^2}{z}\right)\right]\right\} =$

d) $\dfrac{1}{3}a \cdot \left(-\dfrac{1}{3}a + \dfrac{1}{2}b - \dfrac{1}{4}c\right) + \dfrac{1}{2}b \cdot \left(\dfrac{1}{3}a - \dfrac{1}{2}b + \dfrac{1}{4}c\right) + \dfrac{1}{4}c \cdot \left(-\dfrac{1}{3}a + \dfrac{1}{2}b - \dfrac{1}{4}c\right) =$

e) $\dfrac{1}{2}a^2 \cdot \left(\dfrac{1}{2}a^2 + \dfrac{1}{3}b^3 + \dfrac{1}{4}c^4\right) + \dfrac{1}{3}b^3 \cdot \left(\dfrac{1}{2}a^2 + \dfrac{1}{3}b^3 + \dfrac{1}{4}c^4\right)$

$+ \dfrac{1}{4}c^4 \cdot \left(\dfrac{1}{2}a^2 + \dfrac{1}{3}b^3 + \dfrac{1}{4}c^4\right) =$

f) $r \cdot \left[-r + \left(\dfrac{1}{2}s\right)^2 + \left(\dfrac{1}{3}t\right)^3\right] + \dfrac{1}{2}s^2 \cdot \left(r + \dfrac{1}{3}s^2 - t^3\right)$

$+ t^3 \cdot \left(-\dfrac{1}{2}r + 2 \cdot \dfrac{1}{2}s^2 + \dfrac{1}{9}t^3\right) =$

g) $\left\{\dfrac{1}{2}a \cdot \left[\dfrac{1}{3}b \cdot \left(\dfrac{1}{4}c - 2\right)\right] + \dfrac{1}{3}b \cdot \left[\dfrac{1}{2}a \cdot \left(2 - \dfrac{1}{4}c\right)\right]\right\}$

$+ \left\{\left(\dfrac{1}{2} \cdot c\right)^2 \cdot [(a + b) \cdot a + (a + b) \cdot b] + \left(\dfrac{1}{4}c\right)^2 \cdot [(a - b) \cdot b + (a - b) \cdot a]\right\} =$

2 Die Minusklammer

Steht vor einer Klammer ein Minuszeichen, so nennt man diese eine **Minusklammer**.

- Eine **Minusklammer** kannst du auflösen, indem du das **Minuszeichen** vor der Klammer durch die **Zahl −1 ersetzt**. Dann kannst du mithilfe des Distributivgesetzes die Klammer **ausmultiplizieren**.
- Noch einfacher kannst du die Minusklammern entfernen, indem du **alle** Rechen- bzw. Vorzeichen innerhalb der Klammer **änderst**.

Beispiele

1. $-(a+b)=$

   Lösungsweg 1:
   $-(a+b)=(-1)\cdot(a+b)=$
   $(-1)\cdot a+(-1)\cdot b=-a-b$

   Schreibe den Faktor −1 anstelle des Minuszeichens vor die Klammer und multipliziere aus.

   Lösungsweg 2:
   $-(a+b)=-a-b$

   Ändere das Vorzeichen jedes Faktors in der Minusklammer und lasse die Klammer weg.

2. $-(x+2y-3z)=-x-2y+3z$

   Beim Auflösen der Minusklammer wird das positive Vorzeichen vor dem x zu einem negativen Vorzeichen, genauso bei dem Faktor 2y. Der negative Faktor −3z wird positiv.

3. $2b-(a+b)+(-a+b)=$
   $2b-a-b-a+b=$
   $2b-b+b-a-a=$
   $2b-2a$

   Die erste Klammer ist eine Minusklammer; alle Vorzeichen werden geändert und die Klammer wird weggelassen. Die zweite Klammer ist eine **Plusklammer**. Du kannst die Klammer zusammen mit dem **Pluszeichen** weglassen.

Aufgaben

64. Löse die Klammern auf und fasse zusammen.

a) $(4a-8)-(7a-5)=$

b) $6x-3-(-6x+3)=$

c) $5b-(7b-2)+(-b-1)=$

d) $(3a-2b+5c)-(a+6b-c)=$

e) $22x-\{17y-[6x+(31y-40x)-(-36y+62x)]\}=$

f) $7u\cdot(3u+4v-6)-4v\cdot(7u-3v+14)+14\cdot(3u+4v)=$

g) $-\dfrac{1}{2a}\cdot\left(-\dfrac{1}{2a}+\dfrac{1}{b}-\dfrac{1}{3c}\right)+\dfrac{1}{b}\cdot\left(-\dfrac{1}{2a}+\dfrac{1}{b}-\dfrac{1}{3c}\right)-\dfrac{1}{3c}\cdot\left(-\dfrac{1}{2a}+\dfrac{1}{b}-\dfrac{1}{3c}\right)=$

65. Löse die Klammer auf und fasse zusammen.

a) $-\{-[-(-a-b)+2a]-3b\}+(a+b)\} =$

b) $-(2a+a^2)\cdot[-b+a^3-(-5b+a^3)] =$

c) $(x+2xy+y)-[x(1+y)-2y] =$

d) $-\{2x-3y-[-5z+(-1)\cdot(3z+3y)-(6x^2-5x-3)]-2x\} =$

e) $-[-3\cdot(p-1)+2\cdot(p+1)]+(2p+3)\cdot(-1) =$

f) $[11r-8\cdot(0{,}7r+1{,}1s)]\cdot(-4r)+3r\cdot[12s+2\cdot(1{,}5r-2{,}3s)] =$

g) $-a\left[1-3\cdot\left(b-\dfrac{2}{3}a\right)\right]-4a^2-[(1-4a-b)\cdot3a-a\cdot(-10a-4b+3)]\cdot3 =$

h) $\dfrac{2}{3}\cdot\left[\dfrac{1}{4}a-(b+2)\right]-0{,}5\cdot\left(\dfrac{1}{2}a-6b\right)+\dfrac{1}{3}\cdot(a-b+4) =$

3 Multiplizieren von Summen

Bei der Multiplikation zweier Summen $(a+b)\cdot(c+d)$ wendest du zweimal nacheinander das Distributivgesetz an.

- Die allgemeine Formel zur Multiplikation zweier Summen, die du durch zweimaliges **Anwenden** des **Distributivgesetzes** erhältst, lautet:
  $(a+b)\cdot(c+d) = ac+ad+bc+bd$
- Du kannst dir merken: **„Jeder mit jedem"**, d. h. jeder Summand der ersten Klammer wird mit jedem Summanden der zweiten Klammer multipliziert. Die entstandenen Produkte werden dann **addiert**.

Beispiele

1. $(1+x)\cdot(2+y) =$
   $= 1\cdot2+1\cdot y+x\cdot2+x\cdot y = 2+y+2x+xy$

   Jeder Summand wird mit **jedem** Summanden der anderen Klammer multipliziert.

2. $(2+x+3y)\cdot(x-3y-2) =$
   $2\cdot x+2\cdot(-3y)+2\cdot(-2)+x\cdot x+x\cdot(-3y)$
   $+x\cdot(-2)+3y\cdot x+3y\cdot(-3y)+3y\cdot(-2) =$
   $2x-6y-4+x^2-3xy-2x+3xy-9y^2-6y =$
   $\underbrace{2x-2x}_{=\,0}\underbrace{-6y-6y}_{=\,-12y}-4+x^2\underbrace{-3xy+3xy}_{=\,0}-9y^2 =$
   $-12y-4+x^2-9y^2 = x^2-9y^2-12y-4$

   Das Gesetz **„Jeder mit jedem"** ist auf **drei** (und mehr) **Summanden** übertragbar. Der erste Summand der ersten Klammer wird mit jedem Summanden der zweiten Klammer multipliziert. Der zweite Summanden der ersten Klammer wird mit jedem Summand der zweiten Klammer multipliziert. Ebenso gehst du mit dem dritten Summanden vor.

66. Multipliziere aus und fasse so weit wie möglich zusammen:

a) $(a+b)^2 =$ b) $(c+d)^2 =$

c) $(-e-f)^2 =$ d) $(g-h)\cdot(g+h) =$

e) $(a+b+c)^2 =$ f) $(a+b+c)^3 =$

g) $(a-b+c)^2 =$ h) $(a-b-c)^2 =$

i) $(-a-b-c)^2 =$

67. Lindas Wecker empfängt kein Funksignal und zeigt 00:00 Uhr.
Wie viel Uhr ist es tatsächlich?
In der Digitalanzeige am Ende der Aufgabe sind die ausmultiplizierten und zusammengefassten Ergebnisse eingetragen. Indem du die Felder anmalst, die ein tatsächliches Ergebnis der angegebenen Terme enthalten, erhältst du die gesuchte Uhrzeit.

a) $(2x-8)\cdot(x+2)$

b) $(1{,}5x+y)\cdot(-2x+3y)$

c) $(2x-1)\cdot(x+1)+(x+1)\cdot(1+2x)$

d) $(2x-3)\cdot(-x+2)-(-x+3)\cdot(-2x)$

e) $(x^2+1)\cdot(1-x^3)-(1-x)\cdot(x^2-1)$

f) $(a+4)\cdot(a^2-3a+1)-(a^2+6a-1)\cdot(a-2)-a\cdot(2-3a)$

g) $(x^2-3x+1)\cdot(x+4)-x\cdot(2-3x)-(x-2)\cdot(x^2+6x-1)$

h) $(x-1)\cdot(-x)-[x^2-(1-x)\cdot x]-\dfrac{1}{2}\cdot\left[\dfrac{1}{2}x^2-x\cdot(1-x)\right]$

i) $(ab-c)\cdot(a-bc)-(cb-a)\cdot(c-ba)$

j) $x\cdot[x^2-(x-1)]-x^2\cdot(x+1)-x\cdot(-2x)$

k) $(a+b+1)\cdot(a-b-1)-[a+(b-1)]\cdot[a-(b-1)]$

l) $\left(\dfrac{1}{2}x+\dfrac{1}{3}y\right)\cdot\left(2x-\dfrac{1}{y}\right)-\dfrac{2}{3}yx =$

m) $(y^2-3y+1)\cdot\left(\dfrac{1}{2}y-4\right)-(y^2-1)\cdot\left(y+\dfrac{1}{2}\right)+\left(\dfrac{1}{3}y\right)^2\cdot(y-3)$

     $+\dfrac{y^2}{3}\left(\dfrac{7}{6}y+19\right) =$

n) $(x+1)\cdot(x+x^2-1)-(2x-3)\cdot(x+1)\cdot(x-2)+7 =$

4		$4x^2 + 4x$		$2x$		$+13,5y - 3,5$
-6	$-4x^2 + 13x - 6$	$2x^2 - 16$	$-\tfrac{3}{4}x^2 + 2\tfrac{1}{2}x$	$-3x^2 + 2,5xy + 3y^2$	x	$x^2 - \tfrac{x}{2y} + \tfrac{1}{3}$	2
$x^5 - x - 2$		$2x$		2		$-x^3 + 7x + x$

$-4d$	$-4b$	$-4x^2 + 13x$	$2x^2 - 4x - 16$	$-3ab + b^2$	0	$2x^2 - 16$	$-x^5 - x + 2$
$x^5 + 2$		$-x$		$4x^2 + 4$		$x^2 - \tfrac{x}{2y} - \tfrac{1}{3}$

4 Faktorisieren durch einfaches Ausklammern

Die Summe $4x + x^2$ kann genauso als Produkt geschrieben werden, da der Faktor x in beiden Summanden vorkommt und folglich ausgeklammert werden kann:
$4x + x^2 = 4x + x \cdot x = x \cdot (4 + x)$

> Kommt in jedem Summanden ein gleicher Faktor vor, so kann man diesen **Faktor ausklammern** und die **Summe als Produkt** schreiben. Dies nennt man **Faktorisieren** der Summe.

Beispiele

1. $ab + ax + 2ay = a \cdot (b + x + 2y)$

2. $\underbrace{(a + b)}_{= e} \cdot 2 - 5c \cdot \underbrace{(a + b)}_{= e} =$

   $e \cdot 2 - 5c \cdot e = e \cdot (2 - 5c) =$
   $(a + b) \cdot (2 - 5c)$

Ersetzt man $a + b$ durch einen **Summenwert e**, so kann man diesen Faktor e ausklammern.

Ersetze e wieder durch a + b. Das Beispiel zeigt, dass auch **Summen ausgeklammert** werden können.

Aufgaben

68. Faktorisiere:
   a) $3a - 6b =$
   b) $a^2 - a =$
   c) $15x^2 + 10x + 30 =$
   d) $-y^4 + 4y^3 - 8y^2 =$
   e) $3s^2t^2 + 5st =$
   f) $x^2y - xy^2 =$

69. Auf welchem Gleis kommt der Zug an, wenn die Weiche richtig gestellt ist?

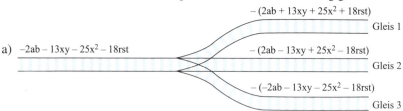

a) $-2ab - 13xy - 25x^2 - 18rst$

$-(2ab + 13xy + 25x^2 + 18rst)$ Gleis 1

$-(2ab - 13xy + 25x^2 - 18rst)$ Gleis 2

$-(-2ab - 13xy - 25x^2 - 18rst)$ Gleis 3

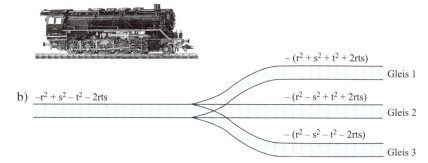

b) $-r^2 + s^2 - t^2 - 2rts$

$-(r^2 + s^2 + t^2 + 2rts)$ Gleis 1

$-(r^2 - s^2 + t^2 + 2rts)$ Gleis 2

$-(r^2 - s^2 - t^2 - 2rts)$ Gleis 3

70. Forme den Term um, indem du das Minuszeichen ausklammerst.

a) $-3x^2 + y^2 =$

b) $-1 - 3ab =$

c) $x^2 - 5x + 23xy - 12y^2 - (-0{,}2) =$

d) $5z - 2 \cdot (6x - 3) - (8y + 7) - z^2 =$

e) $xy - 2y^2 - 3x^2 + 15x^2y^2 =$

f) $ab + a^2b^2 + a^3b^3 + ab^2 =$

71. Schreibe als Produkt:

a) $x \cdot (a + b) - (x + 1) \cdot (a + b) =$

b) $\dfrac{3}{4} x \cdot (a - b) - \dfrac{3}{7} y \cdot (a - b) =$

c) $3{,}2a \cdot (x - 3) + 4{,}8b \cdot (3 - x) =$

d) $r \cdot (2a - b) + s \cdot (b - 2a) - t \cdot (-b + 2a) =$

e) $u \cdot (u^2 - vu) + v \cdot [u \cdot (u - v)] - uv(v - u) =$

f) $(a + b) \cdot (a - b) + (b^2 - a^2) \cdot 2x - y \cdot [a \cdot (a + b) - b \cdot (a + b)] =$

72. Ersetze die Kästchen durch eine rationale Zahl, sodass die angegebene Gleichung erfüllt ist.

a) $(x + \square) \cdot \left(2x - \dfrac{1}{3}\right) = \square\, x^2 + \square\, x - \dfrac{1}{6}$

b) $\left(\square\, x + \dfrac{2}{5}\right) \cdot (x + \square) = 3x^2 + \dfrac{49}{10} x + \square$

c) $(5x + \square) \cdot (x - \square) = 5x^2 - \dfrac{9}{5}$

d) $(2x + 1) \cdot (\square \, x - 3) = 4x^2 - \square \, x - \square$

e) $\left(\dfrac{1}{2}x - \dfrac{1}{3}\right) \cdot (\square \, x - \square) = \dfrac{1}{6}x^2 - \dfrac{13}{36}x + \dfrac{1}{6}$

f) $\left(-\dfrac{1}{4}x - \square\right) \cdot \left(-\dfrac{1}{2}x + \dfrac{1}{5}\right) = \square \, x^2 + \dfrac{7}{60}x - \dfrac{1}{15}$

73. Berechne das markierte Flächenstück.
Klammere bei der Berechnung geschickt
aus.

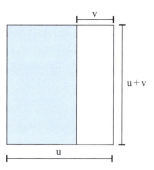

5 Faktorisieren durch mehrfaches Ausklammern

Schwieriger wird das Faktorisieren, falls in den Summanden nicht offensichtlich
gleiche Faktoren vorkommen. Hier führt oft **mehrfaches Ausklammern** zum
Ziel.

Beispiel

Schreibe den Term $ax - ay + bx - by$ als Produkt.

Lösungsweg 1:

$ax - ay + bx - by =$

$a \cdot (\mathbf{x - y}) + b \cdot (\mathbf{x - y})$

$(a + b) \cdot (\mathbf{x - y})$

Klammere aus dem ersten und zweiten Summanden den Faktor a aus, aus dem dritten und vierten Summanden jeweils den Faktor b. Dann kannst du die Summe $(x - y)$ ausklammern.

Probe:

$(a + b) \cdot (x - y) = a \cdot x - a \cdot y + b \cdot x - b \cdot y$

Zur Probe wird das Ergebnis wieder ausmultipliziert, dabei wird jeder Summand der ersten Klammer mit jedem Summanden der zweiten Klammer multipliziert.

Lösungsweg 2:

$ax - ay + bx - by =$

$\underbrace{ax + bx}_{= x \cdot (a + b)} \; - \; \underbrace{ay - by}_{= y \cdot (-a - b)} =$

$x \cdot (a + b) + y \cdot (-a - b) =$

$x \cdot (a + b) + y \cdot (-1)(a + b) =$

$x \cdot (a + b) - y \cdot (a + b) =$

$(a + b) \cdot (x - y)$

Klammere aus dem ersten und zweiten Summanden den Faktor x aus, aus dem dritten und vierten Summanden jeweils den Faktor y. Den Summanden $(-a - b)$ kannst du durch Ausklammern von -1 umformen zu $-(a + b)$. Jetzt kannst du die Summe $(a + b)$ ausklammern.

Die beiden verschiedenen Lösungswege führen offensichtlich zum gleichen Ergebnis. Bei Aufgaben dieser Art gibt es keine wirkliche Strategie. Versuche, durch Probieren eine Variable zu finden, die du in einem ersten Schritt ausklammern kannst, das zweite Ausklammern ist dann meist einfacher. Wie im obigen Beispiel führen oft auch mehrere Wege zum Ziel.

Aufgaben

74. Faktorisiere:

a) $ax + bx + ay + by$

b) $ab + ac - bx - cx$

c) $x^2 + ax + ab + bx$

d) $4x + 2y - 6x^2 - 3xy$

e) $-x \cdot (a^2 - b) + 5 \cdot (b - a^2)$

f) $(x + 3) \cdot (a + b) + (y - 3) \cdot (a + b)$

g) $(-x - y) \cdot (a + b) + (x + y) \cdot (a - b)$

h) $ae + 2a + be + 2b$

i) $b \cdot (x^2 + y^2) - a \cdot (-x^2 - y^2)$

j) $by - bx + cy - cx$

k) $(x - y) \cdot 2 + (x - y)^2 \cdot 3$

l) $(a - b)^2 \cdot y + (-a + b)^2 \cdot x$

75. Stelle als Produkt dar:

a) $a \cdot (2 - 4y) + b \cdot (1 - 2y)$

b) $x \cdot (x + 3y) - (x + 3y)^2$

c) $3x^2 - 12xy - (4y - x)$

d) $-a^2y^2 - 4b^2x^2 + 2b^2y^2 + 2a^2x^2$

e) $yx^2 - 3yx + x^3 - 3x^2$

f) $y \cdot (a + b)^3 + (-a - b)^2 \cdot x$

g) $(3k - \ell) - (2\ell^2 - 6k\ell)$

h) $(a + b)^2 - (a^2 - ab + ab - b^2)$

76. Faktorisiere die Summen:

a) $x^2 + 4x + 5x + 20$

b) $a^2 + a - a - 1$

c) $a^2b^2 + ab^3 + a^2b + ab^2$

d) $4x^2 + 2x + 2x + 1$

e) $\dfrac{1}{2x^2} + \dfrac{1}{xy} + \dfrac{1}{2xy} + \dfrac{1}{y^2}$

f) $c^2d^2 + c^2 + a^2d^2 + a^2$

g) $\dfrac{2}{a^2y} + \dfrac{2}{b^2y} - \dfrac{1}{2a^2x} - \dfrac{1}{2b^2x}$

h) $\dfrac{a^2b^2}{x^4y^2} + \dfrac{ab^4}{x^2y} - \dfrac{cb^2a}{x^2yz^2} - \dfrac{cb^4}{z^2}$

77. Klammere einen Faktor aus und schreibe den Term als Produkt.

a) $15c + 5d$

b) $8rs + 16r^2$

c) $23t^4 - 46t^3$

d) $6u^2 + 24uv - 12u^3v^2$

e) $(r+s) \cdot (u+v) + (a+b) \cdot (u+v)$

f) $36a^3b^5 - 42a^5b^3$

g) $16x^3y^5z^7 - 6x^5y^7z^3 + 12x^2y^3z^7$

h) $3x^6y^9z^{12} + 9x^4y^8z^{10} - 18x^2y^2z^3 \cdot \left(\dfrac{1}{2} \cdot x^4y^5z^3 - \dfrac{1}{6} \cdot x^2y^2z^4 \right)$

i) $a^2b \cdot (ax^2 + y^2) - a^2bx^2 - a^2by^2$

j) $(x-y)^2 + (x-y)^3 + (ab^2y - ab^2x)^5$

78. Bei den folgenden Termen ist stets eine Faktorisierung möglich, sodass der gegebene Term die Form $(x+a) \cdot (x+b)$ mit a, b $\in \mathbb{Z}$ (ganze Zahlen) hat. Bei der Faktorisierung des Terms $\mathbf{x^2 + 2x - 15}$ geht man zuerst den umgekehrten Weg und multipliziert $(x+a) \cdot (x+b)$ aus:

$$(x+a) \cdot (x+b) = x^2 + ax + bx + ab$$
$$= x^2 + (a+b) \cdot x + ab$$

Der Vergleich mit $\mathbf{x^2 + 2 \cdot x - 15}$ ergibt:

$a + b = 2$
$a \cdot b = -15$

Die einzigen Möglichkeiten, die Zahl 15 zu erhalten, sind die Kombinationen $a = 1$, $b = 15$ oder $a = 3$, $b = 5$. $a + b = 2$ hat aber zur Folge, dass $b = 5$ und $a = -3$ (oder umgekehrt $b = -3$ und $a = 5$) die einzigen Möglichkeiten sind, beide Gleichungen zu erfüllen. Die Aufgaben werden also durch geschicktes Ausprobieren gelöst.

Faktorisiere die Terme, sodass das entstehende Produkt die Form $(x+a) \cdot (x+b)$ (mit a, b $\in \mathbb{Z}$) hat.

a) $x^2 + 5x + 6$

b) $x^2 + 3x - 4$

c) $x^2 - 25$

d) $x^2 - 7x + 10$

e) $x^2 + 3x + 2$

f) $x^2 + 6x + 9$

79. Vereinfache, indem du ausmultiplizierst und anschließend so weit wie möglich zusammenfasst.

a) $(25c - 14b) \cdot 3 =$

b) $12a^2b^2 - (-3ab)^2 + \left(2,4ab - 2\dfrac{1}{5}ab \right) \cdot ab =$

c) $\left(\dfrac{1}{2}a - \dfrac{1}{4}b \right) \cdot \left(\dfrac{1}{3}b + \dfrac{1}{4}a \right) - \dfrac{1}{6}ab - \dfrac{1}{3}a^2 + \dfrac{1}{2}b^2 =$

d) $4x^2y^2z - \left(2xyz - \dfrac{1}{2}yx \right) \cdot \dfrac{1}{3}xy - y^2x \cdot \left(-1,4x - \dfrac{1}{2}xz \right) =$

80. Multipliziere so weit wie möglich aus:

a) $\left(\dfrac{1}{2}a - \dfrac{1}{3}b\right) \cdot \left(\dfrac{1}{4}b - \dfrac{1}{6}a\right) =$

b) $(x + y) \cdot (2x - 3y) =$

c) $\left(\dfrac{1}{2}a + \dfrac{1}{3}b - \dfrac{1}{4}c\right) \cdot \left(\dfrac{1}{4}a - \dfrac{1}{3}b\right) =$

d) $(x + y + z) \cdot (x - y - z) =$

e) $(a + b) \cdot \left(\dfrac{1}{2}a + \dfrac{1}{3}b\right) \cdot \left(\dfrac{1}{4}a - \dfrac{1}{5}b\right) =$

f) $(a - b - c) \cdot (a + b + c) \cdot (-a - b - c) =$

81. Faktorisiere durch einfaches und mehrfaches Ausklammern.

a) $12ab^2 - 24a^2b + 3a^2b^2 =$

b) $3r^5s^3t^5 + 9r^8s^5t^6 - 27r^6s^4t^7 =$

c) $2x^2 + 2x + 3x + 3 =$

d) $a^3b^2 - ab + a^2b^3 - b^2 =$

e) $\dfrac{1}{6}a^2 - \dfrac{1}{3}ac + \dfrac{1}{4}ab - \dfrac{1}{2}bc =$

f) $(2 - a) \cdot (3 + b) + 4 - 2b - 2a + ab =$

82. Zeige mithilfe der Flächenberechnung des Quadrats:

$(a + b + c) \cdot (a + b + c) =$
$a^2 + b^2 + c^2 + 2ab + 2ac + 2bc$

83. Berechne folgende Produkte mithilfe einer Flächenbetrachtung (vgl. Aufgabe 82).

a) $(a + b + c) \cdot (a + b)$

b) $(a + b) \cdot (a + b)$

c) $(a + b + c) \cdot (a + b + c + d)$

Gleichungen

Gleichungen sind Aussageformen. Die Aussage ist wahr, wenn auf
der linken und rechten Seite der Gleichung gleiche Termwerte stehen.
Die zwei Terme links und rechts des Gleichheitszeichens befinden
sich sozusagen im Gleichgewicht.

Wie muss man die Seitenlänge x eines Quadrates
wählen, um den Umfang 60 cm zu erhalten?

$$U = 4 \cdot x$$
$$60 \text{ cm} = 4 \cdot x$$

Diese Aussageform nennt man eine Gleichung.
Bei dieser einfachen Gleichung kann man die
Lösung $x = 15$ cm erraten, die eine wahre Aus-
sage ergibt.

- **Gleichungen** bestehen aus **zwei** mit einem **Gleichheitszeichen verbundenen Termen** und mindestens einer **Variablen**. Ziel ist es, eine (oder mehrere) Zahl(en) für x zu finden, mit der (bzw. denen) die Gleichung erfüllt wird und die **Aussage wahr** ist.

- Die **Grundmenge** $\mathbb{G}$ einer Gleichung gibt alle Zahlen an, die als Lösung der Gleichung infrage kommen. **Die Grundmenge aller hier verwendeten Gleichungen sei $\mathbb{Q}$.**

- Falls eine Lösung existiert, heißt die Gleichung lösbar. Löst genau eine Zahl die Gleichung, so heißt die Gleichung eindeutig lösbar. Die **Lösungsmenge** $\mathbb{L} = \{...\}$ enthält die Zahlen der Grundmenge, die die Gleichung erfüllen.

Beispiel

$x - 4 = 5$
Lösung:
$x - 4 = 5; \quad \mathbb{G} = \mathbb{Q}$
$\quad x = 9$
Probe: $9 - 4 = 5$
Ergebnis: Die Lösungsmenge
ist $\mathbb{L} = \{9\}$.

Für x dürfen alle rationalen Zahlen eingesetzt
werden: $\mathbb{G} = \mathbb{Q}$

9 ist Element der Grundmenge und erfüllt die
Probe, also ist 9 Lösung.

1 Lösen einfacher Gleichungen

Betrachte die Gleichung $2x + 3 = 25$. Schon bei dieser relativ einfachen Gleichung
ist es schwierig, eine Lösung zu erraten.
Um die Gleichung zu lösen, isolierst du die Variable mittels Umformungen auf
eine Seite des Gleichheitszeichens. Allerdings dürfen die Umformungen die
Lösung der ursprünglichen Gleichung nicht verändern. Das kannst du verstehen,
wenn du an eine Balkenwaage denkst:

Sie bleibt im Gleichgewicht, wenn auf beiden Waagschalen das gleiche Gewicht aufgelegt oder weggenommen wird. Überträgt man dies auf eine Gleichung, muss auf beiden Seiten des Gleichheitszeichens das Gleiche (das Äquivalente) verändert werden.

Um **Gleichungen zu lösen**, **isolierst** du die **Variable** auf eine Seite des Gleichheitszeichens. Damit die Lösung der neuen Gleichung mit der Lösung der ursprünglichen Gleichung übereinstimmt, darfst du ausschließlich die folgenden **Äquivalenzumformungen** durchführen:

- die **Addition bzw. Subtraktion auf beiden Seiten** der Gleichung mit denselben Zahlen,
- die **Multiplikation bzw. Division** derselben Zahl ungleich null **auf beiden Seiten** der Gleichung.

Beispiel

1. $2x + 3 = 25;$

   Lösung:

   $2x + 3 = 25 \qquad |-3$

   $2x + \underbrace{3 - 3}_{= 0} = 25 - 3$

   $2x = 22 \qquad |:2$

   $2x : 2 = 22 : 2$

   $x = 11$

   Isoliere x auf eine Seite des Gleichheitszeichens durch Subtraktion von -3. Gib die **Äquivalenzumformungen** stets **hinter einem senkrechten Strich** in der jeweiligen Zeile der Gleichung an. So kannst du später leichter nachvollziehen, was du gerechnet hast.

   Probe: $2x + 3 = 25$

   $\qquad 2 \cdot 11 + 3 = 25$

   $\qquad 22 + 3 = 25$

   $\qquad 25 = 25$

   Überprüfe deine Lösung durch Einsetzen in die Anfangsgleichung.

   Ergebnis: Die Lösungsmenge der Gleichung ist $\mathbb{L} = \{11\}$.

Aufgaben

84. Bestimme die Lösungsmengen der Gleichungen.

a) $3x - 1 = -11$

b) $-3x + 1 - (2x + 7) = 24$

c) $x : (-12) = 5$

d) $x : 1,2 - \dfrac{4}{5} = \dfrac{1}{10}$

e) $(-x):3-\dfrac{1}{9}=\dfrac{2}{3}$

f) $5=-\dfrac{4}{3}-19x$

g) $-\left(1\dfrac{2}{3}+3x\right)-2+\dfrac{1}{3}\cdot x=2$

h) $\dfrac{1}{8}-\left(7x+\dfrac{2}{8}\right)-\dfrac{1}{2}=0$

i) $2-\left(11\dfrac{2}{3}-x\right):2+0,5\cdot\dfrac{1}{3}=-\dfrac{1}{6}$

j) $-2\dfrac{1}{3}\cdot\left(5\dfrac{1}{2}x+1,2x\right)-\left(\dfrac{1}{2}x-4\right)=1\dfrac{2}{5}$

85. Prüfe, ob die angegebene Zahl eine Lösung der Gleichung ist.

a) $5x+3=-4;\quad x=-\dfrac{7}{5}$

b) $\dfrac{2}{3}x-\dfrac{5}{3}+2x=1;\quad x=-2$

c) $x^2+3x-1=3;\ x_1=1;\ x_2=-4$

d) $\dfrac{x-2}{x+2}=\dfrac{1}{3};\qquad x=4$

e) $6x^3-11x^2=14x-24;$

$x_1=2;\ x_2=-\dfrac{3}{2};\ x_3=\dfrac{4}{3}$

f) $\dfrac{3x^2-4x+5}{2x-3}=3x+\dfrac{1}{2};$

$x_1=2;\ x_2=0$

g) $-x^2+\dfrac{2}{36}x=-\dfrac{2}{3}x^2-\dfrac{15}{36}x+\dfrac{1}{6};$

$x_1=\dfrac{2}{3};\ x_2=\dfrac{1}{2};\ x_3=0$

h) $\dfrac{\frac{1}{2}x^2+\frac{1}{24}}{\frac{1}{3}x^2-\frac{1}{3}x}=-2;$

$x_1=\dfrac{1}{2};\ x_2=-\dfrac{1}{3}$

i) $\left(x+\dfrac{2}{5}\right)^2-\left(x-\dfrac{1}{2}\right)^2=0,63;$

$x_1=-1;\ x_2=\dfrac{2}{5}$

j) $\dfrac{1}{3}x-\dfrac{5}{2}+3x-\dfrac{2}{3}=6\dfrac{5}{6};$

$x=3$

k) $\left(\dfrac{1}{2}x-\dfrac{2}{3}\right)\cdot(-x-1)=0;$

$x_1=\dfrac{2}{3};\ x_2=\dfrac{4}{3};\ x_3=1$

l) $\left(x-\dfrac{1}{2}\right)\cdot\left(\dfrac{1}{3}x+\dfrac{1}{2}\right)\cdot\left(-\dfrac{1}{3}x-\dfrac{1}{2}\right)=14,625;$

$x_1=-6;\ x_2=\dfrac{1}{3}$

2 Lösungsstrategie für komplizierte Gleichungen

Oft sind die Gleichungen, für die die Lösungsmenge gesucht wird, sehr komplex und du musst viele einzelne Rechenschritte nacheinander ausführen. Wenn du die angegebene Reihenfolge streng beachtest, gelangst du sicher ans Ziel.

Komplizierte Gleichungen kannst du mit folgender Strategie lösen:

1. **Vereinfache** die Gleichung, indem du Klammern auflöst und gleichartige Glieder zusammenfasst.

2. **Isoliere** die gesuchte Variable mittels Äquivalenzumformungen.

3. **Überprüfe**, ob die gefundene Lösung Element der Grundmenge ist, und mache die **Probe** durch Einsetzen der Lösung in die Gleichung.

4. Gib die **Lösungsmenge** an.

Beispiele

1. Bestimme die Lösungsmenge der Gleichung $9x - 2 - (7x + 2) = -4x$.

   Lösung:

   Schritt 1: Vereinfache die Gleichung.

   $$9x - 2 - (7x + 2) = -4x$$
   $$9x - 2 - 7x - 2 = -4x$$
   $$9x - 7x - 2 - 2 = -4x$$
   $$2x - 4 = -4x$$

   Löse die Klammer auf und fasse zusammen.

   Schritt 2: Isoliere die Variable.

   $$2x - 4 = -4x \qquad | + 4x$$
   $$2x + 4x - 4 = -4x + 4x$$
   $$6x - 4 = 0 \qquad | + 4$$
   $$6x = 4 \qquad | : 6$$
   $$6x : 6 = 4 : 6$$
   $$x = \frac{\cancel{4}^{\,2}}{\cancel{6}^{\,3}}$$

   Isoliere die Variable x, indem du $+ 4x$, addierst und anschließend die Zahl 4 addierst. Dividiere dann durch den Vorfaktor 6 der Variablen.

   Schritt 3: Überprüfung

   $$\frac{2}{3} \in \mathbb{Q}$$

   $\frac{2}{3}$ ist eine rationale Zahl und damit in der Grundmenge $\mathbb{Q}$ enthalten. Die Probe zeigt, dass die gefundene Lösung richtig ist.

Probe:

$$9^{3} \cdot \frac{2}{3^{1}} - 2 - \left(7 \cdot \frac{2}{3} + 2\right) = -4 \cdot \frac{2}{3}$$

$$6 - 2 - \frac{14}{3} - 2 = -\frac{8}{3}$$

$$2 - \frac{14}{3} = -\frac{8}{3}$$

$$6 - 14 = -8$$

Schritt 4: Angabe der Lösungsmenge

Ergebnis: Die Lösungsmenge der Gleichung ist $\mathbb{L} = \left\{\frac{2}{3}\right\}$.

2. Bestimme die Lösungsmenge der Gleichung
$(x + 2) \cdot (2x - 9) + (x + 3)^2 = (2x - 1)^2 - x^2 + 5$.

Lösung:

Schritt 1: Vereinfache die Gleichung.

$$(x + 2) \cdot (2x - 9) + (x + 3)^2 = (2x - 1)^2 - x^2 + 5$$
$$2x^2 - 9x + 4x - 18 + x^2 + 6x + 9 = 4x^2 - 4x + 1 - x^2 + 5$$
$$2\mathbf{x^2} - 5x - 18 + \mathbf{x^2} + 6x + 9 = 4\mathbf{x^2} - 4x + 1 - \mathbf{x^2} + 5$$
$$3x^2 - 5\mathbf{x} - 18 + 6\mathbf{x} + 9 = 3x^2 - 4x + 1 + 5$$
$$3x^2 - \mathbf{18} + x + \mathbf{9} = 3x^2 - 4x + \mathbf{1} + \mathbf{5}$$
$$3x^2 + x - 9 = 3x^2 - 4x + 6$$

Schritt 2: Isoliere die Variable.

$$
\begin{array}{ll}
3x^2 + x - 9 = 3x^2 - 4x + 6 & \big| - 3x^2 \\
x - 9 = -4x + 6 & \big| + 4x \\
5x - 9 = 6 & \big| + 9 \\
5x = 15 & \big| : 5 \\
x = 3 &
\end{array}
$$

Schritt 3: Überprüfung bzw. Probe

$$(3 + 2) \cdot (2 \cdot 3 - 9) + (3 + 3)^2 = (2 \cdot 3 - 1)^2 - 3^2 + 5$$
$$5 \cdot (6 - 9) + 6^2 = (6 - 1)^2 - 9 + 5$$
$$-15 + 36 = 25 - 9 + 5$$
$$21 = 21$$

Schritt 4: Angabe der Lösungsmenge

Ergebnis: Die Lösungsmenge der Gleichung ist $\mathbb{L} = \{3\}$.

86. Löse folgende Gleichungen bezüglich der Grundmenge $\mathbb{Q}$.

a) $3x - 1 = x - 1$

b) $\dfrac{3}{4}x - \dfrac{3}{4} = 1,75x + 1,75$

c) $3x + 16 = 9x - 12x + 18$

d) $\dfrac{x}{2} - \dfrac{x}{8} = 2 + \dfrac{x}{4} - \dfrac{7}{8}x$

87. Bestimme die Lösungsmengen folgender Gleichungen.

a) $-\dfrac{9}{7} = -\dfrac{7}{9}x$

b) $\dfrac{x}{15} = 0,3 : 0,01$

c) $(-x) : 1\,024 = \dfrac{13}{128}$

d) $\dfrac{2x}{3} + \dfrac{5}{3} = x + 4$

e) $\dfrac{1}{7}x + \dfrac{1}{3}x - 15 = -2 + \dfrac{1}{6}x$

f) $3x - 4 \cdot (11 + x) = 5x - 2 \cdot (10 - x)$

g) $(x - 4) \cdot (3x - 7) = (4 + 3x) \cdot (x - 8)$

h) $\left(\dfrac{1}{2}x - 1\right)^2 + \left(\dfrac{1}{2}x + 1\right)^2 = \left(\dfrac{1}{2}x - 2\right)^2 + \left(1 - \dfrac{1}{2}x\right)^2$

i) $3,75x - (1,5 + 0,5x) = -3,75 - \left[(1,5 - x) - 1\dfrac{1}{2}x\right] + 3\dfrac{3}{5}$

j) $-(x + 2) \cdot (7 - x) - (x - 1)^2 = 0$

k) $12x - 5 \cdot [3x - 4 \cdot (3 + 2x) - 1] = 173$

l) $(2 - x)^2 - (x - 2)^2 = -[(x - 2) \cdot (x + 2) + (x^2 + 2^2)]$

m) $\left\{[(x + 1) \cdot 2 + 0,5] \cdot 3 + \dfrac{1}{3}\right\} \cdot 4 + \dfrac{1}{4} = \left\{\left[(x + 1) \cdot 2 + \dfrac{x}{2}\right] \cdot 3 + \dfrac{x}{3}\right\} \cdot 4 + \dfrac{1}{4}x$

3   Betragsgleichungen

Die Gleichung $|x| = 5$ ist äquivalent zu der Frage: Der Betrag welcher rationalen Zahlen ergibt 5?
Wie du weißt, ist der Betrag einer Zahl x ihr Abstand zum Ursprung.

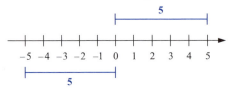

Der Zahlenstrahl zeigt zwei Lösungen: Die Zahl 5 und die Zahl -5 haben den Betrag 5. Die Lösungsmenge ist $\mathbb{L} = \{-5; 5\}$.

Die **Anzahl der Lösungen** für Betragsgleichungen der Form $|x| = a$ hängt von der Zahl $a \in \mathbb{Q}$ ab:

- $a > 0 \xrightarrow{\text{2 Lösungen}} \mathbb{L} = \{\mathbf{a; -a}\}$

- $a = 0 \xrightarrow{\text{1 Lösung}} \mathbb{L} = \{0\}$

- $a < 0 \xrightarrow{\text{keine Lösung}} \mathbb{L} = \{\ \}$

Beispiele

1. Gib die Lösungsmenge von $|x| = 5{,}3$ an.

    Lösung:
    Die Betragsgleichung hat 2 Lösungen.
    Fall 1:   Fall 2:
    $y = 5{,}3$ $y = -5{,}3$
    Probe:
    $|5{,}3| = 5{,}3$ $|-5{,}3| = 5{,}3$
    Ergebnis: Die Lösungsmenge ist $\mathbb{L} = \{-5{,}3; 5{,}3\}$.

2. Gib die Lösungsmenge von $|x - 2| = 3$ an.

    Lösung:
    Ersetzt man $x - 2$ durch y, so erhält man die einfache Betragsgleichung $|y| = 3$.
    Fall 1:   Fall 2:
    $\quad y = 3$ $\quad y = -3$
    $x - 2 = 3 \quad |{+2}$ $x - 2 = -3 \quad |{+2}$
    $\quad x = 5$ $\quad x = -1$
    Probe: $\mathbf{5} - 2 = 3$ *Probe:* $\mathbf{-1} - 2 = -3$
    Ergebnis: Die Lösungsmenge ist $\mathbb{L} = \{-1; 5\}$.

88. Gib alle Lösungen der folgenden Betragsgleichungen über die Grundmenge $\mathbb{Q}$ an.

a) $|x| = 1\frac{2}{3}$

b) $|x| = 2\frac{1}{3}$

c) $|x + 4| = 3$

d) $-|x + 4| + 4 = -5$

e) $|8 - x| + 2 = 5$

f) $\left| x - \frac{1}{2}x + |-2| \right| - 2 = -2$

89. Ermittle die Lösungsmengen der folgenden Betragsgleichungen. Beachte dabei, dass nicht alle Gleichungen lösbar sind.

a) $|x| = -2,5$

b) $|2 + x| = 4$

c) $|4 - x| = -2$

d) $|x + 2| + 8 = -4$

e) $\left| x - \frac{1}{2} + |-2| - |-2| \cdot x \right| = 4$

f) $\left| \frac{1}{2} + \frac{1}{4}x - |2 - 4| \right| = 2$

90. Ein Produktwert ist genau dann null, wenn einer der Faktoren des Produkts null ist. Gleichungen der Form $(x - 5) \cdot (x + 3) \cdot x = 0$ kann man deshalb sehr einfach lösen.

1. Fall: $x - 5 = 0 \rightarrow x_1 = 5$
2. Fall: $x + 3 = 0 \rightarrow x_2 = -3$
3. Fall: $x = 0 \rightarrow x_3 = 0$

Die Lösungsmenge dieser Gleichung lautet $\mathbb{L} = \{-3; 5; 0\}$.

Löse die weiteren Aufgaben wie im Beispiel:

a) $(x + 5) \cdot (x - 3) \cdot x = 0$

b) $\left(\frac{1}{2}x + 3 \right) \cdot (2x - 1) \cdot \frac{1}{2}x = 0$

c) $x^2 + x = 0$

(Beachte: Geschicktes Ausklammern führt zu einem Produkt.)

d) $x \cdot (2x + 3) = \frac{1}{2}x \cdot (5x - 3)$

e) $(x - 2)^{12} \cdot (x + 3)^{14} = 0$

f) $(x^4 + x) \cdot (x^3 - x^2) = 0$

91. Grafische Lösungen von linearen Gleichungen

Die Gleichung $x + 1 = 2x - 2$ kann in einem Koordinatensystem gelöst werden.

Die Zuordnungsvorschriften $x \mapsto y = x + 1$ (linke Seite der Gleichung)

und $\hspace{4cm} x \mapsto y = 2x - 2$ (rechte Seite der Gleichung)

beschreiben zwei Geraden in einem Koordinatensystem.

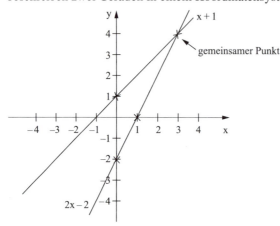

Die Geraden haben an der Stelle $x = 3$ einen gemeinsamen Punkt, d. h. an dieser Stelle haben beide Seiten der Gleichung den gleichen Wert. Die Gleichung ist damit erfüllt. Die Lösungsmenge ist $\mathbb{L} = \{3\}$.

Löse grafisch folgende Gleichungen und überprüfe deine Ergebnisse mithilfe von Äquivalenzumformungen.

a) $2x + 3 = 3x + 2$ \hspace{3cm} b) $x - 2 = \dfrac{1}{2}x + 2$

c) $x + 1 = \dfrac{2}{3}(6x - 3)$ \hspace{2cm} d) $3x + 4 = 4x + 5$

e) $\dfrac{1}{2}x - 2 = \dfrac{3}{2}x + 2$ \hspace{2.5cm} f) $2x - 1 = -x + 2$

92. a und b seien natürliche Zahlen. Bestimme die Lösungen der folgenden Gleichungen, wobei a und b in der Lösung als so genannte Parameter vorkommen sollen.

a) $ax + b^2 = -4$ \hspace{3cm} b) $\dfrac{x}{ab^2} + \dfrac{1}{2}a = a - b$

c) $ab^2x - ax^2 = 0$ \hspace{2.5cm} d) $\dfrac{a^2b^2}{x} - 4 = ab, \ x \neq 0$

e) $(x - a) \cdot b = (x - ab) \cdot a$ \hspace{1.5cm} f) $abx + ax + b = ax - ab$

93. Ein Gymnasium wird von m männlichen Schülern und w weiblichen Schülern besucht.
Beschreibe, welche Aussagen mit den folgenden Gleichungen gemacht werden.

a) $m = w + 25$

b) $m + w = 870$

c) $m = \frac{1}{3}w$

d) $3m = w$

e) $m + w = 2w - 68$

f) $m - w = 10$

94. In einer Lostrommel befinden sich rote und weiße Kugeln. Insgesamt sind 120 Kugeln in der Trommel. Es sind 26 weiße Kugeln mehr als rote Kugeln. Wie viele weiße bzw. rote Kugeln befinden sich in der Trommel?

95. In einem Betrieb arbeiten dreimal so viele Männer wie Frauen. Insgesamt gibt es 520 Mitarbeiter.
Wie viele Frauen bzw. Männer arbeiten in dem Betrieb?

96. Bei einer Lotterie gibt es pro 8 Lose einen Gewinn (d. h. 7 Nieten und einen Gewinn). Insgesamt wurden 1 400 Lose verkauft. Wie viele Nieten bzw. Gewinne gab es bei dieser Lotterie?

97. Eine Klasse hat 9 Jungen mehr als Mädchen. Wenn ein Mädchen fehlt (und alle Jungen anwesend sind), dann sind es sogar doppelt so viele Jungen wie Mädchen. Wie viele Jungen und Mädchen hat die Klasse?

98. Die Summe zweier Zahlen beträgt 650, die Differenz dieser Zahlen ist –22. Um welche Zahlen handelt es sich?

99. Das Produkt zweier natürlicher Zahlen ist 847, der Quotientenwert der gleichen Zahlen ist 7.
Wie heißen die zwei Zahlen?

100. Kennt man die Werte der Einerziffer x und der Zehnerziffer y nicht, so kann man die Zahl 73 wie folgt darstellen:
$73 = 7 \cdot 10 + 3 \cdot 1$ mit $y = 7$ und $x = 3$
Verwende diesen Ansatz für folgende Aufgabe:
Gesucht ist eine zweistellige Zahl. Die Einerstelle ist um 3 kleiner als die Zehnerstelle. Die gesuchte Zahl ist siebenmal so groß wie ihre Quersumme.

101. Die Einerziffer einer zweistelligen Zahl ist um zwei kleiner als die Zehnerziffer. Verdoppelt man die Zehnerziffer, so verdoppelt sich der Wert der Zahl.
Wie heißt die Zahl?

102. Paula denkt sich eine Zahl. Sie multipliziert ihre Zahl mit 3, subtrahiert von der Zahl 3 und dividiert die Zahl durch 3. Addiert Paula die drei Werte und zieht 13 ab, so erhält sie das Fünffache ihrer Zahl.
Wie heißt die Zahl?

103. Addiert man den dritten, den vierten, den sechsten und den achten Teil einer Zahl, so ist das Ergebnis um 3 kleiner als die Zahl selbst.
Wie heißt die Zahl?

104. Von drei Zahlen ist die erste doppelt so groß wie die dritte und die zweite um 5 kleiner als die erste.
Wie heißen die Zahlen, wenn ihre Summe 1 000 beträgt?

105. In einem Dreieck ist der Winkel α dreimal so groß wie der Winkel β. α und β zusammen sind doppelt so groß wie der dritte Winkel γ.
a) Bestimme die Winkel α, β und γ.
b) Ist das Dreieck durch die drei Winkel eindeutig bestimmt?

106. Ein rechteckiges Grundstück hat einen Flächeninhalt von 432 m^2, wobei die Länge das Dreifache der Breite beträgt.
Bestimme Länge und Breite des Grundstücks.

107. In einem Rechteck mit einem Umfang von 30 cm ist die Länge $1\frac{1}{2}$-mal so groß wie die Breite.
Berechne die Seiten.

108. Die Länge eines Rechtecks ist um 2 cm größer als die doppelte Breite. Vergrößert man beide Seiten um 3 cm, so nimmt der Flächeninhalt des Rechtecks um 150 cm^2 zu.
Wie lang sind die Seiten des Rechtecks?

109. Im Chemieunterricht will der Lehrer 3 ℓ einer 3 %ige Salzsäure (3 Teile Salzsäure, 97 Teile Wasser) herstellen. In der Chemiesammlung gibt es eine 40 %ige Salzsäure.
Wie viel Wasser bzw. Salzsäure muss der Chemielehrer mischen?

110. a) Ein Fabrikant möchte 1 000 ℓ Aprikosennektar mit 25 %igem Fruchtsaftgehalt herstellen. Es steht ein 65 %iger Fruchtsaft aus Aprikosen zur Verfügung.
Wie viel Wasser und 65 %iger Fruchtsaft müssen gemischt werden?

  b) Nun möchte er einen 10 %igen Fruchtsaft mit einem 45 %igen Fruchtsaft mischen, sodass 500 ℓ 25 %iger Fruchtsaft entstehen.
Wie viele Liter muss er von dem 10 %igen Fruchtsaft und 45 %igen Fruchtsaft mischen?

Mathematik im Alltag

Prozentzahlen und Diagramme begegnen dir überall im täglichen Leben. Kannst du bei Angeboten die Preise kontrollieren oder die Zinsen auf deinem Konto nachrechnen? Sagt dir ein Kreisdiagramm ebenso viel wie eine Tabelle?

1 Prozentrechnung

Die Aktie der Firma Kreativ stieg gestern von 20,00 € auf 21,00 €. Eine Aktie der Firma Gauß konnte sich im gleichen Zeitraum von 150,00 € auf 156,00 € verteuern. Bei welcher Aktie hatte der Anleger einen größeren Wertzuwachs seines Geldes?

Der Vergleich ist schwierig, da die Grundbeträge (20 € und 150 €) unterschiedlich sind. Du kannst die richtige Antwort finden, wenn du folgende Frage stellst: Welcher Gewinn wurde gestern erzielt, wenn man für 100 € Aktien der jeweiligen Firma hatte?

Lösung:
Mittels Dreisatz berechnest du den Gewinn für die Firma Kreativ:
Eine Aktie für **20 €** bringt **1 €** Gewinn.
Aktien für **100 €** bringen **5 €** Gewinn.

Bei der Firma Gauß erhältst du folgenden Gewinn:
Eine Aktie für **150 €** bringt **6 €** Gewinn.
(Teil-)Aktien für **100 €** bringen **4 €** Gewinn.

Ergebnis: Mit Aktien der Firma Kreativ im Wert von 100 € wurde gestern ein Gewinn von 5 € gemacht, mit Aktien der Firma Gauß im selben Wert wurde ein Gewinn von 4 € erzielt. Demnach war der Wertzuwachs bei den Aktien der Firma Kreativ gestern höher.

Um Größenangaben zu vergleichen, die sich auf verschiedene Grundgrößen bzw. Grundwerte beziehen, wird die **Prozentrechnung** eingeführt.

- **„Prozent"** bedeutet **„je hundert"** und wird bei der Berechnung von Anteilen verwendet.

- **Verschiebt** man das Komma einer reellen Zahl um **zwei Stellen nach rechts**, so erhält man ihren Wert in Prozent.

- Das **Prozentzeichen %** wird durch $\dfrac{1}{100}$ **ersetzt** und mit der Zahl vor dem Prozentzeichen **multipliziert**.

- **‰ bedeutet Promille**, d. h. im Nenner steht 1 000 bzw. das Komma wird um drei Stellen nach rechts verschoben.

Beispiele

1. $0{,}213 = 21{,}3\,\%$

Verschiebst du bei 0,213 das Komma um zwei Stellen nach rechts, so erhältst du den zugehörigen Prozentwert.

2. $45{,}743 = 45743\,‰$

Verschiebst du bei 45,743 das Komma um drei Stellen nach rechts, so erhältst du den zugehörigen Promillewert.

3. $7\,\% = 7 \cdot \dfrac{1}{100} = \dfrac{7}{100} = 0{,}07$

Ersetze das Prozentzeichen durch $\frac{1}{100}$ und multipliziere die Zahl 7 damit.

4. $3\,‰ = 3 \cdot \dfrac{1}{1\,000} = \dfrac{3}{1\,000} = 0{,}003$

Ersetze das Promillezeichen durch $\frac{1}{1000}$ und multipliziere die Zahl 3 damit.

Bei der Prozentrechnung gilt: 10 % von 120 € sind 12 €. Dabei ist 10 % der **Prozentsatz p**, 120 € ist der **Grundwert G** und 12 € ist der **Prozentwert P**.

Nach folgenden Formeln berechnest du die gesuchte Größe, wenn die beiden anderen Werte gegeben sind:

Prozentwert $\quad \mathbf{P = G \cdot \dfrac{p}{100\,\%}}$

Prozentsatz $\quad \mathbf{p = \dfrac{P}{G} \cdot 100\,\%}$

Grundwert $\quad \mathbf{G = \dfrac{P}{p} \cdot 100\,\%}$

Beispiele

4. Die Mehrwertsteuer liegt in Deutschland bei 16 %. Ohne Mehrwertsteuer kostet das Produkt 12 €.
   Wie viel beträgt die Mehrwertsteuer?

   Lösung:
   16 % ist der **Prozentsatz p**,
   12 € ist der **Grundwert G**.

   $P = 12\ € \cdot \dfrac{16\,\%}{100\,\%} = 0{,}12\ € \cdot 16 = 1{,}92\ €$

   Ordne die Begriffe Prozentsatz, Grundwert und Prozentwert zu. Der **Prozentwert** ist gesucht:

   $P = G \cdot \dfrac{p}{100\,\%}$

   Ergebnis: Die Mehrwertsteuer beträgt 1,92 €.

5. Das Gehalt von Herrn Stadler steigt um 5 %. Sein neues Gehalt beträgt 1 942,50 €.
   Wie viel verdiente Herr Stadler vor der Erhöhung?

Lösung:

105 % ist der **Prozentsatz p**,

1 942,50 € ist der Prozentwert P.

$$G = \frac{1\,942,50\ €}{105\,\%} \cdot 100\,\% =$$

$$18,5\ € \cdot 100 = 1\,850\ €$$

Ergebnis: Herr Stadler verdiente vor der Erhöhung 1 850 €.

Ordne die Begriffe zu. Das neue Gehalt ist 5 % höher als das bisherige. Setze das bisherige Gehalt gleich 100 %, dann entspricht das neue Gehalt 105 %. Das ist der Prozentsatz.

Gesucht ist der Grundwert:

$$G = \frac{P}{p} \cdot 100\,\%$$

6. Bei der letzten Gemeinderatswahl in Überdingen wurden 425 Stimmen abgegeben. 102 Stimmen gingen dabei an die „Blauen".
   Wie viel Prozent der abgegebenen Stimmen erhielten die „Blauen"?

Lösung:

425 Stimmen ist der Grundwert,

102 Stimmen ist der Prozentwert.

$$p = \frac{102\ \text{Stimmen}}{425\ \text{Stimmen}} \cdot 100\,\% = \frac{6}{25} \cdot 100\,\% = 24\,\%$$

Ergebnis: Die „Blauen" erhielten 24 % der abgegebenen Stimmen.

Aufgaben

111. Gib als gekürzten Bruch und als Dezimalbruch an:

a) 2 %

b) 2 Promille

c) 25 %

d) 12,5 %

e) 85 %

f) 22,4 %

g) 0,0024 ‰

h) 112,58 %

i) 1 525 %

j) $12\frac{1}{6}\,\%$

k) 1,25 ‰

l) 2 866,4 %

m) $245\frac{1}{3}\,‰$

n) $245\frac{1}{3}\,\%$

112. Verwandle in Prozent. Runde, falls nötig, das Ergebnis auf die zweite Stelle nach dem Komma.

a) $\frac{5}{4}$

b) 1,358

c) $\frac{2}{3}$

d) $\frac{8}{5}$

e) $10\frac{1}{3}$

f) $\frac{1}{6}$

g) $\dfrac{4}{9}$ h) $0{,}1258$

i) $1\dfrac{1}{4}$ j) $16\dfrac{1}{7}$

k) $\left(\dfrac{1}{10}\right)^3$ l) $\left(\dfrac{2}{3}\right)^3$

113. Berechne den gesamten Prozentsatz eines ursprünglichen Grundwertes.

  a) $50\,\%$ von $12\,\%$ b) $36\,\%$ von $47\,\%$

  c) $112\,\%$ von $112\,\%$ d) $60\,\%$ von $40\,\%$

  e) $40\,\%$ von $60\,\%$ f) $52\,\%$ von $1\,\%$

  g) $12\,\%_0$ von $16\,\%$ h) $125\,\%$ von $125\,\%_0$

  i) $2{,}4\,\%_0$ von $1\dfrac{1}{16}\,\%_0$ j) $128\,\%_0$ von $1\,615\,\%_0$

114. Berechne jeweils die fehlenden Werte:

	Grundwert	Prozentwert	Prozentsatz
a)	$132\,€$	$8{,}25\,€$	?
b)	$525\,m^3$	?	$140\,\%$
c)	?	$12{,}5\,m^2$	$5\,\%$
d)	?	$225\,t$	$12{,}5\,\%$
e)	$15\,€$	?	$16\,\%$
f)	$1{,}2\,m^2$	$14{,}4\,m^2$	?
g)	120	?	$40\,\%$
h)	$6\,\ell$	$7{,}2\,m\ell$	?
i)	?	$132{,}5$	$12{,}5\,\%$

115. Der Preis eines Laptops wurde um $12\,\%$ erhöht. Nun kostet er $1\,120\,€$.
Wie hoch war der Preis vor der Erhöhung?

116. Die Aktie der Firma Fortuna kostet am Morgen 35,50 €. Sie steigt bis zum Mittag um 10 % und fällt dann von diesem Wert bis zum Abend wieder um 10 %.

    a) Wie viel kostet die Aktie am Mittag?

    b) Berechne den Wert der Aktie am Abend.

117. Ein Möbelhaus bietet bei sofortiger Barzahlung 3 % Nachlass (Skonto) an. Familie Hempel kauft sich eine Wohnzimmereinrichtung und bezahlt mit Skonto 6 345,74 €.
Mit welchem Preis waren die Möbel ausgezeichnet?

118. Nach jahrelangen Nullrunden beschließt der Vorstand der Firma MeWag AG eine Lohnerhöhung. Der Lohn von Frau Liebig vermehrt sich um 238,20 €. Nach der Erhöhung bekommt sie monatlich 2 223,30 €. Ermittle die prozentuale Erhöhung.

119. Bei der Kommunalwahl in Kirchstadt wählt 27 % der teilnehmenden Wahlberechtigten die SPD. Von den restlichen Stimmen entfielen 76 % auf die CSU. Insgesamt bekam die CSU 548 Stimmen.

    a) Wie viele Stimmberechtigte gaben ihre Stimme ab?

    b) In Kirchstadt leben 1 235 Wahlberechtigte.
       Wie hoch war die Wahlbeteiligung?

120. Beim Basketballspiel Blau gegen Weiß lautet das Ergebnis 85 : 77 für Blau.

    a) Wie viel Prozent der Punkte haben die beiden Mannschaften jeweils erreicht?

    b) Wie viel Prozent der Punkte hat Blau mehr gewonnen als Weiß?

121. Die Schülerzahlen im Gymnasium stiegen im ersten Jahr um 6 % und im zweiten Jahr um 5 %.

    a) Wie groß ist die gesamte prozentuale Zunahme in den beiden Jahren?

    b) Um wie viel Prozent müsste die Schülerzahl im dritten Jahr abnehmen, wenn die Gesamtzunahme höchstens 10 % betragen darf?

122. Am 1. April kostete der Liter Heizöl 40,50 Ct. Acht Wochen später zahlt man 45,50 Ct.

    a) Wie groß ist die prozentuale Zunahme?

    b) Bei Abnahme von 3 500 ℓ Heizöl erhält man 3,5 % Rabatt. Zusätzlich werden 2 % Skonto gewährt.
       Wie viel musste man am 1. April für 3 500 ℓ Heizöl bezahlen?

123. Nach zähen Verhandlungen konnte Familie Müller für eine Dachterrassenwohnung einen Kaufwert von 225 000 € erreichen. 1,5 % des Kaufpreises erhält der Notar für seine Dienste. 3,41 % von 225 000 € müssen an den Immobilienmakler für die Vermittlung der Wohnung überwiesen werden. Die Stadt erhält 3,5 % des Kaufpreises als Grunderwerbssteuer.

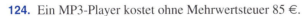

    a) Wie viel Geld muss Familie Müller von der Bank leihen, wenn sie 25 000 € Eigenkapital hat?

    b) Familie Müller möchte 1,5 % des Gesamtdarlehens im ersten Jahr tilgen.
       Wie hoch darf der Zinssatz höchstens sein, wenn Familie Müller 15 000 € jährlich an die Bank zahlen kann?

124. Ein MP3-Player kostet ohne Mehrwertsteuer 85 €.

    a) Wie viel kostet der MP3-Player mit der Mehrwertsteuer (16 %)?

    b) Die Mehrwertsteuer wird auf 19 % erhöht.
       Wie viel kostet der MP3-Player mit der höheren Mehrwertsteuer?

    c) Wie hoch ist die gesamte prozentuale Erhöhung?

125. Ein Bekleidungsgeschäft in der Innenstadt möchte sein Lager räumen. Der Händler überlegt folgende Aktionen:

1) 20 % Rabatt auf alle Waren,

2) 16 % Rabatt auf alle Waren und bei Barzahlung zusätzlich 4 % auf den Rabattpreis.

a) Welches Angebot ist für den Kunden lukrativer?

b) Du hast eine Hose für 75 € entdeckt.
Wie viel zahlst du in beiden Fällen?

c) Wie viel darf ein Pullover vor der Aktion kosten, wenn du 50 € zur Verfügung hast? Prüfe wieder beide Fälle.

126. Ein Getränk enthält 30 % reinen Fruchtsaft und 70 % Wasser.

a) Wie viel Wasser muss man zu 5 ℓ Getränk hinzugeben, um den Fruchtsaftgehalt auf 10 % zu senken?

b) Wie viel reinen Saft muss man nun zugeben, um den Fruchtsaftgehalt wieder auf 30 % zu bringen?

127. Ein Würfel hat eine Gesamtkantenlänge von 6 m. Jede Kante wird um 10 % verlängert.

a) Wie groß ist die prozentuale Zunahme der Oberfläche?

b) Um wie viel Prozent nimmt das Volumen zu?

128. Das Schwimmbad im Ort hatte in den letzten Jahren folgende Besucherzahlen:

2005	50 197
2004	48 293
2003	45 388

a) Berechne die prozentuale Zunahme von Jahr zu Jahr.

b) Vom Jahr 2005 zum Jahr 2006 wird eine Steigerung der Besucherzahlen um 4,5 % erwartet.

Wie viele Besucher müssten 2006 ins Schwimmbad kommen?

2 Daten und Diagramme

In Zeitungen, Vorträgen und Berichten werden Daten zur besseren Übersicht häufig in Diagrammen präsentiert.
Wie kannst du beispielsweise die Ergebnisse der letzten Mathematik-Schulaufgabe bildlich darstellen?

Note	1	2	3	4	5	6
Anzahl	2	6	12	7	5	1

In einem **Säulendiagramm** oder einem **Kreisdiagramm** kannst du Daten einer Zuordnungstabelle grafisch darstellen oder den **arithmetischen Mittelwert** als Durchschnitt aller Daten angeben. Die Entwicklung über einen Zeitraum kann in einem **Liniendiagramm** dargestellt werden.

> Im **Säulendiagramm** wird der **absolute Wert** als **Säule** oder Rechteck über der Achse der möglichen Werte gezeichnet.

Beispiel

Stelle die Ergebnisse der Mathematik-Schulaufgabe in einem Säulendiagramm dar.

Lösung:
Über den Noten 1 bis 6 wird die Anzahl der Schüler eingetragen, die die jeweilige Note erhalten haben. Der Note 1 auf der x-Achse wird z. B. die Anzahl 2 auf der y-Achse zugeordnet. Achte bei der Wahl des Maßstabs auf die Übersichtlichkeit des Diagramms. Hier entspricht 1 cm auf der y-Achse 4 Arbeiten, d. h. 0,25 cm entsprechen einer Arbeit. Die Anzahl 2 für die Note 1 entspricht $2 \cdot 0{,}25$ cm oder 0,5 cm in y-Richtung.

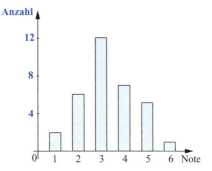

Beim **Kreisdiagramm** wird der **relative Anteil** der gezählten oder gemessenen Größe berechnet und dann in ein „**Tortenstück**" (Kreissektor, Kreisausschnitt) des Kreisdiagramms übertragen.

Beispiel

Stelle die Ergebnisse der Mathematik-Schulaufgabe in einem Kreisdiagramm dar.

Lösung:

Der relative Anteil der erreichten Noten entspricht dem **Prozentsatz** der Schüler, die die entsprechende Note erhalten haben.
Der Grundwert ist die Gesamtzahl der Schüler, also $2+6+12+7+5+1=33$.
Der Prozentwert ist die Anzahl der Schüler mit der Note 1, hier 2 Schüler.

Als Prozentsatz ergibt sich $p = \frac{2}{33} \cdot 100\,\% \approx 2 \cdot 3\,\% = 6\,\%$, d. h. 6 % der Schüler haben die Note 1 erreicht.

Ebenso berechnet man die anderen fünf relativen Anteile. Die Ergebnisse sind in folgender Tabelle zusammengefasst:

Note	1	2	3	4	5	6
relativer Anteil	**6 %**	**18 %**	**36 %**	**21 %**	**15 %**	**3 %**

Die relativen Anteile werden nun in ein Kreisdiagramm übertragen, dazu ermittelst du mithilfe des Dreisatzes den einzutragenden Innenwinkel:
100 % entsprechen dem Innenwinkel 360° (Vollwinkel).
1 % entspricht dem Innenwinkel $360° : 100 = 3{,}6$.
6 % entsprechen dem Innenwinkel $3{,}6° \cdot 6 = 21{,}6° \approx 22°$.
Der Anteil der Arbeiten mit der Note 1 entspricht einem Tortenstück? Mit $3{,}6° \cdot 6 = 21{,}6° \approx 22°$ erhält man den Innenwinkel, d. h. du zeichnest 22° in das Kreisdiagramm ein.
Die farbig markierte Fläche entspricht dem relativen Anteil der Arbeiten mit der Note 1.

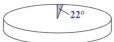

Für die anderen Noten erhält man folgende Innenwinkel:
Note 2: $3{,}6° \cdot 18 = 64{,}8° \approx 65°$
Note 3: $3{,}6° \cdot 36 = 129{,}6° \approx 130°$
Note 4: $3{,}6° \cdot 21 = 75{,}6° \approx 76°$
Note 5: $3{,}6° \cdot 15 = 54°$
Note 6: $3{,}6° \cdot 3 = 10{,}8° \approx 11°$

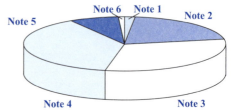

> Das **arithmetische Mittel** gibt den Durchschnitt aller Werte an. Zur Berechnung **addierst** du **alle Werte** und **dividierst** das Ergebnis durch die Anzahl der Werte.

Beispiel

Welchen Durchschnitt bzw. welches arithmetische Mittel hat die Klasse in der Mathematik-Schulaufgabe erreicht?

Lösung:

$$\underbrace{(1+1}_{2}+\underbrace{2+2+2+2+2+2+}_{6}$$
$$\underbrace{3+3+3+3+3+3+3+3+3+3+3+3+}_{12}$$
$$\underbrace{4+4+4+4+4+4+4+}_{7}$$
$$\underbrace{5+5+5+5+5}_{5}+\underbrace{6)}_{1}:33=$$

Alle Werte (also alle erreichten Noten in der Klasse) werden addiert und durch die Gesamtzahl der Schüler geteilt.

$$(2\cdot\mathbf{1}+6\cdot\mathbf{2}+12\cdot\mathbf{3}+7\cdot\mathbf{4}+5\cdot\mathbf{5}+1\cdot\mathbf{6}):33=$$
$$(2+12+36+28+25+6):33=$$
$$109:33=$$
$$3,\overline{30}\approx3,30$$

Fasse die Summe zusammen und berechne.

Einfacher kannst du alle Werte addieren, indem du die erreichte Anzahl mit der dazugehörigen Note multiplizierst. Für die **Note 3**, die 12-mal erreicht wurde, rechnest du also $12\cdot\mathbf{3}$.

Ergebnis: Das arithmetische Mittel der erreichten Leistungen in der Schulaufgabe beträgt 3,30. Das ist der Durchschnitt der Schulaufgabe.

> Mittels eines **Liniendiagramms** kannst du beispielsweise eine Entwicklung über einen Zeitraum darstellen. In einem **Koordinatensystem** werden die **Wertepaare eingetragen** und durch **Linien** miteinander **verbunden**.

Beispiel

Stelle grafisch dar, wie sich die Leistung der Klasse über die vier Schulaufgaben im Fach Mathematik entwickelt hat.
Folgende Durchschnitte (arithmetische Mittelwerte) wurden erreicht:

3,9	3,6	3,7	2,9
1. Schulaufgabe	2. Schulaufgabe	3. Schulaufgabe	4. Schulaufgabe

Lösung:
Im Koordinatensystem werden den Nummern der Schulaufgaben (x-Achse) die Durchschnitte (y-Achse) zugeordnet. Die Zahlenpaare lauten:
(1. Schulaufgabe | 3,9)
(2. Schulaufgabe | 3,6)
(3. Schulaufgabe | 3,7)
(4. Schulaufgabe | 2,9)
Beachte, dass die Achsenwerte nicht bei null beginnen müssen.

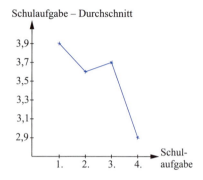

Schulaufgabe – Durchschnitt

Aufgaben

129. a) Gib die Absolutwerte der Ereignisse A, B, C und D an.

b) Bestimme jeweils den prozentualen Anteil eines Balkens.

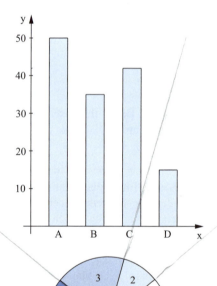

130. a) Bestimme die Innenwinkel im Kreisdiagramm.

b) Berechne die prozentualen Anteile der einzelnen Kreissegmente.

131. Der Fußballverein Eintracht
München hatte in den ersten
sechs Heimspielen dieser
Saison folgende Besucher-
zahlen:

1. Heimspiel: 6 900 Zuschauer
2. Heimspiel: 5 700 Zuschauer
3. Heimspiel: 3 100 Zuschauer
4. Heimspiel: 6 900 Zuschauer
5. Heimspiel: 2 200 Zuschauer
6. Heimspiel: 3 000 Zuschauer

a) Berechne das arithmetische Mittel der Zuschauerzahlen bei den ersten
   sechs Heimspielen.

b) Zur Finanzierung der Saison benötigt der Verein durchschnittlich
   4 500 Fans pro Heimspiel.
   Um wie viel Prozent liegt der Mittelwert aus Teilaufgabe a über den geforderten 4 500 Zuschauern pro Heimspiel?

c) Zeichne die absoluten Werte der Zuschauerzahlen in ein Liniendiagramm ein und trage den benötigten Durchschnitt als Parallele zur
   x-Achse ein.

132. Bei einem Versuch wird 200-mal mit einem Würfel
gewürfelt. Dabei erhält man folgende Verteilung:

1	2	3	4	5	6
30	16	45	12	42	55

a) Berechne das arithmetische Mittel aller Würfe.

b) Berechne den relativen Anteil für jede Augenzahl.

c) Zeichne ein Kreisdiagramm zu dem Versuch.

133. Am 22. Juni wurde zwischen 6 Uhr und 22 Uhr alle zwei Stunden die Temperatur gemessen:

6 Uhr	8 Uhr	10 Uhr	12 Uhr	14 Uhr	16 Uhr	18 Uhr	20 Uhr	22 Uhr
12 °C	14 °C	17 °C	22 °C	24 °C	22 °C	21 °C	18 °C	15 °C

a) Ermittle anhand dieser Messungen den Tagesmittelwert der Temperatur.

b) Zeichne ein Liniendiagramm.

134. Das nebenstehende Kreisdiagramm gibt Auskunft über die Herkunft des Erdgases in Deutschland.

a) Ermittle anhand des Kreisdiagramms die prozentualen Anteile der Produktionsländer am gesamten Erdgasbedarf aus.

b) Zeichne ein Säulendiagramm zu den in Teilaufgabe a ermittelten Werten.

135. Am 21. September 2003 fand die Landtagswahl in Bayern statt. Dabei wurde folgendes Ergebnis ermittelt:

CSU 59,3 % SPD 20,1 %
FDP 2,7 % Grüne 7,8 %
Freie Wähler 4,4 % Sonstige 5,7 %

a) Fertige ein Säulen- und ein Kreisdiagramm zu dem Abstimmungsergebnis an.

b) Insgesamt wurden gerundet 5.205.000 gültige Stimmen abgegeben. Wie viele Stimmen erhielten die Parteien absolut?

c) Die Wahlbeteiligung betrug 57,15 %. Wie viele Bayern sind wahlberechtigt?

136. Die Fluglinie Flyaway-Air wurde vor fünf Jahren gegründet. Die Umsätze haben sich wie folgt entwickelt:

1,2 Mio. €	2,3 Mio. €	5,4 Mio. €	4,3 Mio. €	5,2 Mio. €
2001	2002	2003	2004	2005

a) Zeichne ein Säulendiagramm.

b) Berechne den Mittelwert der Umsätze der letzten fünf Jahre.

c) Berechne den jährlichen prozentualen Zuwachs der Umsätze.

d) Zeichne die prozentualen Zuwächse in ein Liniendiagramm.

137. Die folgende Tabelle zeigt die Marktanteile verschiedener Fernsehsender.
Dabei geben die Zahlen den nationalen Anteil in % an.

	3–17 Uhr	17–23 Uhr
ARD	13,0	12,1
ZDF	12,0	12,8
RTL	15,5	15,8
SAT 1	10,8	10,3
PRO 7	5,7	4,8
RTL II	3,5	3,3
Kabel 1	4,1	3,8

a) Zeichne ein Balkendiagramm, in dem die Einschaltquoten zwischen
dem ersten Zeitintervall (3–17 Uhr) und dem zweiten Zeitintervall (17–
23 Uhr) verglichen werden.

b) Rechnet man alle Marktanteile des ersten Zeitintervalls zusammen, so
erhält man 64,6 %, beim zweiten Zeitintervall sind es 62,9 %.
Sehen im ersten Zeitintervall mehr Zuschauer fern?

c) Warum ist die Gesamtsumme der jeweiligen Zeitintervalle nicht 100 %?

138. In allen Klassen der Mittelstufe wurde gefragt, wie oft die Schüler im
Monat Juni das Freibad besuchten. Die prozentualen Anteile wurden in
einem Balkendiagramm veranschaulicht.

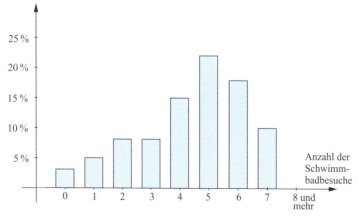

a) Bestimme aus dem Diagramm die prozentualen Anteile .

b) Wie viele Kinder haben das Freibad acht und mehr Tage besucht, wenn
an der Untersuchung 143 Kinder teilnahmen?

139. Die Vereinigten Sparkassen Mitteldorf haben in den letzten sechs Jahren folgende Gewinne erzielt:

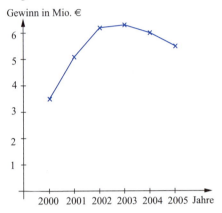

a) Lies an dem Diagramm die Gewinne der einzelnen Jahre ab.

b) Berechne die prozentualen Steigerungen der Gewinne im Vergleich zum Vorjahr.

c) Wie groß ist der durchschnittliche jährliche Gewinn der letzten sechs Jahre?

Lösungen

Mit den Lösungen kannst du überprüfen, ob deine eigenen Ergebnisse richtig sind. Die Kontrolle deiner Rechnungen führt dich zum Ziel, vorausgesetzt du hast zuvor im Grundwissen die „Weichen" richtig gestellt und die mathematischen Inhalte verstanden.

1. a) $-146 + (-148) = -(146 + 148) = \mathbf{-294}$

b) $1\,111 + (-2\,211) = -(2\,211 - 1\,111) = \mathbf{-1\,100}$

Die Summanden haben unterschiedliche Vorzeichen. Wenn du $2\,211 - 1\,111$ rechnest, erhältst du ein positives Zwischenergebnis. Das Vorzeichen der größeren Zahl „gewinnt". Da $2\,211 > 1\,111$, ist das Vorzeichen der Summe negativ.

c) $865 + (-278) = +(865 - 278) = \mathbf{587}$

Die Summe ist positiv, da $865 > 278$.

d) $-845 + 655 = -(845 - 655) = \mathbf{-190}$

e) $-287 + 365 = +(365 - 287) = \mathbf{78}$

f) $-121 + 11^2 = -121 + 121 = \mathbf{0}$

2. a) $-16,2 + 22,4 = +(22,4 - 16,2) = \mathbf{6,2}$

b) $-27,345 + 14,216 = -(27,345 - 14,216) = \mathbf{-13,129}$

c) $38,5 + (-22,53) = +(38,5 - 22,53) = \mathbf{15,97}$

d) $365,2 + (-576,38) = -(576,38 - 365,2) = \mathbf{-211,18}$

e) $-6,2 + (-24) = -(6,2 + 24) = \mathbf{-30,2}$

f) $-625,312 + (-123,25) = -(625,312 + 123,25) = \mathbf{-748,562}$

3. a) $\dfrac{3}{4} + \left(-\dfrac{5}{8}\right) = \dfrac{6}{8} + \left(-\dfrac{5}{8}\right) = +\left(\dfrac{6}{8} - \dfrac{5}{8}\right) = \dfrac{\mathbf{1}}{\mathbf{8}}$

Um mit Brüchen zu rechnen, erweiterst du die Brüche auf ihren Hauptnenner, hier 8.

b) $\dfrac{4}{5} + \left(-1\dfrac{2}{3}\right) = \dfrac{12}{15} + \left(-1\dfrac{10}{15}\right) = -\left(1\dfrac{10}{15} - \dfrac{12}{15}\right) =$
$-\left(\dfrac{25}{15} - \dfrac{12}{15}\right) = -\dfrac{\mathbf{13}}{\mathbf{15}}$

Der Hauptnenner der beiden Brüche ist 15. Bevor du die Zahlen addierst, ist es hilfreich, die gemischte Zahl als Bruch zu schreiben.

c) $-\dfrac{3}{8} + \left(-7\dfrac{2}{3}\right) = -\left(\dfrac{3}{8} + 7\dfrac{2}{3}\right) = -\left(\dfrac{9}{24} + 7\dfrac{16}{24}\right) = -7\dfrac{25}{24} = -\mathbf{8}\dfrac{\mathbf{1}}{\mathbf{24}}$

d) $-\dfrac{26}{27} + 1\dfrac{1}{3} = -\dfrac{26}{27} + 1\dfrac{9}{27} = +\left(1\dfrac{9}{27} - \dfrac{26}{27}\right) = +\left(\dfrac{36}{27} - \dfrac{26}{27}\right) = \dfrac{\mathbf{10}}{\mathbf{27}}$

e) $-25\dfrac{1}{3} + 23\dfrac{1}{5} = -25\dfrac{5}{15} + 23\dfrac{3}{15} = -\left(25\dfrac{5}{15} - 23\dfrac{3}{15}\right) = -\mathbf{2}\dfrac{\mathbf{2}}{\mathbf{15}}$

f) $-22\dfrac{4}{5}+\left(-7\dfrac{8}{13}\right)=-\left(22\dfrac{4\cdot\mathbf{13}}{5\cdot\mathbf{13}}+7\dfrac{8\cdot\mathbf{5}}{13\cdot\mathbf{5}}\right)=-\left(22\dfrac{52}{65}+7\dfrac{40}{65}\right)=$

$-29\dfrac{92}{65}=\mathbf{-30\dfrac{27}{65}}$

4. a) $-4,2+(-6,8)+22\dfrac{1}{4}-2\dfrac{1}{2}=-(4,2+6,8)+22\dfrac{1}{4}-2\dfrac{1}{2}=$

$-11+22\dfrac{1}{4}-2\dfrac{1}{2}=+\left(22\dfrac{1}{4}-11\right)-2\dfrac{2}{4}=11\dfrac{1}{4}-2\dfrac{2}{4}=$

$10\dfrac{5}{4}-2\dfrac{2}{4}=\mathbf{8\dfrac{3}{4}}$

b) $\dfrac{1}{2}+\left(-\dfrac{1}{3}\right)+\dfrac{1}{4}+\left(-\dfrac{1}{5}\right)=\dfrac{3}{6}+\left(-\dfrac{2}{6}\right)+\dfrac{1}{4}+\left(-\dfrac{1}{5}\right)=$

$+\left(\dfrac{3}{6}-\dfrac{2}{6}\right)+\dfrac{1}{4}+\left(-\dfrac{1}{5}\right)=\dfrac{1}{6}+\dfrac{1}{4}+\left(-\dfrac{1}{5}\right)=\dfrac{2}{12}+\dfrac{3}{12}+\left(-\dfrac{1}{5}\right)=$

$\dfrac{5}{12}+\left(-\dfrac{1}{5}\right)=\dfrac{25}{60}+\left(-\dfrac{12}{60}\right)=+\left(\dfrac{25}{60}-\dfrac{12}{60}\right)=\mathbf{\dfrac{13}{60}}$

c) $\left[-\dfrac{1}{6}+\left(-\dfrac{1}{5}\right)\right]+[-1,6+(-1,5)]=\left[-\dfrac{5}{30}+\left(-\dfrac{6}{30}\right)\right]+[-(1,6+1,5)]=$

$\left[-\left(\dfrac{5}{30}+\dfrac{6}{30}\right)\right]+(-3,1)=-\dfrac{11}{30}+(-3,1)=-\left(\dfrac{11}{30}+3\dfrac{1}{10}\right)=$

$-\left(\dfrac{11}{30}+3\dfrac{3}{30}\right)=\mathbf{-3\dfrac{14}{30}}$

d) $-1,2+(-2,1)+\left[\dfrac{1}{2}+(-2,4)\right]+(-7,25)=$

$-(1,2+2,1)+\left[-\left(2,4-\dfrac{1}{2}\right)\right]+(-7,25)=$

$-3,3+[-(2,4-0,5)]+(-7,25)=-3,3+(-1,9)+(-7,25)=$

$-(3,3+1,9)+(-7,25)=-5,2+(-7,25)=-(5,2+7,25)=\mathbf{-12,45}$

5. a) $22,12+(-23,58)+(-25,642)=$

$-(23,58-22,12)+(-25,642)=-1,46+(-25,642)=$

$-(1,46+25,642)=\mathbf{-27,102}\;\rightarrow\;\mathbf{K}$

b) $\frac{1}{2} + 1{,}3 + \left(-\frac{1}{4}\right) + 1{,}5 = 1{,}8 - 0{,}25 + 1{,}5$

$1{,}55 + 1{,}5 = \mathbf{3{,}05} \ \rightarrow \ \mathbf{L}$

c) $\left[\frac{2}{3} + \left(-\frac{5}{6}\right)\right] + \left[-\frac{1}{9} + \left(-\frac{5}{3}\right)\right] = \left[\frac{4}{6} + \left(-\frac{5}{6}\right)\right] + \left[-\frac{1}{9} + \left(-\frac{15}{9}\right)\right] =$

$-\left(\frac{5}{6} - \frac{4}{6}\right) + \left[-\left(\frac{1}{9} + \frac{15}{9}\right)\right] = -\frac{1}{6} + \left(-\frac{16}{9}\right) =$

$-\frac{3}{18} + \left(-\frac{32}{18}\right) = -\left(\frac{3}{18} + \frac{32}{18}\right) = -\frac{35}{18} = \mathbf{-1\frac{17}{18}} \ \rightarrow \ \mathbf{A}$

d) $\left[\frac{1}{27} + \left(-\frac{1}{9}\right) + \left(-\frac{1}{3}\right)\right] + \left(-2\frac{1}{3}\right) + \left[\frac{2}{81} + \left(-\frac{4}{27}\right)\right] =$

$\left[\frac{1}{27} + \left(-\frac{3}{27}\right) + \left(-\frac{9}{27}\right)\right] + \left(-2\frac{1}{3}\right) + \left[\frac{2}{81} + \left(-\frac{12}{81}\right)\right] =$

$\left[-\left(\frac{3}{27} - \frac{1}{27}\right) + \left(-\frac{9}{27}\right)\right] + \left(-2\frac{1}{3}\right) + \left[-\left(\frac{12}{81} - \frac{2}{81}\right)\right] =$

$\left[-\frac{2}{27} + \left(-\frac{9}{27}\right)\right] + \left(-2\frac{1}{3}\right) + \left(-\frac{10}{81}\right) =$

$-\left(\frac{2}{27} + \frac{9}{27}\right) + \left(-2\frac{9}{27}\right) + \left(-\frac{10}{81}\right) =$

$-\frac{11}{27} + \left(-2\frac{9}{27}\right) + \left(-\frac{10}{81}\right) = -\left(\frac{11}{27} + 2\frac{9}{27}\right) + \left(-\frac{10}{81}\right) =$

$-2\frac{20}{27} + \left(-\frac{10}{81}\right) = -\left(2\frac{60}{81} + \frac{10}{81}\right) = \mathbf{-2\frac{70}{81}} \ \rightarrow \ \mathbf{S}$

e) $\frac{1}{2} + \left(-\frac{1}{4}\right) + \frac{1}{8} + \left[\left(-\frac{1}{32}\right) + \left(-\frac{1}{16}\right)\right] =$

$\frac{2}{4} + \left(-\frac{1}{4}\right) + \frac{1}{8} + \left[-\left(\frac{1}{32} + \frac{2}{32}\right)\right] =$

$\frac{2}{4} - \frac{1}{4} + \frac{1}{8} + \left(-\frac{3}{32}\right) = \frac{2}{8} + \frac{1}{8} + \left(-\frac{3}{32}\right) =$

$\frac{12}{32} + \left(-\frac{3}{32}\right) = \frac{12}{32} - \frac{3}{32} = \mathbf{\frac{9}{32}} \ \rightarrow \ \mathbf{S}$

f) $2,25+(-5,22)+(-2,52)+\left(-\dfrac{2}{5}\right)+\left(-\dfrac{5}{2}\right)=$

$-(5,22-2,25)+(-2,52)+(-0,4)+(-2,5)=$

$-2,97+(-2,52)+(-0,4)+(-2,5)=$

$-(2,97+2,52+0,4+2,5)=\mathbf{-8,39}\ \rightarrow\ \mathbf{E}$

Lösungswort:

a)	b)	c)	d)	e)	f)
K	**L**	**A**	**S**	**S**	**E**

!

6. a) $-233-456=-233+(-456)=$
$-(233+456)=\mathbf{-689}$

Schreibe die Differenz als Summe. Die Gegenzahl von 456 ist -456.

b) $2\,576-3\,845=2\,576+(-3\,845)=$
$-(3\,845-2\,576)=\mathbf{-1\,269}$

$3\,845>2\,576$, das Ergebnis ist damit negativ.

c) $-423-352=-(423+352)=\mathbf{-775}$

d) $11^2-13^2=121-169=$
$-(169-121)=\mathbf{-48}$

$169>121$, das Ergebnis ist damit negativ.

e) $4\,321-1\,234=4\,321+(-1\,234)=$
$4\,321-1\,234=\mathbf{3\,087}$

$4\,321>1\,234$, das Ergebnis ist damit positiv.

f) $111-222=111+(-222)=$
$-(222-111)=\mathbf{-111}$

$4\,321>1\,234$, das Ergebnis ist damit positiv.

7. a) $\dfrac{1}{2}-\dfrac{3}{8}=\dfrac{4}{8}-\dfrac{3}{8}=\mathbf{\dfrac{1}{8}}$

Um Brüche zu addieren, bringst du sie auf den Hauptnenner und addierst die Zähler. Hier ist der Hauptnenner 8, du musst den ersten Bruch mit 4 erweitern.

b) $1,4-2\dfrac{1}{3}=1\dfrac{2}{5}-2\dfrac{1}{3}=$

$1\dfrac{6}{15}-2\dfrac{5}{15}=1\dfrac{6}{15}+\left(-2\dfrac{5}{15}\right)=$

$-\left(2\dfrac{5}{15}-1\dfrac{6}{15}\right)=-\left(1\dfrac{20}{15}-1\dfrac{6}{15}\right)=\mathbf{-\dfrac{14}{15}}$

Kommen Dezimalzahlen und Brüche vor, so musst du dich für eine Darstellung entscheiden, bevor du zu rechnen beginnst. Hier wurde die Bruchdarstellung gewählt. Der Hauptnenner ist $3\cdot5=15$.

c) $-2\dfrac{3}{5}-7\dfrac{1}{8}=-\left(2\dfrac{3}{5}+7\dfrac{1}{8}\right)=$ $\qquad$ Hauptnenner $5\cdot 8=40$

$-\left(2\dfrac{24}{40}+7\dfrac{5}{40}\right)=\mathbf{-9\dfrac{29}{40}}$

d) $-1\dfrac{1}{2}-5,45=-1,5-5,45=-(1,5+5,45)=\mathbf{-6,95}$

8. a) $5,4-\left(6,8+23\dfrac{2}{5}\right)-21,25=5,4-(6,8+23,4)-21,25=$

$5,4-30,2-21,25=-(30,2-5,4)-21,25=$

$-24,8-21,25=-(24,8+21,25)=\mathbf{-46,05}$

b) $-\dfrac{1}{2}+\dfrac{1}{3}-\dfrac{1}{4}+\dfrac{1}{5}=-\dfrac{30}{60}+\dfrac{20}{60}-\dfrac{15}{60}+\dfrac{12}{60}=$

$\dfrac{-30+20-15+12}{60}=\dfrac{-(30-20)-15+12}{60}=\dfrac{-10-15+12}{60}=$

$\dfrac{-(10+15)+12}{60}=\dfrac{-25+12}{60}=\dfrac{-(25-12)}{60}=-\dfrac{\mathbf{13}}{\mathbf{60}}$

c) $\left(-\dfrac{1}{8}-\dfrac{1}{9}\right)+[-1,8+(-1,9)]=-\left(\dfrac{1}{8}+\dfrac{1}{9}\right)+[-(1,8+1,9)]=$

$-\left(\dfrac{9}{72}+\dfrac{8}{72}\right)+(-3,7)=-\dfrac{17}{72}+(-3,7)=-\dfrac{17}{72}+\left(-3\dfrac{7}{10}\right)=$

$-\left(\dfrac{17}{72}+3\dfrac{7}{10}\right)=-\left(\dfrac{85}{360}+3\dfrac{252}{360}\right)=\mathbf{-3\dfrac{337}{360}}$

d) $\left(\dfrac{1}{3}-\dfrac{1}{2}\right)-\left(\dfrac{1}{4}-\dfrac{1}{5}\right)=\left(\dfrac{2}{6}-\dfrac{3}{6}\right)-\left(\dfrac{5}{20}-\dfrac{4}{20}\right)=$

$-\left(\dfrac{3}{6}-\dfrac{2}{6}\right)-\dfrac{1}{20}=-\dfrac{1}{6}-\dfrac{1}{20}=$

$-\left(\dfrac{1}{6}+\dfrac{1}{20}\right)=-\left(\dfrac{10}{60}+\dfrac{3}{60}\right)=-\dfrac{\mathbf{13}}{\mathbf{60}}$

9. Es gibt kein Rezept zur Lösung dieser Aufgabentypen. Du musst alle Möglichkeiten ausprobieren.

a) $2{,}52 - (3{,}67 - 7{,}5) + 1{,}2 = 2{,}52 - (-3{,}83) + 1{,}2 =$
$2{,}52 + 3{,}83 + 1{,}2 = 7{,}55$

b) $\dfrac{1}{6} - \dfrac{1}{9} - \left(\dfrac{1}{3} - \dfrac{2}{9}\right) =$

$\dfrac{3}{18} - \dfrac{2}{18} - \left(\dfrac{3}{9} - \dfrac{2}{9}\right) = \dfrac{1}{18} - \dfrac{1}{9} = \dfrac{1}{18} - \dfrac{2}{18} = -\dfrac{1}{18}$

c) $\dfrac{1}{2} - \left(\dfrac{1}{3} - \dfrac{1}{6}\right) + \dfrac{1}{4} =$

$\dfrac{1}{2} - \left(\dfrac{2}{6} - \dfrac{1}{6}\right) + \dfrac{1}{4} = \dfrac{1}{2} - \dfrac{1}{6} + \dfrac{1}{4} =$

$\dfrac{3}{6} - \dfrac{1}{6} + \dfrac{1}{4} = \dfrac{1}{3} + \dfrac{1}{4} = \dfrac{4}{12} + \dfrac{3}{12} = \dfrac{7}{12}$

d) $5{,}17 - (5{,}71 + 1{,}75) - (1{,}57 - 7{,}51) + 7{,}15 =$
$5{,}17 - 7{,}46 - (-5{,}94) + 7{,}15 = -(7{,}46 - 5{,}17) + 5{,}94 + 7{,}15 =$
$-2{,}29 + 13{,}09 = 13{,}09 - 2{,}29 = 10{,}8$

10.

1 –	**1**	**2** **5**	**3** **1**	**4** **8**	**5** **8**
*	**6** –	**4**	**,**	**3**	**5**
7 –	**1**	**0**	**9**	*****	**,**
8 **4**	**4**	*****	*****	**9** **8**	**1**
,	*****	**10** **8**	**4**	**,**	**7**
11 **2**	**2**	**1**	**5**	**7**	*****

11. a) $36 \cdot (-2) = -(36 \cdot 2) = \mathbf{-72}$

b) $(-24) : (-12) = +(24 : 12) = \mathbf{2}$

c) $(-36) : (-6) = +(36 : 6) = \mathbf{6}$

d) $(-0{,}2) \cdot 18 = -(0{,}2 \cdot 18) = \mathbf{-3{,}6}$

Das Vorzeichen des Produkts ist nach der Vorzeichenregel negativ: $(+) \cdot (-) = (-)$

Das Vorzeichen des Quotienten ist positiv: $(-) : (-) = (+)$

e) $\frac{2}{3}:\left(-\frac{3}{2}\right)=-\left(\frac{2}{3}:\frac{3}{2}\right)=-\left(\frac{2}{3}\cdot\frac{2}{3}\right)=-\frac{4}{9}$

f) $\left(-2\frac{2}{3}\right):\left(-\frac{3}{4}\right)=+\left(2\frac{2}{3}:\frac{3}{4}\right)=\frac{8}{3}:\frac{3}{4}=\frac{8}{3}\cdot\frac{4}{3}=\frac{32}{9}=3\frac{5}{9}$

g) $(-25)\cdot(-4)=+(25\cdot4)=100$

h) $(-22):66=-(22:66)=-\frac{\overset{1}{\cancel{22}}}{\underset{3}{\cancel{66}}}=-\frac{1}{3}$

12. a) $\left(-\frac{8}{3}\right)\cdot\left(-\frac{9}{2}\right)\cdot\frac{1}{11}\cdot(-12)\cdot(-11)=$

$+\left(\frac{8}{3}\cdot\frac{9}{2}\right)\cdot\frac{1}{11}\cdot12\cdot11=\frac{4\cdot3}{1\cdot1}\cdot\frac{1}{11}\cdot11\cdot12=$

$12\cdot12=144$

Das Vorzeichen des Produkts ergibt sich wie folgt:

$\begin{array}{ccccccccc}(-)&\cdot&(-)\cdot(+)&\cdot&(-)&\cdot&(-)&=\\&&(+)&\cdot&(+)&&(+)&=(+)\end{array}$

b) $\left(-\frac{5}{2}\right)\cdot\frac{2}{3}\cdot\left(-\frac{3}{2}\right)\cdot\left(-\frac{1}{2}\right)\cdot6=$

$-\left[\frac{5}{2}\cdot\frac{2}{3}\cdot\frac{3}{2}\cdot\frac{1}{2}\cdot6\right]=-\frac{5\cdot\cancel{2}\cdot\cancel{3}\cdot1\cdot\cancel{6}^{3}}{\cancel{2}\cdot\cancel{3}\cdot2\cdot2}=$

$-\frac{5\cdot3}{2}=-\frac{15}{2}=-7,5$

Das Vorzeichen des Produkts ergibt sich wie folgt:

$\begin{array}{ccccccc}(-)&\cdot&(+)\cdot(-)\cdot(-)&\cdot&(+)=\\&(-)&\cdot(-)\cdot&(-)&=\\&(+)&\cdot&(-)&=(-)\end{array}$

c) $1,9\cdot(-9,8)\cdot(-0,5)\cdot0,1\cdot(-20)=$

$-(1,9\cdot9,8\cdot0,5\cdot0,1\cdot20)=-(18,62\cdot0,5\cdot2)=$

$-(18,62\cdot1)=-18,62$

d) $2\frac{1}{3}\cdot\left(-3\frac{1}{2}\right)\cdot1\frac{2}{3}\cdot(-2,5)\cdot(-5,2)=$

$-\left(\frac{7}{3}\cdot\frac{7}{2}\right)\cdot\frac{5}{3}\cdot\left(-\frac{5}{2}\right)\cdot\left(-5\frac{1}{5}\right)=$

Das Vorzeichen des Produkts ergibt sich wie folgt:

$\begin{array}{cc}(-)(-)(-)=\\(+)\quad(-)=(-)\end{array}$

$-\frac{49}{6}\cdot\frac{5}{3}\cdot\left(-\frac{5}{2}\right)\cdot\left(-\frac{26}{5}\right)=$

$-\frac{49\cdot5\cdot\cancel{5}\cdot26}{6\cdot3\cdot2\cdot\cancel{5}}=$

$-\frac{49\cdot5\cdot\cancel{26}}{6\cdot3\cdot\cancel{2}}=-\frac{49\cdot5\cdot13}{6\cdot3}=-\frac{3\,185}{18}=-176\frac{17}{18}$

13. $9 : \dfrac{3}{4} = 9 \cdot \dfrac{4}{3} = \dfrac{9 \cdot 4}{3} = \dfrac{3 \cdot 4}{1} = 12$

Ergebnis: Zerschneidet man einen 9 m langen Teppich in $\dfrac{3}{4}$ m lange Stücke, so erhält man **12** Teilstücke.

14. a) $120\,\ell : 0{,}7\,\ell = 120 : 0{,}7 = 1\,200 : 7 = 171{,}428\ldots$

Ergebnis: Es können **171** Flaschen mit einem Volumeninhalt von $0{,}7\,\ell$ gefüllt werden.

b) $120\,\ell : \dfrac{1}{4}\,\ell = 120 : \dfrac{1}{4} = 120 \cdot \dfrac{4}{1} = 480$

Ergebnis: Bei einem Flaschenvolumen von $\dfrac{1}{4}\,\ell$ können **480** Flaschen gefüllt werden.

15. a) $(-56\,232) : \square = -99$

$\square = (-56\,232) : (-99)$

$\square = \mathbf{568}$

b) $\dfrac{8}{5} \cdot \left(-\dfrac{12}{25}\right) \cdot \square = 7\dfrac{1}{2}$

$-\dfrac{8 \cdot 12}{5 \cdot 25} \cdot \square = 7\dfrac{1}{2}$

$-\dfrac{96}{125} \cdot \square = 7\dfrac{1}{2}$

$\square = 7\dfrac{1}{2} : \left(-\dfrac{96}{125}\right)$

$\square = \dfrac{15}{2} : \left(-\dfrac{96}{125}\right)$

$\square = -\dfrac{15}{2} \cdot \dfrac{125}{96}$

$\square = -\dfrac{625}{64} = \mathbf{-9\dfrac{49}{64}}$

c) $\left(-1\dfrac{2}{5}\right)\cdot\left(-5\dfrac{1}{2}\right):\left(-2\dfrac{1}{5}\right)\cdot\square=-11\dfrac{2}{3}$

$$\dfrac{7}{5}\cdot\dfrac{11}{2}:\left(-\dfrac{11}{5}\right)\cdot\square=-\dfrac{35}{3}$$

$$\dfrac{77}{10}:\left(-\dfrac{11}{5}\right)\cdot\square=-\dfrac{35}{3}$$

$$-\dfrac{77}{10}\cdot\dfrac{5}{11}\cdot\square=-\dfrac{35}{3}$$

$$-\dfrac{7\cdot1}{2\cdot1}\cdot\square=-\dfrac{35}{3}$$

$$\square=-\dfrac{35}{3}:\left(-\dfrac{7}{2}\right)$$

$$\square=\dfrac{35}{3}\cdot\dfrac{2}{7}$$

$$\square=\dfrac{5\cdot2}{3\cdot1}=\dfrac{10}{3}=\mathbf{3\dfrac{1}{3}}$$

d) $\square:(-2,5)\cdot12\dfrac{1}{5}\cdot(-1,16)=-0,28304$

$$\square:(-2,5)\cdot12\dfrac{1}{5}=-0,28304:(-1,16)$$

$$\square:(-2,5)\cdot12\dfrac{1}{5}=0,244$$

$$\square:(-2,5)=0,244:12\dfrac{1}{5}$$

$$\square:(-2,5)=0,02$$

$$\square=0,02\cdot(-2,5)=\mathbf{-0,05}$$

16. a) $\left(\dfrac{1}{3}\right)^{3}=\dfrac{1}{3}\cdot\dfrac{1}{3}\cdot\dfrac{1}{3}=\dfrac{1\cdot1\cdot1}{3\cdot3\cdot3}=\mathbf{\dfrac{1}{27}}$

b) $0,01^{4}=\underbrace{0,01\cdot0,01}_{=\,0,0001}\cdot\underbrace{0,01\cdot0,01}_{=\,0,0001}=0,0001\cdot0,0001=\mathbf{0,00000001}$

c) $2^{10}=\underbrace{2\cdot2\cdot2\cdot2}_{=\,4\cdot4\,=\,16}\cdot\underbrace{2\cdot2\cdot2\cdot2}_{=\,16}\cdot2\cdot2=16\cdot16\cdot4=256\cdot4=\mathbf{1\,024}$

d) $2^{9}-2^{8}=\underbrace{2\cdot2\cdot2\cdot2}_{=16}\cdot\underbrace{2\cdot2\cdot2\cdot2}_{=16}\cdot2-\underbrace{2\cdot2\cdot2\cdot2}_{=16}\cdot\underbrace{2\cdot2\cdot2\cdot2}_{=16}=$

$16\cdot16\cdot2-16\cdot16=256\cdot2-256=512-256=\mathbf{256}$

e) $3^4 + 3^3 - 3^2 = \underbrace{3 \cdot 3}_{=9} \cdot \underbrace{3 \cdot 3}_{=9} + \underbrace{3 \cdot 3}_{=9} \cdot 3 - \underbrace{3 \cdot 3}_{=9} =$

$9 \cdot 9 + 9 \cdot 3 - 9 = 81 + 27 - 9 = 108 - 9 = \mathbf{99}$

f) $\left(\dfrac{2}{3}\right)^3 = \dfrac{2}{3} \cdot \dfrac{2}{3} \cdot \dfrac{2}{3} = \dfrac{2 \cdot 2 \cdot 2}{3 \cdot 3 \cdot 3} = \dfrac{\mathbf{8}}{\mathbf{27}}$

g) $\left(\dfrac{3}{2}\right)^3 = \dfrac{3}{2} \cdot \dfrac{3}{2} \cdot \dfrac{3}{2} = \dfrac{3 \cdot 3 \cdot 3}{2 \cdot 2 \cdot 2} = \dfrac{\mathbf{27}}{\mathbf{8}}$

h) $5^2 = 5 \cdot 5 = \mathbf{25}$

i) $2^5 = \underbrace{2 \cdot 2}_{=4} \cdot \underbrace{2 \cdot 2}_{=4} \cdot 2 = 4 \cdot 4 \cdot 2 = 16 \cdot 2 = \mathbf{32}$

j) $2 \cdot 5 = 5 + 5 = \mathbf{10}$

k) $3^4 = \underbrace{3 \cdot 3}_{=9} \cdot \underbrace{3 \cdot 3}_{=9} = 9 \cdot 9 = \mathbf{81}$

l) $0,2^3 = 0,2 \cdot 0,2 \cdot 0,2 = 0,04 \cdot 0,2 = \mathbf{0,008}$

Lösungssatz:

| D | A | S | | I | S | T | | S | T | A | R | K | | ! |

17. a) $(-3)^3 = -3^3 = -(3 \cdot 3 \cdot 3) = \mathbf{-27}$

Der Exponent bei negativer Basis ist ungerade, also ist das Ergebnis negativ.

b) $(-3)^2 = +3^2 = 3 \cdot 3 = \mathbf{9}$

Der Exponent ist gerade, also ist das Ergebnis positiv.

c) $-3^2 = -3^2 = -3 \cdot 3 = \mathbf{-9}$

Der Exponent bezieht sich nur auf die Zahl 3 und nicht auf das negative Vorzeichen, da keine Klammer gesetzt ist. Das Vorzeichen bleibt stehen, die Zahl wird potenziert.

d) $-3^3 = \mathbf{-}(3 \cdot 3 \cdot 3) = \mathbf{-27}$

e) $\left(-\dfrac{1}{4}\right)^3 = -\left(\dfrac{1}{4}\right)^3 = -\left(\dfrac{1}{4} \cdot \dfrac{1}{4} \cdot \dfrac{1}{4}\right) = -\dfrac{1 \cdot 1 \cdot 1}{4 \cdot 4 \cdot 4} = -\dfrac{\mathbf{1}}{\mathbf{64}}$

f) $(-0,01)^4 = +0,01^4 = \underbrace{0,01 \cdot 0,01}_{=\,0,0001} \cdot \underbrace{0,01 \cdot 0,01}_{=\,0,0001} =$

$0,0001 \cdot 0,0001 = \mathbf{0,00000001}$

g) $10^5 = \underbrace{10 \cdot 10}_{= 100} \cdot \underbrace{10 \cdot 10}_{= 100} \cdot 10 = 100 \cdot 100 \cdot 10 = 10\,000 \cdot 10 = \mathbf{100\,000}$

h) $-10^6 = -\underbrace{10 \cdot 10 \cdot 10}_{= 1000} \cdot \underbrace{10 \cdot 10 \cdot 10}_{= 1000} = -1\,000 \cdot 1\,000 = \mathbf{-\,1\,000\,000}$

i) $\left(-\dfrac{1}{2}\right)^5 = -\left(\dfrac{1}{2}\right)^5 = -\left(\dfrac{1}{2} \cdot \dfrac{1}{2} \cdot \dfrac{1}{2} \cdot \dfrac{1}{2} \cdot \dfrac{1}{2}\right) = -\dfrac{1 \cdot 1 \cdot 1 \cdot 1 \cdot 1}{2 \cdot 2 \cdot 2 \cdot 2 \cdot 2} = -\dfrac{\mathbf{1}}{\mathbf{32}}$

j) $\left(-\dfrac{1}{4}\right)^4 = +\left(\dfrac{1}{4}\right)^4 = \dfrac{1}{4} \cdot \dfrac{1}{4} \cdot \dfrac{1}{4} \cdot \dfrac{1}{4} = \dfrac{1 \cdot 1 \cdot 1 \cdot 1}{\underbrace{4 \cdot 4}_{= 16} \cdot \underbrace{4 \cdot 4}_{= 16}} = \dfrac{1}{16 \cdot 16} = \dfrac{\mathbf{1}}{\mathbf{256}}$

k) $(-1)^{2n} = \mathbf{+1}$

2n ist für n ∈ ℕ immer gerade. Vergleiche:
$2 \cdot 1 = 2$
$2 \cdot 2 = 4$
$2 \cdot 3 = 6$ usw.
Der Exponent ist folglich immer gerade und damit ist das Ergebnis stets positiv.

l) $(-1)^{2n+1} = \mathbf{-1}$

2n + 1 ist für n ∈ ℕ immer ungerade. Vergleiche:
$2 \cdot 1 + 1 = 3$
$2 \cdot 2 + 1 = 5$
$2 \cdot 3 + 1 = 7$ usw.
Der Exponent ist folglich immer ungerade und damit ist das Ergebnis stets negativ.

18. a) $\left(-\dfrac{2}{3}\right) \cdot \left(-\dfrac{3}{2}\right)^3 = -\dfrac{2}{3} \cdot \left[-\left(\dfrac{3}{2}\right)^3\right] = -\dfrac{2}{3} \cdot \left[-\left(\dfrac{3}{2} \cdot \dfrac{3}{2} \cdot \dfrac{3}{2}\right)\right] =$

$-\dfrac{2}{3} \cdot \left[-\dfrac{27}{8}\right] = +\left(\dfrac{2}{3} \cdot \dfrac{27}{8}\right) = \dfrac{\cancel{2} \cdot \cancel{27}^{\,9}}{\cancel{3} \cdot \cancel{8}_{\,4}} = \dfrac{9}{4} = 2\dfrac{1}{4}$

b) $\left(-\dfrac{1}{3}\right)^3 \cdot 9 \cdot (-3)^3 \cdot \left(-\dfrac{1}{9}\right) = -\dfrac{1}{3} \cdot \dfrac{1}{3} \cdot \dfrac{1}{3} \cdot 9 \cdot 3 \cdot 3 \cdot 3 \cdot \dfrac{1}{9} = -\dfrac{9}{27} \cdot \dfrac{27}{9} = -\dfrac{9 \cdot 27}{27 \cdot 9} = \mathbf{-1}$

c) $(-2)^4 \cdot \left(-\dfrac{1}{5}\right)^2 \cdot 10^2 \cdot \left(-\dfrac{1}{2}\right)^3 =$

$16 \cdot \dfrac{1}{25} \cdot 100 \cdot \left(-\dfrac{1}{8}\right) = -\dfrac{16 \cdot 1 \cdot 100 \cdot 1}{25 \cdot 8} =$

$-\dfrac{\cancel{16}^{\,2} \cdot 1 \cdot \cancel{100}^{\,4} \cdot 1}{\cancel{8} \cdot \cancel{25}} = -\dfrac{2 \cdot 4}{1 \cdot 1} = \mathbf{-8}$

Berechne jeden Faktor einzeln:

$(-2)^4 = +2^4 = \underbrace{2 \cdot 2}_{=4} \cdot \underbrace{2 \cdot 2}_{=4} = 16$

$\left(-\dfrac{1}{5}\right)^2 = +\left(\dfrac{1}{5}\right)^2 = \dfrac{1}{5} \cdot \dfrac{1}{5} = \dfrac{1}{25}$

$10^2 = 10 \cdot 10 = 100$

$\left(-\dfrac{1}{2}\right)^3 = -\left(\dfrac{1}{2}\right)^3 = -\dfrac{1}{8}$

d) $1{,}2^3 \cdot \left(-\dfrac{1}{2}\right)^1 \left(\dfrac{1}{2}\right)^4 \cdot (-2)^5 =$

$\underbrace{1{,}2 \cdot 1{,}2 \cdot 1{,}2}_{=1{,}728} \cdot \left(-\dfrac{1}{2}\right) \underbrace{\dfrac{1}{2} \cdot \dfrac{1}{2} \cdot \dfrac{1}{2} \cdot \dfrac{1}{2}}_{=\frac{1}{16}} \cdot \underbrace{(-2) \cdot (-2) \cdot (-2) \cdot (-2) \cdot (-2)}_{=-32} =$

$1{,}728 \cdot \underbrace{\dfrac{1}{2} \cdot \dfrac{1}{16} \cdot 32}_{=\frac{1}{32} \cdot 32 = 1} = \mathbf{1{,}728}$

19. a)

$\cdot$	$(-1)^3$	$(-1)^4$	$(-1)^{25}$
$(-1)^3$	**1**	**−1**	**1**
$(-1)^4$	**−1**	**1**	**−1**
$(-1)^{25}$	**1**	**−1**	**1**

$(-1)^3 = -1$

$(-1)^4 = 1$

$(-1)^{25} = -1$

b)

$+$	$(-1)^5$	$(-1)^6$	$(-1)^{153}$
$(-1)^7$	**−2**	**0**	**−2**
$(-1)^8$	**0**	**2**	**0**
$(-1)^{57}$	**−2**	**0**	**−2**

$(-1)^5 = -1,\ (-1)^7 = -1$

$(-1)^8 = 1,\ (-1)^6 = 1$

$(-1)^{153} = -1,\ (-1)^{57} = -1$

20. a) Einsätze:

1. Spiel	1 €	
2. Spiel	2 € $=2^1$ €	$= \mathbf{2^{2-1}}$ €
3. Spiel	4 € $=2^2$ €	$= \mathbf{2^{3-1}}$ €
4. Spiel	8 € $=2^3$ €	$= \mathbf{2^{4-1}}$ €
5. Spiel	16 € $=2^4$ €	$= \mathbf{2^{5-1}}$ €
6. Spiel	32 € $=2^5$ €	$= \mathbf{2^{6-1}}$ €
$\vdots$		
12. Spiel	2 048 € $=2^{11}$ €	$= \mathbf{2^{12-1}}$ €

Gesamter Einsatz:

$1 \, € + 2^1 \, € + 2^2 \, € + 2^3 \, € + 2^4 \, € + 2^5 \, € + 2^6 \, € + 2^7 \, € + 2^8 \, € + 2^9 \, €$

$+ 2^{10} \, € + 2^{11} \, € = \underbrace{1 \, € + 2 \, € + 4 \, € + 8 \, € + 16 \, €}_{= 31 \, €} + \underbrace{32 \, € + 64 \, € + 128 \, €}_{= 224 \, €}$

$+ \underbrace{256 \, € + 512 \, €}_{= 768 \, €} + \underbrace{1\,024 \, € + 2\,048 \, €}_{= 3072 \, €} = 4\,095 \, €$

Ergebnis: **4 095 €** sind notwendig, damit Marius im zwölften Spiel ausreichend setzen kann.

b) • Marius muss viel Geld als Einsatz bereithalten, falls er wiederholt danebentippt.
   • Der Gewinn pro Spielserie ist nur 1 €.
   • Bei höherem Anfangseinsatz wird die Gewinnsumme zwar höher, jedoch kann der Einsatz „explodieren".

21. a) $\underbrace{27 : (-9)}_{= -3} - \underbrace{18 : (-9)}_{= -2} - \underbrace{9 \cdot (-1)}_{= -9} = -3 - (-2) - (-9) =$

$-3 + 2 - (-9) = -1 - (-9) = -1 + 9 = \mathbf{8}$

b) $\underbrace{(-14) \cdot 4}_{= -56} - \frac{1}{2} : \left(-\frac{1}{32}\right) = -56 + \frac{1}{2} : \frac{1}{32} = -56 + \frac{1}{2} \cdot \frac{32}{1} = -56 + 16 = \mathbf{-40}$

c) $\left(0 - 2 : \frac{1}{16}\right) \cdot (-2) + \left(3 : \frac{1}{3}\right) : (-1) = \left(-2 : \frac{1}{16}\right) \cdot (-2) + \left(3 \cdot \frac{3}{1}\right) : (-1) =$

$\left(-2 \cdot \frac{16}{1}\right) \cdot (-2) + 9 : (-1) = -32 \cdot (-2) - 9 = 64 - 9 = \mathbf{55}$

d) $[-2 \cdot (6 - 3 - 9)] : 4 = [-2 \cdot (3 - 9)] : 4 = [-2 \cdot (-6)] : 4 = 12 : 4 = \mathbf{3}$

22. a) $\left(-\frac{1}{2}\right) \cdot \left(-3 - \frac{1}{2}\right) - \frac{1}{3} \cdot (2 - 5) = \left(-\frac{1}{2}\right) \cdot \left(-3\frac{1}{2}\right) - \frac{1}{3} \cdot (-3) =$

$\left(-\frac{1}{2}\right) \cdot \left(-\frac{7}{2}\right) + \frac{1}{3} \cdot 3 = \frac{1}{2} \cdot \frac{7}{2} + 1 = \frac{7}{4} + 1 = 1\frac{3}{4} + 1 = \mathbf{2\frac{3}{4}}$

b) $\left(-2 - 3\frac{1}{3}\right) \cdot 3 - (-2) \cdot \left(\frac{1}{8} - \frac{1}{2}\right) = -\left(2 + 3\frac{1}{3}\right) \cdot 3 - (-2) \cdot \left(\frac{1}{8} - \frac{4}{8}\right) =$

$-5\frac{1}{3} \cdot 3 - (-2) \cdot \left(-\frac{3}{8}\right) = -\frac{16}{3} \cdot 3 - 2 \cdot \frac{3}{8} = -16 - \frac{3}{4} = \mathbf{-16\frac{3}{4}}$

c) $\left(-\dfrac{3}{7}\right)\cdot(-21)\cdot\dfrac{5}{9}-\dfrac{1}{9}\cdot\left(-3+2:\dfrac{1}{3}\right)=\left(\dfrac{3}{7}\cdot 21\cdot\dfrac{5}{9}\right)-\dfrac{1}{9}\cdot\left(-3+2\cdot\dfrac{3}{1}\right)=$

$$\dfrac{\cancel{3}\cdot\overset{3}{\cancel{21}}\cdot 5}{\cancel{7}\cdot\underset{3}{\cancel{9}}}-\dfrac{1}{9}\cdot(-3+6)=\dfrac{\cancel{3}\cdot 5}{\cancel{3}}-\dfrac{1}{\underset{3}{\cancel{9}}}\cdot\cancel{9}^{1}=5-\dfrac{1}{3}=\mathbf{4\dfrac{2}{3}}$$

d) $\left[\dfrac{3}{8}:\dfrac{7}{2}-\dfrac{4}{5}:\left(-\dfrac{2}{9}\right)\right]:\left[-\dfrac{4}{7}\cdot\dfrac{3}{10}+\dfrac{5}{6}:\dfrac{2}{3}\right]=$

$$\left[\dfrac{3}{8}\cdot\dfrac{2}{7}+\dfrac{4}{5}\cdot\dfrac{9}{2}\right]:\left[-\dfrac{\cancel{4}^{2}\cdot 3}{7\cdot\cancel{10}_{5}}+\dfrac{5}{\cancel{6}_{2}}\cdot\dfrac{\cancel{3}}{2}\right]=\left[\dfrac{3\cdot\cancel{2}}{\cancel{8}_{4}\cdot 7}+\dfrac{\cancel{4}^{2}\cdot 9}{5\cdot\cancel{2}}\right]:\left[-\dfrac{6}{35}+\dfrac{5}{4}\right]=$$

$$\left[\dfrac{3}{28}+\dfrac{18}{5}\right]:\left[-\dfrac{24}{140}+\dfrac{175}{140}\right]=\left[\dfrac{15}{140}+\dfrac{504}{140}\right]:\left[\dfrac{175}{140}-\dfrac{24}{140}\right]=$$

$$\dfrac{519}{140}:\dfrac{151}{140}=\dfrac{519}{140}\cdot\dfrac{140}{151}=\dfrac{519}{151}=\mathbf{3\dfrac{66}{151}}$$

e) $\left(1-\dfrac{\frac{1}{6}}{\frac{1}{2}-\frac{1}{6}}\right)\cdot\left(1-\dfrac{1{,}5}{0{,}5+\frac{1}{6}}\right)+\left(1+\dfrac{0{,}5}{0{,}5-\frac{1}{6}}\right)\cdot\left(1-\dfrac{0{,}5}{0{,}5+\frac{1}{6}}\right)=$

$$\left(1-\dfrac{\frac{1}{6}}{\frac{3}{6}-\frac{1}{6}}\right)\cdot\left(1-\dfrac{\frac{3}{2}}{\frac{3}{6}+\frac{1}{6}}\right)+\left(1+\dfrac{\frac{1}{2}}{\frac{3}{6}-\frac{1}{6}}\right)\cdot\left(1-\dfrac{\frac{1}{2}}{\frac{3}{6}+\frac{1}{6}}\right)=$$

$$\left(1-\dfrac{\frac{1}{6}}{\frac{2}{6}}\right)\cdot\left(1-\dfrac{\frac{3}{2}}{\frac{4}{6}}\right)+\left(1+\dfrac{\frac{1}{2}}{\frac{2}{6}}\right)\cdot\left(1-\dfrac{\frac{1}{2}}{\frac{4}{6}}\right)=$$

$$\left(1-\dfrac{1}{6}\cdot\dfrac{6}{2}\right)\cdot\left(1-\dfrac{3}{2}\cdot\dfrac{6}{4}\right)+\left(1+\dfrac{1}{2}\cdot\dfrac{6}{2}\right)\cdot\left(1-\dfrac{1}{2}\cdot\dfrac{6}{4}\right)=$$

$$\left(1-\dfrac{1}{2}\right)\cdot\left(1-\dfrac{9}{4}\right)+\left(1+\dfrac{3}{2}\right)\cdot\left(1-\dfrac{3}{4}\right)=\dfrac{1}{2}\cdot\left(-\dfrac{5}{4}\right)+\dfrac{5}{2}\cdot\dfrac{1}{4}=-\dfrac{5}{8}+\dfrac{5}{8}=\mathbf{0}$$

Lösungswort:

F	U	C	H	S

23. a) $5\cdot 2^{5}-2^{4}\cdot 3-(5\cdot 4)^{2}=5\cdot\underbrace{2\cdot 2}_{=4}\cdot\underbrace{2\cdot 2\cdot 2}_{=8}-\underbrace{2\cdot 2}_{=4}\cdot\underbrace{2\cdot 2}_{=4}\cdot 3-20^{2}=$

$\underbrace{5\cdot 4\cdot 8}_{=20}-\underbrace{4\cdot 4}_{=16}\cdot 3-400=20\cdot 8-16\cdot 3-400=$

$112-400=-(400-112)=\mathbf{-288}$

b) $(4 \cdot 3^4 - 3 \cdot 4^3) : \left[(-6) : \left(-\dfrac{1}{2} \right) \right] = (4 \cdot \underbrace{3 \cdot 3 \cdot 3 \cdot 3}_{= 36} - 3 \cdot \underbrace{4 \cdot 4 \cdot 4}_{= 9 \quad = 12 \quad = 16}) : [(-6) \cdot (-2)] =$

$(36 \cdot 9 - 12 \cdot 16) : 12 = (324 - 192) : 12 = 132 : 12 = \mathbf{11}$

c) $(-2)^3 + 15 \cdot (-2) - [-5 + 3 \cdot (-1)] + 60 = -2^3 - 30 - [-5 - 3] + 60 =$
$-8 - 30 - (-8) + 60 = -(8 + 30) \mathbf{+} 8 + 60 = -38 + 8 + 60 =$
$\mathbf{-}(38 - 8) + 60 = -30 + 60 = \mathbf{+}(60 - 30) = \mathbf{30}$

d) $10 \cdot (-3^2) - (-3) \cdot (-3)^3 + (-2 - 34) \cdot 2 = 10 \cdot (-9) - (-3)^4 + (-36) \cdot 2 =$

$-90 - 3^4 - 72 = -90 - \underbrace{3 \cdot 3 \cdot 3 \cdot 3}_{= 9 \quad = 9} - 72 = -90 - 9 \cdot 9 - 72 = -90 - 81 - 72 =$

$\mathbf{-}(90 + 81) - 72 = -171 - 72 = -171 - 72 = -(171 + 72) = \mathbf{-243}$

e) $[(-2)^3 \cdot (-2)^4 + (-2) \cdot 4 - 1^5]^2 = [(-8) \cdot 16 + (-8) - 1]^2 =$
$[-128 + (-8) - 1]^2 = [-(128 + 8) - 1]^2 = [-136 - 1]^2 = (-137)^2 = \mathbf{18\,769}$

f) $[0{,}1^3 + (0{,}1)^4]^2 + [(-2)^3]^5 \cdot (-1)^{1\,025} =$
$[0{,}001 + 0{,}0001]^2 + (-8)^5 \cdot (-1) =$
$0{,}0011^2 + (-32\,768) \cdot (-1) =$
$0{,}00000121 + 32\,768 = \mathbf{32\,768{,}00000121}$

$(-8)^5 = 8 \cdot 8 \cdot 8 \cdot 8 \cdot 8 = 64 \cdot 64 \cdot 8 =$
$4\,096 \cdot 8 = 32\,768$

g) $\left(-\dfrac{2}{5} \right)^3 \cdot \left(\dfrac{3}{2} \right)^4 - \left[\left(-\dfrac{1}{3} \right)^3 + \left(-\dfrac{1}{2} \right)^2 \right] : \left(-\dfrac{1}{6} \right)^3 =$

$-\dfrac{8}{125} \cdot \dfrac{81}{16} - \left[-\dfrac{1}{27} + \dfrac{1}{4} \right] : \left(-\dfrac{1}{216} \right) = -\dfrac{8 \cdot 81}{125 \cdot 16} - \left[\dfrac{1}{4} - \dfrac{1}{27} \right] \cdot \left(-\dfrac{216}{1} \right) =$

$-\dfrac{81}{250} - \dfrac{23}{108} \cdot (-216) = -\dfrac{81}{250} + \dfrac{23 \cdot 216}{108} =$

$-\dfrac{324}{1\,000} + \dfrac{23 \cdot 2}{1} = -0{,}324 + 46 = \mathbf{45{,}676}$

h) $\{ [(-1{,}2)^2 + (-1{,}2)^3] : (-2{,}4)^2 \}^1 - \left[\left(\dfrac{1}{3} \right)^2 - \left(-\dfrac{1}{4} \right)^3 \right] =$

$\{ [1{,}44 - 1{,}728] : 5{,}76 \}^1 - \left[\dfrac{1}{9} + \dfrac{1}{64} \right] =$

$\{ -0{,}288 : 5{,}76 \}^1 - \left[\dfrac{64}{576} + \dfrac{9}{576} \right] = \{ -0{,}05 \}^1 - \dfrac{73}{576} =$

$-\dfrac{5}{100} - \dfrac{73}{576} = -\left(\dfrac{720}{14\,400} + \dfrac{1\,825}{14\,400} \right) = -\dfrac{2\,545}{14\,400} = \mathbf{-\dfrac{509}{2\,880}}$

24. a) $(-2) \cdot \left\{ 5\frac{1}{3} - \left[\left(-2\frac{1}{3} \right) \cdot 2 \right] + \left(-1\frac{1}{9} \right) \right\} - 2\frac{1}{2} =$

$(-2) \cdot \left\{ 5\frac{1}{3} - \left(-2\frac{1}{3} \right) \cdot 2 + \left(-1\frac{1}{9} \right) \right\} - 2\frac{1}{2} =$

$(-2) \cdot \left\{ 5\frac{1}{3} - \left(-4\frac{2}{3} \right) + \left(-1\frac{1}{9} \right) \right\} - 2\frac{1}{2} =$

$(-2) \cdot \left\{ 5\frac{1}{3} + 4\frac{2}{3} + \left(-1\frac{1}{9} \right) \right\} - 2\frac{1}{2} =$

$(-2) \cdot \left\{ 10 + \left(-1\frac{1}{9} \right) \right\} - 2\frac{1}{2} =$

$(-2) \cdot \left\{ 10 + \left(-1\frac{1}{9} \right) \right\} - 2\frac{1}{2} =$

$(-2) \cdot 8\frac{8}{9} - 2\frac{1}{2} = -16\frac{16}{9} - 2\frac{1}{2} =$

$-17\frac{7}{9} - 2\frac{1}{2} = -17\frac{14}{18} - 2\frac{9}{18} =$

$-\left(17\frac{14}{18} + 2\frac{9}{18} \right) = -19\frac{23}{18} = \mathbf{-20\frac{5}{18}}$

Die Klammer kannst du weglassen, da in der Klammer ein Produkt steht. Die Berechnung des Produkts vor der Addition wird bereits durch die Regel Punkt vor Strich bestimmt.

b) $1 - \left\{ \left[\left(-\frac{1}{6} : \left(\frac{2}{3} - \frac{1}{2} \right) \right] + \left[\frac{1}{6} \cdot \left(\frac{1}{3} - \frac{3}{4} \right) \right] \right\} =$

$1 - \left\{ -\frac{1}{6} : \left(\frac{2}{3} - \frac{1}{2} \right) + \frac{1}{6} \cdot \left(\frac{1}{3} - \frac{3}{4} \right) \right\} =$

$1 - \left\{ -\frac{1}{6} : \left(\frac{4}{6} - \frac{3}{6} \right) + \frac{1}{6} \cdot \left(\frac{4}{12} - \frac{9}{12} \right) \right\} =$

$1 - \left\{ -\frac{1}{6} : \frac{1}{6} + \frac{1}{6} \cdot \left(-\frac{9-4}{12} \right) \right\} = 1 - \left\{ -\frac{1}{6} \cdot \frac{6}{1} + \frac{1}{6} \cdot \left(-\frac{5}{12} \right) \right\} =$

$1 - \left\{ -1 + \left(-\frac{5}{6 \cdot 12} \right) \right\} = 1 - \left\{ -1 + \left(-\frac{5}{72} \right) \right\} =$

$1 - \left\{ -\left(1 + \frac{5}{72} \right) \right\} = 1 - \left(-1\frac{5}{72} \right) = 1 + 1\frac{5}{72} = \mathbf{2\frac{5}{72}}$

Die Regel Punkt vor Strich macht die blau durchgestrichenen Klammern überflüssig.

c) $\left\{\left[(2^4 \cdot 3^4) + (4^2 - 3^4)\right] : \left(-3\frac{1}{3}\right)\right\} - (-2) =$

Die äußere geschweifte Klammer ist überflüssig, da die Regel Punkt vor Strich bestimmt, dass der Quotient vor der Differenz ausgeführt wird. Die kleine innere Klammer wird ebenfalls durch die Regel Punkt vor Strich ersetzt.

$[2^4 \cdot 3^4 + (4^2 - 3^4)] : \left(-3\frac{1}{3}\right) - (-2) =$

$[(2 \cdot 3)^4 + (16 - 81)] : \left(-\frac{10}{3}\right) + 2 =$

$[6^4 + (-65)] : \left(-\frac{10}{3}\right) + 2 =$

$[1\,296 - 65] : \left(-\frac{10}{3}\right) + 2 =$

$1\,231 : \left(-\frac{10}{3}\right) + 2 = -1\,231 \cdot \frac{3}{10} + 2 =$

$-\frac{3\,693}{10} + 2 = -369,3 + 2 = -(369,3 - 2) = \mathbf{-367,3}$

d)

Reihenfolge bei Punktrechnung vertauschbar

$\{[(10^2 - 11^2) + 12^2] + \{[(-1)^3 \cdot (-1)^4] : [(-1)^2 + (-1)^5 + (-1)^7]\}$

Klammer nicht nötig   Punkt vor Strich

Reihenfolge von links nach rechts ersetzt die Klammer

$10^2 - 11^2 + 12^2 + (-1)^3 \cdot (-1)^4 : [(-1)^2 + (-1)^5 + (-1)^7] =$
$100 - 121 + 144 + (-1) \cdot 1 : [1 + (-1) + (-1)] =$
$-(121 - 100) + 144 + (-1) : (-1) = -21 + 144 + 1 =$
$+(144 - 21) + 1 = 123 + 1 = \mathbf{124}$

25. a) $-4^3 = -4 \cdot 4 \cdot 4 = \mathbf{-64}$

b) $(-6)^3 = (-6) \cdot (-6) \cdot (-6) = \mathbf{-216}$

c) $(-3)^4 = (-3) \cdot (-3) \cdot (-3) \cdot (-3) = \mathbf{81}$

d) $-3^4 = -3 \cdot 3 \cdot 3 \cdot 3 = \mathbf{-81}$

e) $(-4) \cdot 3 = \mathbf{-12}$

f) $(-4) + 3 = \mathbf{-1}$

g) $\left(\left((-2)^2\right)^3\right)^4 = (4^3)^4 = 64^4 = \mathbf{16\,777\,216}$

h) $\left(\left((-1)^3\right)^5\right)^7 \cdot \left(\left((-1)^2\right)^4\right)^6 - 1 = \left((-1)^5\right)^7 \cdot \left((+1)^4\right)^6 - 1 =$

$= (-1)^7 \cdot 1^6 - 1 = (-1) \cdot (+1) - 1 = -1 - 1 = \mathbf{-2}$

i) $0,002 \cdot 10^5 = \mathbf{200}$ Kommaverschiebung um 5 Stellen nach rechts

j) $(-0,1)^5 \cdot 10^7 = -0,00001 \cdot 10^7 = \mathbf{-100}$

k) $10^5 + 10^6 + (-10^7) - (-10)^8 =$
$100\,000 + 1\,000\,000 - 10\,000\,000 - 100\,000\,000 =$
$1\,100\,000 - 10\,000\,000 - 100\,000\,000 =$
$-8\,900\,000 - 100\,000\,000 = \mathbf{-108\,900\,000}$

l) $2^6 : 2^4 \cdot (-0,2)^3 : 10^4 = 4 \cdot (-0,008) : 10^4 =$
$-0,032 : 10^4 = \mathbf{-0,0000032}$

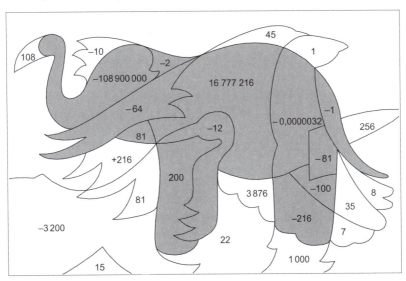

26. a)   maximale Punktzahl:

Alle Aufgaben werden richtig beantwortet.

$\underset{\textbf{A-Fragen}}{15 \cdot 2,1} + \underset{\textbf{B-Fragen}}{25 \cdot 1,4} =$

$31,5 \quad + \quad 35 \quad = \mathbf{66,5}$

minimale Punktzahl:

Alle Aufgaben werden falsch beantwortet.

$15 \cdot (-1,8) + 25 \cdot (-0,8) =$

$\underset{\textbf{A-Fragen}}{-27} \quad + \underset{\textbf{B-Fragen}}{(-20)} \quad =$

$-27 \quad - \quad 20 \quad = \mathbf{-47}$

b) Gesamtansatz:

$$7 \cdot 2,1 + 8 \cdot (-1,8) + 9 \cdot (-0,8) + 16 \cdot 1,4 =$$

$\underbrace{}_{\text{A-Fragen}}$ $\underbrace{}_{\text{B-Fragen}}$

$$14,7 + (-14,4) + (-7,2) + 22,4 =$$
$$0,3 - 7,2 + 22,4 =$$
$$-6,9 + 22,4 =$$
$$22,4 - 6,9 = 15,5$$

Ergebnis: Peter erreicht bei dem GENUA-Test **15,5** Punkte.

c) Für die A-Fragen gilt:

x = richtig,

y = falsch,

wobei y = 15 − x, da es insgesamt 15 A-Fragen gibt.

Gesamtansatz:

$$x \cdot 2,1 + \mathbf{y} \cdot (-1,8) + 11 \cdot 1,4 + 14 \cdot (-0,8) = 20,1$$
$$x \cdot 2,1 + \mathbf{(15 - x)} \cdot (-1,8) + 11 \cdot 1,4 + 14 \cdot (-0,8) = 20,1$$
$$2,1x - 1,8 \cdot 15 + 1,8 \cdot x + 11 \cdot 1,4 - 14 \cdot 0,8 = 20,1$$
$$2,1x - 27 + 1,8x + 15,4 - 11,2 = 20,1$$
$$2,1x + 1,8x - 27 + 15,4 - 11,2 = 20,1$$
$$3,9x - 11,6 - 11,2 = 20,1$$
$$3,9x - 22,8 = 20,1$$
$$3,9x = 42,9$$
$$x = 11$$

Ergebnis: Christoph beantwortet **11** A-Fragen richtig und **4** A-Fragen falsch.

27. $T(x) = 25\,x^2 - 24\,x + 12$

$T(\mathbf{2}) = 25 \cdot \mathbf{2}^2 - 24 \cdot \mathbf{2} + 12 = 25 \cdot 4 - 48 + 12 =$ Anstelle von x wird die Zahl 2 eingesetzt.

$100 - 48 + 12 = 52 + 12 = \mathbf{64}$

$T(\mathbf{4}) = 25 \cdot \mathbf{4}^2 - 24 \cdot \mathbf{4} + 12 = 25 \cdot 16 - 96 + 12 =$ Hier wird die Zahl 4 eingesetzt.

$400 - 96 + 12 = 304 + 12 = \mathbf{316}$

$T(\mathbf{-3}) = 25 \cdot (\mathbf{-3})^2 - 24 \cdot (\mathbf{-3}) + 12 =$ Hier wird die Zahl −3 eingesetzt.

$25 \cdot 9 + 72 + 12 = 225 + 72 + 12 = 297 + 12 = \mathbf{309}$

28. $T(\mathbf{-2}) = \dfrac{2 \cdot (\mathbf{-2})^3 - 5 \cdot (\mathbf{-2})^2 + 23 \cdot (\mathbf{-2}) - 4}{2 \cdot (\mathbf{-2})^2 + 4 \cdot (\mathbf{-2}) + 1} = \dfrac{-16 + 20 - 46 - 4}{8 - 8 + 1} = \dfrac{-46}{1} = \mathbf{-46}$

$T(\mathbf{-1}) = \dfrac{2 \cdot (\mathbf{-1})^3 - 5 \cdot (\mathbf{-1})^2 + 23 \cdot (\mathbf{-1}) - 4}{2 \cdot (\mathbf{-1})^2 + 4 \cdot (\mathbf{-1}) + 1} = \dfrac{-2 - 5 - 23 - 4}{2 - 4 + 1} = \dfrac{-34}{-1} = \mathbf{34}$

$$T(\mathbf{0}) = \frac{2 \cdot \mathbf{0}^3 - 5 \cdot \mathbf{0}^2 + 23 \cdot \mathbf{0} - 4}{2 \cdot \mathbf{0}^2 + 4 \cdot \mathbf{0} + 1} = \frac{-4}{1} = \mathbf{-4}$$

$$T(\mathbf{1}) = \frac{2 \cdot \mathbf{1}^3 - 5 \cdot \mathbf{1}^2 + 23 \cdot \mathbf{1} - 4}{2 \cdot \mathbf{1}^2 + 4 \cdot \mathbf{1} + 1} = \frac{2 - 5 + 23 - 4}{2 + 4 + 1} = \frac{16}{7} = \mathbf{2\frac{2}{7}}$$

$$T(\mathbf{2}) = \frac{2 \cdot \mathbf{2}^3 - 5 \cdot \mathbf{2}^2 + 23 \cdot \mathbf{2} - 4}{2 \cdot \mathbf{2}^2 + 4 \cdot \mathbf{2} + 1} = \frac{16 - 20 + 46 - 4}{8 + 8 + 1} = \frac{38}{17} = \mathbf{2\frac{4}{17}}$$

29. $T(1; 2) = 1^2 - 2^2 + 2 \cdot 1 \cdot 2 = 1 - 4 + 4 = \mathbf{1}$
Setze die Werte x = 1 und y = 2 in den Term ein.

$$T(-1; 2) = (-1)^2 - 2^2 + 2 \cdot (-1) \cdot 2 = 1 - 4 - 4 = -3 - 4 = \mathbf{-7}$$

$$T(0; -1) = 0^2 - (-1)^2 + 2 \cdot 0 \cdot (-1) = 0 - 1 + 0 = \mathbf{-1}$$

$$T\left(-\frac{1}{2}; -\frac{1}{2}\right) = \left(-\frac{1}{2}\right)^2 - \left(-\frac{1}{2}\right)^2 + 2 \cdot \left(-\frac{1}{2}\right) \cdot \left(-\frac{1}{2}\right)$$

$$= \frac{1}{4} - \frac{1}{4} + (-1) \cdot \left(-\frac{1}{2}\right) = \frac{1}{4} - \frac{1}{4} + \frac{1}{2} = 0 + \frac{1}{2} = \mathbf{\frac{1}{2}}$$

$$T\left(\frac{1}{3}; 0\right) = \left(\frac{1}{3}\right)^2 - 0^2 + 2 \cdot \left(\frac{1}{3}\right) \cdot 0 = \frac{1}{9} - 0 + 0 = \mathbf{\frac{1}{9}}$$

30. $T(x; y) = xy + xy^2 - x^y$

$$T(1; 1) = 1 \cdot 1 + 1 \cdot 1^2 - 1^1 = 1 + 1 - 1 = \mathbf{1}$$

$$T(2; 1) = 2 \cdot 1 + 2 \cdot 1^2 - 2^1 = 2 + 2 - 2 = \mathbf{2}$$

$$T(1; 2) = 1 \cdot 2 + 1 \cdot 2^2 - 1^2 = 2 + 4 - 1 = \mathbf{5}$$

$$T(0; 5) = 0 \cdot 5 + 0 \cdot 5^2 - 0^5 = 0 + 0 - 0 = \mathbf{0}$$

$$T(-1; 5) = -1 \cdot 5 + (-1) \cdot 5^2 - (-1)^5 = -5 - 25 + 1 = \mathbf{-29}$$

$$T(0; 1) = 0 \cdot 1 + 0 \cdot 1^2 - 0^1 = 0 + 0 - 0 = \mathbf{0}$$

$$T(-2; 1) = -2 \cdot 1 + (-2) \cdot 1^2 - (-2)^1 = -2 - 2 + 2 = \mathbf{-2}$$

$$T(-1; 2) = (-1) \cdot 2 + (-1) \cdot 2^2 - (-1)^2 = -2 - 4 - 1 = \mathbf{-7}$$

$$T\left(\frac{1}{5}; 4\right) = \frac{1}{5} \cdot 4 + \frac{1}{5} \cdot 4^2 - \left(\frac{1}{5}\right)^4 = \frac{4}{5} + \frac{16}{5} - \frac{1}{625} = \frac{500}{625} + \frac{2\,000}{625} - \frac{1}{625} = \mathbf{3\frac{624}{625}}$$

$$T\left(-\frac{1}{3}; 3\right) = \left(-\frac{1}{3}\right) \cdot 3 + \left(-\frac{1}{3}\right) \cdot 3^2 - \left(-\frac{1}{3}\right)^3 = -1 - 3 + \frac{1}{27} = -4 + \frac{1}{27}$$

$$= -\left(4 - \frac{1}{27}\right) = \mathbf{-3\frac{26}{27}}$$

31. a) $T(1; -1; -1) = [1 \cdot (-1)] : (-1) - 1 : \dfrac{-1}{2 \cdot (-1)} =$

$\quad -1 : (-1) - 1 : \dfrac{-1}{-2} = 1 - 1 : \dfrac{1}{2} = 1 - 1 \cdot \dfrac{2}{1} = 1 - 2 = \mathbf{-1}$

$\quad T\left(\dfrac{1}{4}; -\dfrac{1}{2}; -1\right) = \left[\dfrac{1}{4} \cdot \left(-\dfrac{1}{2}\right)\right] : (-1) - \dfrac{1}{4} : \dfrac{-\dfrac{1}{2}}{2 \cdot (-1)} =$

$\quad -\dfrac{1}{8} : (-1) - \dfrac{1}{4} : \dfrac{-\dfrac{1}{2}}{-2} = \dfrac{1}{8} - \dfrac{1}{4} : \left(\dfrac{1}{2} \dfrac{1}{2}\right) =$

$\quad \dfrac{1}{8} - \dfrac{1}{4} : \dfrac{1}{4} = \dfrac{1}{8} - \dfrac{1}{4} \cdot \dfrac{4}{1} = \dfrac{1}{8} - 1 = -\left(1 - \dfrac{1}{8}\right) = \mathbf{-\dfrac{7}{8}}$

b) $T(1; -1; -1) = 1 : [1 \cdot (-1 : (-1))] = 1 : (1 \cdot 1) = 1 : 1 = \mathbf{1}$

$\quad T\left(\dfrac{1}{4}; -\dfrac{1}{2}; -1\right) = 1 : \left[\dfrac{1}{4} \cdot \left(-\dfrac{1}{2} : (-1)\right)\right] = 1 : \left[\dfrac{1}{4} \dfrac{1}{2}\right] = 1 : \dfrac{1}{8} = 1 \cdot \dfrac{8}{1} = \mathbf{8}$

32. $T(k; \ell; m) = (-k)^3 \cdot \ell : \left(\dfrac{k}{m}\right)^{\ell}$

$\quad \underset{\mathbf{k} \quad \boldsymbol{\ell} \quad \mathbf{m}}{T\left(\dfrac{1}{2}; 2; \dfrac{1}{3}\right)} = \underset{-\mathbf{k} \quad \boldsymbol{\ell}}{\left(-\dfrac{1}{2}\right)^3 \cdot 2 : \left(\dfrac{\frac{1}{2}\,\mathbf{k}}{\frac{1}{3}\,\mathbf{m}}\right)^2} = -\dfrac{1}{8} \cdot 2 : \left(\dfrac{3}{2}\right)^2 = -\dfrac{1}{4} : \dfrac{4}{9} = -\dfrac{1}{4} \cdot \dfrac{4}{9} = \mathbf{-\dfrac{1}{9}}$

$\quad T(2; 2; 3) = (-2)^3 \cdot 2 : \left(\dfrac{2}{2}\right)^3 = -8 \cdot 2 : 1^3 = -16 : 1 = \mathbf{-16}$

$\quad T\left(-\dfrac{1}{3}; 3; 1\right) = \left(\dfrac{1}{3}\right)^3 \cdot 3 : \left(\dfrac{-\frac{1}{3}}{1}\right)^3 = \dfrac{1}{27} \cdot 3 : \left(-\dfrac{1}{3}\right)^3 = \dfrac{1}{9} : \left(-\dfrac{1}{27}\right) = -\dfrac{1}{9} \cdot \dfrac{27}{1} = \mathbf{-3}$

$\quad T\left(-\dfrac{1}{2}; 5; 2\right) = \left(\dfrac{1}{2}\right)^3 \cdot 5 : \left(\dfrac{-\frac{1}{2}}{2}\right)^5 = \dfrac{1}{8} \cdot 5 : \left(-\dfrac{1}{4}\right)^5 = \dfrac{5}{8} : \left(-\dfrac{1}{1024}\right) = -\dfrac{5}{8} \cdot \dfrac{1024}{1}$

$\quad\quad\quad = -5 \cdot 128 = \mathbf{-640}$

$\quad T(-1; 153; 1) = 1^3 \cdot 153 : \left(\dfrac{-1}{1}\right)^{153} = 1^3 \cdot 153 : (-1)^{153} = 1^3 \cdot 153 \cdot (-1) = \mathbf{-153}$

33. Länge des Rechtecks ℓ, Breite b und Umfang U

$$U = 2 \cdot (\ell + b) = 30 \text{ cm}$$

Ordne jedem mathematischen Begriff einen Parameter zu.

Schreibe die bekannte Formel für den Umfang mit den neu eingeführten Parametern auf und ersetze den Umfang durch den Wert 30 cm.

Die Breite b ist die freie Variable x, also:

$$2 \cdot (\ell + x) = 30 \text{ cm}$$
$$\ell + x = 30 \text{ cm} : 2$$
$$\ell + x = 15 \text{ cm}$$
$$x = 15 \text{ cm} - \ell$$
$$x(\ell) = 15 \text{ cm} - \ell$$

Ersetze die variable Breite b durch die Variable x.

Da der Term für x von der Länge ℓ abhängt, wird x (ℓ) angegeben.

Ergebnis: Der Term $\mathbf{x(\ell) = 15\ cm - \ell}$ gibt zu jeder Länge ℓ in cm die gesuchte Breite x des Rechtecks an.

34. Strecke s = 100 km, beliebige Strecke = x km

Ordne jedem Begriff eine Variable zu.

Auf 100 km verbraucht das Auto 7,2 ℓ Benzin.

Auf 1 km verbraucht das Auto 0,072 ℓ Benzin.

Mittels Zweisatz kannst du den Verbrauch für 1 km berechnen: $7,2 \ell : 100 = 0,072 \ell$

Auf x km verbraucht das Auto $0,072 \cdot x \ell$ Benzin.

Multipliziert man 0,072 mit der gefahrenen Strecke x, so erhält man den Benzinverbrauch.

Ergebnis: Der Verbrauch des Autos für eine Strecke von x km beträgt $\mathbf{0{,}072 \cdot x\ \ell}$.

35. Länge $\ell = 10$ m; Breite b = 5 m; Tiefe t = x m

Volumen $V = \ell \cdot b \cdot t = 10 \text{ m} \cdot 5 \text{ m} \cdot x \text{ m} = 50 \cdot x \text{ m}^3$

Umrechnung $1 \text{ m}^3 = 1\,000 \text{ dm}^3 = 1\,000 \ \ell$

$V = 50 \cdot x \text{ m}^3 = 50 \cdot x \cdot 1\,000 \ \ell$

$V(x) = 50\,000 \cdot x \ \ell$ für x in m

Volumen eines Quaders: Länge · Breite · Höhe. Das ist bereits die gesuchte Formel, allerdings soll die Einheit Liter sein. Die Umrechnungszahl für Volumen ist 1 000, da $1 \text{ dm}^3 = 1 \ \ell$.

Ergebnis: Der Volumeninhalt ist $\mathbf{50\,000 \cdot x \ \ell}$, wobei x in m der Platzhalter für die Tiefe des Beckens ist.

36. x   Anzahl der Mädchen

x + 5   Anzahl der Jungen

A(x)   Anzahl der Schüler einer Klasse

$A(x) = x + (x + 5) = 2 x + 5$

Ergebnis: Die Anzahl der Schüler in der Klasse ist $\mathbf{2\,x + 5}$, wobei x die Anzahl der Mädchen ist.

37. a) $T(x; y) = \mathbf{1{,}5 \cdot x + 2 \cdot y}$

b) $T(x; y) = x \cdot y - (x - y) = \mathbf{xy - x + y}$

c) $T(x; y) = \mathbf{2\,y - x - \dfrac{\frac{1}{2}\,x}{x - y}}$

38. Monatlicher Lohn von Herrn Habermayr :

1. Jahr   2 325 €
2. Jahr   2 325 € · 1,02
3. Jahr   2 325 € · 1,02 · 1,02 = 2 325 € · $1{,}02^2$
4. Jahr   2 325 € · $1{,}02^2$ · 1,02 = 2 325 € · $1{,}02^3$
5. Jahr   2 325 € · $1{,}02^3$ · 1,02 = 2 325 € · $1{,}02^4$
usw.
4. Jahr   2 325 € · $1{,}02^{4-1}$
5. Jahr   2 325 € · $1{,}02^{5-1}$
x. Jahr   2 325 € · $1{,}02^{x-1}$

Ergebnis: Der monatliche Verdienst von Herrn Habermayr im x-ten Jahr beträgt $\mathbf{2\,325\ € \cdot 1{,}02^{x-1}}$.

39. x: Anzahl der Sitzplätze
y: Anzahl der Stehplätze

$$x + y = 86 \qquad \text{Gesamtanzahl der Plätze}$$
$$y = x - 18 \qquad \text{18 Sitzplätze mehr als Steh-}$$
$$x + y = 86 \qquad \text{plätze}$$
$$x + (x - 18) = 86$$
$$x + x - 18 = 86$$
$$2x - 18 = 86$$
$$2x = 104$$
$$x = 52 \qquad \text{Anzahl der Stehplätze}$$
$$y = 86 - 52 = 34 \qquad \text{Anzahl der Stehplätze: Gesamt-}$$
$$\text{zahl minus Anzahl der Sitz-}$$
$$\text{plätze}$$

Ergebnis: In dem Bus können **52** Personen sitzen und **34** Personen stehen.

40. a) x: Alter von Hans

x + 25:   Alter von Oma

$\dfrac{1}{2} \cdot x$:   Alter von Marleen

$\dfrac{1}{2} x - 23$: Alter von Vanessa

Die Gesamtsumme ist 200.

$$200 = x + (x + 25) + \frac{1}{2} \cdot x + \left(\frac{1}{2} \cdot x - 23 \right)$$

b) $200 = x + x + 25 + \dfrac{1}{2} \cdot x + \dfrac{1}{2} \cdot x - 23$

$200 = x + x + \dfrac{1}{2} \cdot x + \dfrac{1}{2} \cdot x + 25 - 23$

$200 = 3x + 2$

$198 = 3x$

$66 = x$

Alter von Hans   **66**

Alter von Oma $66 + 25 = \mathbf{91}$

Alter von Marleen $\dfrac{1}{2} \cdot 66 = \mathbf{33}$

Alter von Vanessa $\dfrac{1}{2} \cdot 66 - 23 = 33 - 23 = \mathbf{10}$

```
         Oma Inge ──∞── Opa Claus
         * 1914        * 1906
                       † 2001


  Georg      Hans ──∞── Helga      Elisabeth ──∞── Dieter
  * 1936     * 1939     * 1938     * 1941          * 1935
  † 1980

           Marleen ──∞── Felix   Daniel    Lena ──∞── Julian
           * 1972        * 1969  * 1973    * 1976     * 1974

               Vanessa
               * 1995
```

41. a) Der Term ist eine **Differenz**.
Der Minuend ist ein Quotient mit der Summe aus x und y als Dividend und der Zahl 2 als Divisor.
Der Subtrahend ist die Zahl 1.

b) Der Term ist ein **Quotient**.
Der Dividend ist eine Summe mit dem ersten Summanden x.
Der zweite Summand ist ein Quotient mit y als Dividend und der Zahl 2 als Divisor.
Der Divisor des Terms ist die Zahl 4.

c) Der Term ist eine **Summe**.
Der erste Summand ist ein Quotient mit einer Differenz als Dividend. Der Minuend ist x und der Subtrahend ist die Zahl 4. Der Divisor des ersten Summanden ist 4.
Der zweite Summand ist ein Produkt. Der erste Faktor ist 4, der zweite Faktor ist eine Summe mit den Summanden 2 und x.

d) Der Term ist eine **Differenz**.
Der Minuend ist ein Produkt. Der erste Faktor besteht aus der Summe der Variablen x und y, der zweite Faktor aus der Differenz des Produkts 4x und dem Subtrahenden y.
Der Subtrahend ist ein Produkt der Faktoren 2, x und y.

e) Der Term ist ein **Produkt**.
Der erste Faktor ist eine Differenz mit dem Minuenden xy und dem Subtrahenden 2.
Der zweite Faktor ist wieder ein Produkt aus der Summe x + y und der Zahl 4.

f) Der Term ist ein **Quotient**.
Der Dividend ist x, der Divisor ist eine Differenz. Der Minuend dieser Differenz ist ein Produkt aus den Faktoren 27, a und b. Der Subtrahend ist ein Quotient mit dem Dividenden b und dem Divisor 5.

g) Der Term ist eine **Summe**.
Der erste Summand ist ein Produkt aus zwei gleichen Faktoren. Diese Faktoren sind Differenzen mit dem Minuenden x und dem Subtrahenden 2.
Der zweite Summand ist ebenfalls ein Produkt. Der erste Faktor ist eine Differenz mit dem Minuenden x und dem Subtrahenden 3. Der zweite Faktor ist eine Summe mit den Summanden x und 4.

h) Der Bruchstrich wird durch das „:"-Zeichen ersetzt. Dabei müssen aber Zähler und Nenner jeweils geklammert werden.
Der Term ist ein **Quotient**. Der Dividend ist ein Produkt. Der erste Faktor ist eine Differenz mit dem Minuenden x und dem Subtrahenden 4. Der zweite Faktor ist eine Summe mit den Summanden x und 3.
Der Divisor ist wieder eine Summe aus den Summanden y und 1.

42. a) $2x + \dfrac{1}{2} - 4 = 2\,x - \left(4 - \dfrac{1}{2}\right) = \mathbf{2\,x - 3\dfrac{1}{2}}$

b) $0{,}5 - 3a - 4{,}7 - \dfrac{1}{8} = 0{,}5 - 4{,}7 - \dfrac{1}{8} - 3a = -(4{,}7 - 0{,}5) - \dfrac{1}{8} - 3a =$

$-4{,}2 - \dfrac{1}{8} - 3a = -4{,}2 - 0{,}125 - 3a = -(4{,}2 + 0{,}125) - 3a = \mathbf{-4{,}325 - 3a}$

c) $6a - 14{,}08 - 7{,}4a + 8{,}02 - 5{,}12 - a = 6a - 7{,}4\,a - a - 14{,}08 + 8{,}02 - 5{,}12 =$
$-(7{,}4a - 6a) - a - (14{,}08 - 8{,}02) - 5{,}12 = -1{,}4a - a - 6{,}06 - 5{,}12 =$
$-(1{,}4a + a) - (6{,}06 + 5{,}12) = \boldsymbol{-2{,}4a - 11{,}18}$

d) $-x + 1\dfrac{1}{2} - 3\dfrac{1}{3} - \dfrac{1}{6} = -x + 1\dfrac{3}{6} - 3\dfrac{2}{6} - \dfrac{1}{6} = -x - \left(3\dfrac{2}{6} - 1\dfrac{3}{6}\right) - \dfrac{1}{6} =$
$-x - \left(2\dfrac{8}{6} - 1\dfrac{3}{6}\right) - \dfrac{1}{6} = -x - 1\dfrac{5}{6} - \dfrac{1}{6} = -x - \left(1\dfrac{5}{6} + \dfrac{1}{6}\right) = -x - 1\dfrac{6}{6} = \boldsymbol{-x - 2}$

43. a) $4t - 5t + 3t - 2t + 7t = (4 - 5 + 3 - 2 + 7) \cdot t = \boldsymbol{7\,t}$

b) $r + a - 4r + 2a - 3r + s = r - 4r - 3r + s + a + 2\,a =$
$(1 - 4 - 3) \cdot r + s + (1 + 2)a = \boldsymbol{-6r + s + 3a}$

c) $x + y + z - 2x - 2y - 2z + 3x + 3y + 3z =$
$x - 2x + 3x + y - 2y + 3y + z - 2z + 3z = \boldsymbol{2x + 2y + 2z}$

44. a) $-3x + 4{,}8x - 6{,}8x = (-3 + 4{,}8 - 6{,}8) \cdot x = (1{,}8 - 6{,}8) \cdot x = \boldsymbol{-5x}$

b) $-\dfrac{2}{3}a - \dfrac{1}{6}a - 3\dfrac{1}{3}a = \left(-\dfrac{2}{3} - \dfrac{1}{6} - 3\dfrac{1}{3}\right)a = \left(-\dfrac{4}{6} - \dfrac{1}{6} - 3\dfrac{2}{6}\right)a =$
$\left(-\dfrac{5}{6} - 3\dfrac{2}{6}\right)a = -\left(\dfrac{5}{6} + 3\dfrac{2}{6}\right)a = -3\dfrac{7}{6}a = \boldsymbol{-4\dfrac{1}{6}a}$

c) $x^2 + \dfrac{6}{5}x^2 - \dfrac{3}{5}x^2 - 3x^2 = \left(1 + \dfrac{6}{5} - \dfrac{3}{5} - 3\right) \cdot x^2 =$
$\left(2\dfrac{1}{5} - \dfrac{3}{5} - 3\right) \cdot x^2 = \left(1\dfrac{3}{5} - 3\right) \cdot x^2 = -\left(3 - 1\dfrac{3}{5}\right)x^2 = \boldsymbol{-1\dfrac{2}{5}x^2}$

d) $2\,ab - 1 - 3\,ab + a - 4 = 2\,ab - 3\,ab - 1 - 4 + a = (2 - 3)ab - 5 + a = \boldsymbol{-ab - 5 + a}$

e) $\dfrac{1}{3}z^2 - \dfrac{2}{9}zy + y^2 - \dfrac{1}{9}y^2 + \dfrac{1}{4}z \cdot z - \dfrac{1}{3}yz =$
$\dfrac{1}{3}z^2 - \dfrac{2}{9}zy + y^2 - \dfrac{1}{9}y^2 + \dfrac{1}{4}z^2 - \dfrac{1}{3}yz =$
$\dfrac{1}{3}z^2 + \dfrac{1}{4}z^2 - \dfrac{2}{9}zy - \dfrac{1}{3}yz + y^2 - \dfrac{1}{9}y^2 =$
$\dfrac{4}{12}z^2 + \dfrac{3}{12}z^2 - \dfrac{2}{9}zy - \dfrac{3}{9}zy + y^2 - \dfrac{1}{9}y^2 =$
$\boldsymbol{\dfrac{7}{12}z^2 - \dfrac{5}{9}zy + \dfrac{8}{9}y^2}$

f) $13,4aba - 12,5aab + 23,4abb - 7,3aab - 46,5bab =$

$13,4a^2b - 12,5a^2b + 23,4ab^2 - 7,3a^2b - 46,5ab^2 =$

$13,4a^2b - 12,5a^2b - 7,3a^2b + 23,4ab^2 - 46,5ab^2 =$

$0,9a^2b - 7,3a^2b + (-23,1ab^2) =$

$\mathbf{-6,4a^2b - 23,1ab^2}$

45. a) $8t - 5 - 3t + 2t^2 - 6 - 4t^2 = 8t - 3t - 5 - 6 + 2t^2 - 4t^2 =$

$5t - (5 + 6) - (4t^2 - 2t^2) = 5t - 11 - 2t^2 = \mathbf{-2t^2 + 5t - 11}$

b) $2x - 3y - 2x + 3y - x - 2x = 2x - 2x - x - 2x \underbrace{-3y + 3y}_{= 0} =$

$(2 - 2 - 1 - 2) \cdot x = \mathbf{-3x}$

c) $\frac{1}{2}a - 2b + 2,5c - 2\frac{1}{2}a + 3b - 5c = \frac{1}{2}a - 2\frac{1}{2}a - 2b + 3b + 2,5c - 5c =$

$\left(\frac{1}{2} - 2\frac{1}{2}\right)a + (3 - 2)b - (5 - 2,5)c = \mathbf{-2a + b - 2,5c}$

d) $-4\frac{5}{8}x + xy + 3,5y - 5\frac{2}{3}x + 1\frac{17}{24}x - xy - 4\frac{3}{4} =$

$-4\frac{5}{8}x - 5\frac{2}{3}x + 1\frac{17}{24}x \underbrace{+xy - xy}_{= 0} + 3,5y - 4\frac{3}{4} =$

$-4\frac{15}{24}x - 5\frac{16}{24}x + 1\frac{17}{24}x + 3,5y - 4\frac{3}{4} =$

$-\left(4\frac{15}{24} + 5\frac{16}{24}\right)x + 1\frac{17}{24}x + 3,5y - 4\frac{3}{4} =$

$-9\frac{31}{24}x + 1\frac{17}{24}x + 3,5y - 4\frac{3}{4} = -\left(9\frac{31}{24} - 1\frac{17}{24}\right)x + 3,5y - 4\frac{3}{4} =$

$\mathbf{-8\frac{7}{12}x + 3,5y - 4\frac{3}{4}}$

e) $\frac{1}{6}a^2 - \frac{1}{2}ab + \frac{1}{3}b^2 - \frac{1}{3}a^2 - \frac{1}{4}ab + \frac{1}{6}b^2 =$

$\frac{1}{6}a^2 - \frac{1}{3}a^2 - \frac{1}{2}ab - \frac{1}{4}ab + \frac{1}{3}b^2 + \frac{1}{6}b^2 =$

$\frac{1}{6}a^2 - \frac{2}{6}a^2 - \frac{2}{4}ab - \frac{1}{4}ab + \frac{2}{6}b^2 + \frac{1}{6}b^2 = \mathbf{-\frac{1}{6}a^2 - \frac{3}{4}ab + \frac{1}{2}b^2}$

46. a) $\square \cdot xy + 2\frac{1}{3}y^2 - \nabla \cdot y^2 + 1{,}2x^2 - \frac{4}{5}xy + 1\frac{1}{6}x^2 =$

$\square \cdot xy - \frac{4}{5}xy + 2\frac{1}{3}y^2 - \nabla \cdot y^2 + 1\frac{1}{5}x^2 + 1\frac{1}{6}x^2 =$

$\left(\square - \frac{4}{5}\right) \cdot xy + \left(2\frac{1}{3}y^2 - \nabla\right) \cdot y^2 + 2\frac{11}{30}x^2$

$\left(\square - \frac{4}{5}\right) \cdot xy + \left(2\frac{1}{3} - \nabla\right) \cdot y^2 + 2\frac{11}{30}x^2 = \frac{7}{10}xy + 1\frac{5}{6}y^2 + \lozenge \cdot x^2$

$\square - \frac{4}{5} = \frac{7}{10} \longrightarrow \square = \frac{7}{10} + \frac{4}{5} = \mathbf{1\frac{1}{2}}$

$2\frac{1}{3} - \nabla = 1\frac{5}{6} \longrightarrow \nabla = 2\frac{1}{3} - 1\frac{5}{6} = \mathbf{\frac{1}{2}}$

$\mathbf{2\frac{11}{30}} = \lozenge$

b) $\square \cdot x + 2y - 2x + \triangle \cdot y =$

$\square \cdot x - 2x + 2y + \triangle \cdot y =$

$(\square - 2)x + (2 + \triangle)y$

$(\square - 2)x + (2 + \triangle)y = x + 3y$

$\square - 2 = 1 \longrightarrow \square = 1 + 2 = \mathbf{3}$

$2 + \triangle = 3 \longrightarrow \triangle = 3 - 2 = \mathbf{1}$

c) $\frac{1}{3}x^2 + \square \cdot x^2 - \frac{1}{5}x^2 + 1{,}2y - 2{,}1y + \nabla y =$

$\frac{1}{3}x^2 - \frac{1}{5}x^2 + \square x^2 - 0{,}9y + \nabla y =$

$\frac{2}{15}x^2 + \square x^2 - 0{,}9y + \nabla y =$

$\left(\frac{2}{15} + \square\right)x^2 + (-0{,}9y + \nabla)y$

$\left(\frac{2}{15} + \square\right)x^2 - (+0{,}9 - \nabla)y = \frac{23}{60}x^2 - 1{,}4y$

$\frac{2}{15} + \square = \frac{23}{60} \longrightarrow \square = \frac{23}{60} - \frac{2}{15} = \mathbf{\frac{1}{4}}$

$0{,}9 - \nabla = -1{,}4 \longrightarrow \nabla = 0{,}9 + 1{,}4 = \mathbf{2{,}3}$

d) $\dfrac{1}{3}xy^2 - \dfrac{1}{2}x^2y + x^2y^2 + \triangledown yxy - \dfrac{1}{8}yxx + \square\,xyxy =$

$\dfrac{1}{3}xy^2 - \dfrac{1}{2}x^2y + x^2y^2 + \triangledown xy^2 - \dfrac{1}{8}x^2y + \square\,x^2y^2 =$

$\dfrac{1}{3}xy^2 + \triangledown xy^2 - \dfrac{1}{2}x^2y - \dfrac{1}{8}x^2y + x^2y^2 + \square\,x^2y^2 =$

$\left(\dfrac{1}{3} + \triangledown\right)xy^2 - \left(\dfrac{1}{2} + \dfrac{1}{8}\right)x^2y + (1 + \square)\,x^2y^2$

$\left(\dfrac{1}{3} + \triangledown\right)xy^2 - \left(\dfrac{1}{2} + \dfrac{1}{8}\right)x^2y + (1 + \square)\,x^2y^2 = -1\dfrac{11}{30}xy^2 - \dfrac{5}{8}x^2y + 3\dfrac{1}{3}x^2y^2$

$\dfrac{1}{3} + \triangledown = -1\dfrac{11}{30} \longrightarrow \triangledown = -1\dfrac{11}{30} - \dfrac{1}{3} = \mathbf{-1\dfrac{7}{10}}$

$1 + \square = 3\dfrac{1}{3} \longrightarrow \square = 3\dfrac{1}{3} - 1 = \mathbf{2\dfrac{1}{3}}$

e) $4t + \square\,t^2 - 23t^3 + \square - 2t - 52t^2 - \triangle\,t^3 + 2 =$

$-23t^3 - \triangle\,t^3 + \square\,t^2 - 52t^2 + 4t - 2t + \square + 2 =$

$(-23 - \triangle)\cdot t^3 + (\square - 52)t^2 + 2t + \square + 2$

$(-23 - \triangle)\cdot t^3 + (\square - 52)t^2 + 2t + \square + 2 = -35t^3 - 34t^2 + 2t + 7$

$-23 - \triangle = -35 \longrightarrow \triangle = -35 + 23 = \mathbf{-12}$

$\square - 52 = -34 \longrightarrow \square = -34 + 52 = \mathbf{18}$

$\square + 2 = 7 \longrightarrow \square = \mathbf{5}$

f) $\dfrac{1}{3}a + \square\,b + \dfrac{1}{5}c - \triangle\,a - \dfrac{1}{7}b + \dfrac{1}{8}c =$

$\dfrac{1}{3}a - \triangle\,a + \square\,b - \dfrac{1}{7}b + \dfrac{1}{5}c + \dfrac{1}{8}c =$

$\left(\dfrac{1}{3} - \triangle\right)a + \left(\square - \dfrac{1}{7}\right)b + \dfrac{13}{40}c$

$\left(\dfrac{1}{3} - \triangle\right)a + \left(\square - \dfrac{1}{7}\right)b + \dfrac{13}{40}c = \dfrac{1}{6}a + \dfrac{3}{28}b + \square\,c$

$\dfrac{1}{3} - \triangle = \dfrac{1}{6} \longrightarrow \triangle = \dfrac{1}{3} - \dfrac{1}{6} = \mathbf{\dfrac{1}{6}}$

$\square - \dfrac{1}{7} = \dfrac{3}{28} \longrightarrow \square = \dfrac{3}{28} + \dfrac{1}{7} = \mathbf{\dfrac{1}{4}}$

$\square = \mathbf{\dfrac{13}{40}}$

47. (1) $\frac{1}{2}ab + \frac{1}{4}a^2b - 0,3ab^2 + \frac{1}{3}ab - \frac{1}{8}a^2b + \frac{3}{10}ab^2 =$

$\frac{1}{2}ab + \frac{1}{3}ab + \frac{1}{4}a^2b - \frac{1}{8}a^2b - 0,3ab^2 + \frac{3}{10}ab^2 = \mathbf{\frac{5}{6}ab + \frac{1}{8}a^2b}$

(2) $\frac{1}{2}a^2b - \frac{1}{6}ab + \frac{1}{3}ab + 0,3aba + 3bba - 2\frac{1}{3}ab^2 =$

$\frac{1}{2}a^2b + 0,3a^2b - \frac{1}{6}ab + \frac{1}{3}ab + 3ab^2 - 2\frac{1}{3}ab^2 =$

$\mathbf{0,8a^2b + \frac{1}{6}ab + \frac{2}{3}ab^2}$

(3) $2\frac{1}{3}a^2b^2 - 1\frac{1}{2}ab^2 + 2\frac{1}{2}a^2b - 3ab - 1\frac{1}{2}a^2b^2 + \frac{1}{3}ab - \frac{2}{3}ab^2 - \frac{3}{5}bab =$

$2\frac{1}{3}a^2b^2 - 1\frac{1}{2}a^2b^2 - 1\frac{1}{2}ab^2 - \frac{2}{3}ab^2 - \frac{3}{5}ab^2 + 2\frac{1}{2}a^2b - 3ab + \frac{1}{3}ab =$

$\mathbf{\frac{5}{6}a^2b^2 - 2\frac{23}{30}ab^2 + 2\frac{1}{2}a^2b - 2\frac{2}{3}ab}$

(4) $-\frac{1}{2}ab - \frac{1}{4}a^2b + 0,3ab^2 + \frac{1}{3}ab - \frac{1}{8}a^2b + \frac{3}{10}ab^2 =$

$-\frac{1}{2}ab + \frac{1}{3}ab - \frac{1}{4}a^2b - \frac{1}{8}a^2b + 0,3ab^2 + \frac{3}{10}ab^2 =$

$\mathbf{-\frac{1}{6}ab - \frac{3}{8}a^2b + 0,6ab^2}$

(A) $3,7a^2b^2 - 1\frac{1}{2}ab^2 - 2,1abab - \frac{23}{30}b^2a^2 - 1\frac{4}{15}ab^2 - \frac{5}{2}a^2b + 3\frac{1}{5}ab +$

$+ 5a^2b - 5\frac{13}{15}ab =$

$3,7a^2b^2 - 2,1a^2b^2 - \frac{23}{30}a^2b^2 - 1\frac{1}{2}ab^2 - 1\frac{4}{15}ab^2 - \frac{5}{2}a^2b + 5a^2b +$

$+ 3\frac{1}{5}ab - 5\frac{13}{15}ab =$

$\mathbf{\frac{5}{6}a^2b^2 - 2\frac{23}{30}ab^2 + 2\frac{1}{2}a^2b - 2\frac{2}{3}ab}$

(B) $2ab - 2\frac{1}{2}a^2b - 1\frac{1}{6}ab + 2\frac{5}{8}a^2b - \left(\frac{3}{4}ab\right)^2 + \frac{9}{16}a^2b^2 =$

$2ab - 1\frac{1}{6}ab - 2\frac{1}{2}a^2b + 2\frac{5}{8}a^2b - \frac{9}{16}a^2b^2 + \frac{9}{16}a^2b^2 = \mathbf{\frac{5}{6}ab + \frac{1}{8}a^2b}$

(C) $2ab - 2\frac{1}{2}a^2b + 2\frac{1}{8}aba + \frac{3}{4}a^2b^2 - 1\frac{7}{6}ba - \frac{3}{20}abba =$

$\quad 2ab - 1\frac{7}{6}ab - 2\frac{1}{2}a^2b + 2\frac{1}{8}a^2b + \frac{3}{4}a^2b^2 - \frac{3}{20}a^2b^2 =$

$\quad \mathbf{-\frac{1}{6}ab - \frac{3}{8}a^2b + 0,6ab^2}$

(D) $-2\frac{1}{3}a^2b + 3\frac{2}{3}ab + \frac{14}{15}abb \cdot \frac{5}{7} + 3\frac{2}{15}a^2b - 3\frac{1}{2}ab =$

$\quad -2\frac{1}{3}a^2b + 3\frac{2}{15}a^2b + 3\frac{2}{3}ab - 3\frac{1}{2}ab + \frac{14}{15} \cdot \frac{5}{7} \cdot a \cdot b^2 =$

$\quad \mathbf{\frac{4}{5}a^2b + \frac{1}{6}ab + \frac{2}{3}ab^2}$

1	2	3	4
B	D	A	C

48. a) $6\frac{1}{4} \cdot 3\frac{2}{3}a = \frac{25}{4} \cdot \frac{11}{3}a = \frac{25 \cdot 11}{4 \cdot 3}a = \frac{275}{12}a = \mathbf{22\frac{11}{12}a}$

b) $-1,5\,r \cdot 2,5\,a \cdot 4\,t \cdot (-3\,s) = +\underbrace{1,5 \cdot 2,5}_{=\,3,75} \cdot \underbrace{4 \cdot 3}_{=\,12} \cdot r \cdot a \cdot t \cdot s =$

$\quad 3,75 \cdot 12 \cdot r \cdot a \cdot t \cdot s = \mathbf{45\ rats}$

c) $-\frac{3}{2} \cdot \left(-\frac{5}{4}t\right) \cdot 4s \cdot \left(5\frac{1}{3}r\right) = +\frac{3}{2} \cdot \frac{5}{4} \cdot 4 \cdot 5\frac{1}{3} \cdot t \cdot s \cdot r =$

$\quad \frac{3}{2} \cdot \frac{5}{4} \cdot 4 \cdot \frac{16}{3} \cdot tsr = +\frac{3 \cdot 5 \cdot 4 \cdot 16}{2 \cdot 4 \cdot 1 \cdot 3} \cdot tsr = +\frac{80}{2}tsr = \mathbf{+40tsr}$

d) $\left(-\frac{5}{4}a\right) \cdot \left(-\frac{3}{7}b\right) \cdot c \cdot \left(-\frac{4}{3}d\right) \cdot \left(-\frac{7}{5}e\right) = +\frac{5}{4} \cdot \frac{3}{7} \cdot \frac{4}{3} \cdot \frac{7}{5} \cdot a \cdot b \cdot c \cdot d \cdot e =$

$\quad \frac{\cancel{5} \cdot \cancel{3} \cdot \cancel{4} \cdot \cancel{7}}{\cancel{4} \cdot \cancel{7} \cdot \cancel{3} \cdot \cancel{5}} \cdot abcde = \mathbf{abcde}$

49. a) $(24xy):(3x) = \frac{\cancel{24}^{\,8}\,\cancel{x}^{\,1}y}{\cancel{3}_{\,1}\,\cancel{x}_{\,1}} = \frac{8 \cdot 1 \cdot y}{1 \cdot 1} = \mathbf{8y}$

b) $-2xz:[7 \cdot (-x) \cdot (-1)] = \frac{-2xz}{7 \cdot (-x) \cdot (-1)} = -\frac{2\,\cancel{x}z}{7\,\cancel{x}} = \mathbf{-\frac{2}{7}z}$

c) $-2pq : \left(\dfrac{1}{2}pqr\right) = \dfrac{-2pq}{\frac{1}{2}pqr} = -\dfrac{2pq}{\frac{1}{2}pqr} = -\dfrac{4\,\cancel{p}\,\cancel{q}}{\cancel{p}\,\cancel{q}\,r} = -\dfrac{4}{r}$

d) $-4xyz : \left(-\dfrac{1}{4}xz^2\right) = \dfrac{-4xyz}{-\frac{1}{4}xz^2} = +\dfrac{4\cdot 4\,\cancel{x}\,y\,\cancel{z}}{\cancel{x}\,z^{\cancel{2}}} = 16\dfrac{y}{z}$

50. a) $\dfrac{2\frac{1}{3}\cdot a \cdot\left(-\frac{2}{7}b\right)\cdot\left(-\frac{7}{5}c\right)}{4\frac{1}{5}b\cdot\left(-2\frac{1}{2}c\right)\cdot 0,3a} = \dfrac{\frac{7}{3}\cdot a\cdot\frac{2}{7}\cdot b\cdot\frac{7}{5}\cdot c}{-\frac{21}{5}\cdot b\cdot\frac{5}{2}\cdot c\cdot 0,3\cdot a} = \dfrac{\frac{7}{3}\cdot\frac{2}{7}\cdot\frac{7}{5}\cdot a\cdot b\cdot c}{-\frac{21}{5}\cdot\frac{5}{2}\cdot\frac{3}{10}\cdot a\cdot b\cdot c} =$

$\dfrac{\frac{1\cdot 2\cdot 7}{3\cdot 1\cdot 5}}{\frac{21\cdot 1\cdot 3}{1\cdot 2\cdot 10}} = -\dfrac{\frac{14}{15}}{\frac{63}{20}} = -\dfrac{14}{15} : \dfrac{63}{20} = -\dfrac{14}{15}\cdot\dfrac{20}{63} = -\dfrac{8}{27}$

b) $\dfrac{12\cdot\left(5\frac{1}{4}a\right)}{4\frac{1}{5}\cdot\frac{12}{3}\cdot b\cdot\left(2\frac{1}{5}a\right)} = \dfrac{12\cdot\frac{21}{4}\cdot a}{\frac{21}{5}\cdot\frac{12}{3}\cdot b\cdot\frac{11}{5}\cdot a} = \dfrac{63\cdot a}{\frac{21\cdot 12\cdot 11}{5\cdot 3\cdot 5}\cdot a\cdot b} =$

$\dfrac{63\cdot a}{\frac{7\cdot 12\cdot 11}{5\cdot 1\cdot 5}a\cdot b} = \dfrac{63\cdot 5\cdot 5}{7\cdot 12\cdot 11}\cdot\dfrac{1}{b} = \dfrac{9\cdot 5\cdot 5}{1\cdot 12\cdot 11}\cdot\dfrac{1}{b} = 1\dfrac{31}{44}\cdot\dfrac{1}{b}$

c) $\dfrac{-0,2r\cdot 1,8s\cdot(-0,4t)}{1,3s\cdot(-2,1t)\cdot(0,15s)} = \dfrac{0,2\cdot 1,8\cdot 0,4\cdot rst}{-1,3\cdot 2,1\cdot 0,15sst} = \dfrac{-0,144rst}{0,4095sst} =$

$-\dfrac{1440}{4095}\cdot\dfrac{r}{s} = -\dfrac{32}{91}\cdot\dfrac{r}{s}$

d) $\dfrac{\left(-\frac{2}{3}\right)\cdot(-a)\cdot(-b)\cdot\left(-\frac{5}{7}c\right)}{\left(-\frac{3}{5}b\right)\cdot\frac{7}{5}\cdot c\cdot(-a)\cdot\left(-\frac{5}{4}\right)} = \dfrac{\frac{2}{3}\cdot\frac{5}{7}\cdot a\cdot b\cdot c}{-\frac{3}{5}\cdot\frac{7}{5}\cdot\frac{5}{4}\cdot a\cdot b\cdot c} = \dfrac{\frac{10}{21}}{-\frac{21}{20}} = -\dfrac{10}{21}\cdot\dfrac{20}{21} = -\dfrac{200}{441}$

e) $\dfrac{\frac{1}{2}x\cdot\frac{2}{3}y\cdot\left(-\frac{3}{4}\right)\cdot(-0,75z)}{\left(-\frac{3}{4}y\right)\cdot\left(-\frac{5}{6}x\right)\cdot(-0,8)} = \dfrac{\frac{1}{2}\cdot\frac{2}{3}\cdot\frac{3}{4}\cdot\frac{3}{4}\cdot xyz}{-\frac{3}{4}\cdot\frac{5}{6}\cdot\frac{4}{5}\cdot xy} = \dfrac{\frac{3}{16}\cdot xyz}{-\frac{1}{2}\,xy} = -\dfrac{3}{16}\cdot\dfrac{2}{1}\cdot z = -\dfrac{3}{8}\cdot z$

f) $\dfrac{b\cdot(-2,5a)\cdot a\cdot\left(-4\frac{1}{5}\right)\cdot b}{\left(-5\frac{1}{4}\right)\cdot b\cdot(-a)\cdot(-a)} = \dfrac{2,5\cdot 4\frac{1}{5}\cdot a\cdot a\cdot b\cdot b}{-5\frac{1}{4}\cdot a\cdot a\cdot b} = \dfrac{10,5aabb}{-5,25aab} = -2b$

51. a) $27ax : \left(18ax \cdot \dfrac{x}{a}\right) = 27ax : \dfrac{18axx}{a} = 27ax : (18xx) = \dfrac{27ax}{18xx} = \dfrac{3a}{2x} = \mathbf{\dfrac{3}{2} \cdot \dfrac{a}{x}}$

b) $6ab : [(3ab) \cdot (-a) \cdot b] = 6ab : [-3aabb] = -\dfrac{6ab}{3aabb} = \mathbf{-\dfrac{2}{ab}}$

c) $\dfrac{2,2xy(-z) \cdot (-z)}{xy \cdot (-11x \cdot z)} = \dfrac{2,2xyzz}{-11xxyz} = \mathbf{-0,2 \cdot \dfrac{z}{x}}$

d) $\dfrac{-\frac{1}{2}x \cdot (4,25 \cdot y) \cdot x}{\frac{1}{6}y \cdot (-x) \cdot \frac{1}{3} \cdot (-x)} = \dfrac{-\frac{1}{2} \cdot 4,25 \cdot x \cdot x \cdot y}{\frac{1}{6} \cdot \frac{1}{3} \cdot x \cdot x \cdot y} = -\dfrac{\frac{1}{2} \cdot \frac{17}{4}}{\frac{1}{18}} = -\dfrac{1}{2} \cdot \dfrac{17}{4} \cdot \dfrac{18}{1} = -\dfrac{17 \cdot 9}{4} =$

$\mathbf{-38,25}$

52. a) $\left(-1\frac{1}{3} \cdot a\right) \cdot \left(\frac{3}{8} \cdot b\right) \cdot (-1) \cdot (-1,2 \cdot c) \cdot (-5,1 \cdot d) =$

$-\dfrac{4}{3}a \cdot \dfrac{3}{8}b \cdot (-1) \cdot \left(-\dfrac{6}{5}c\right) \cdot \left(-\dfrac{51}{10}d\right) = \dfrac{4}{3} \cdot \dfrac{3}{8} \cdot \dfrac{6}{5} \cdot \dfrac{51}{10} \cdot abcd =$

$\dfrac{153}{50}abcd = \mathbf{3\dfrac{3}{50}\,abcd}$

b) $1,1 \cdot x \cdot (-1,2y) \cdot (1,3 \cdot z) \cdot (-1,4) = 1,1 \cdot 1,2 \cdot 1,3 \cdot 1,4 \cdot xyz = 1,32 \cdot 1,82 \cdot xyz =$

$\mathbf{2,4024xyz}$

c) $\left(-1\frac{4}{5}\right) \cdot y \cdot (-z) \cdot (-1,7 \cdot x) \cdot (-1) = \dfrac{9}{5} \cdot 1,7 \cdot x \cdot y \cdot z = \dfrac{9}{5} \cdot \dfrac{17}{10} \cdot xyz =$

$\mathbf{3\dfrac{3}{50}\,xyz}$

d) $(-9acb) : \left[-\dfrac{1}{3} \cdot (-c) \cdot (-b \cdot a)\right] = (-9acb) : \left[-\dfrac{1}{3} \cdot a \cdot b \cdot c\right] = \dfrac{-9acb}{-\frac{1}{3}abc} = \dfrac{9}{\frac{1}{3}} =$

$9 \cdot \dfrac{3}{1} = \mathbf{27}$

e) $(y \cdot 13x) : [26x \cdot (-y)] = (13yx) : (-26xy) = -\dfrac{13xy}{26xy} = \mathbf{-\dfrac{1}{2}}$

f) $[-3b \cdot (-a) \cdot (-1)] : [9 \cdot a \cdot (-1)] : \left(-\dfrac{1}{3}b\right) = [-3ab] : (-9a) : \left(-\dfrac{1}{3}b\right) =$

$\dfrac{-3ab}{-9a} : \left(-\dfrac{1}{3}b\right) = \dfrac{b}{3} : \left(-\dfrac{b}{3}\right) = \mathbf{-1}$

53. a) $\dfrac{(x-y)^5}{(x-y)^3} = (x-y)^{5-3} = \mathbf{(x-y)^2}$

b) $\dfrac{(a-b)^4}{(a-b)^3} = (a-b)^{4-3} = (a-b)^1 = \mathbf{a-b}$

c) $\dfrac{a^n \cdot a^{n+2}}{a^{2n}} = \dfrac{a^{n+n+2}}{a^{2n}} = \dfrac{a^{2n+2}}{a^{2n}} = a^{2n+2-2n} = a^{2n-2n+2} = \mathbf{a^2}$

d) $\dfrac{(a-b)^4}{(b-a)^3} = \dfrac{(a-b)^4}{[-(a-b)]^3} = \dfrac{(a-b)^4}{-(a-b)^3} = -\dfrac{(a-b)^4}{(a-b)^3} = -(a-b)^{4-3} =$

$-(a-b)^1 = \mathbf{-(a-b)}$

54. a) $\dfrac{1}{2}x \cdot \dfrac{2}{3}y \cdot \dfrac{3}{4}x^2y^2 = \dfrac{1}{2} \cdot \dfrac{2}{3} \cdot \dfrac{3}{4} \cdot x \cdot x^2 \cdot y \cdot y^2 = \dfrac{1 \cdot \cancel{2} \cdot \cancel{3}}{\cancel{2} \cdot \cancel{3} \cdot 4} \cdot x^3 \cdot y^3 = \dfrac{1}{4}\mathbf{x^2y^2}$

b) $xy(-x^2) \cdot (-2y^2) \cdot \dfrac{1}{2}x^3 \cdot (-y^3) = -2 \cdot \dfrac{1}{2} \cdot x \cdot y \cdot x^2 \cdot y^2 \cdot x^3 \cdot y^3 =$

$-1 \cdot \underbrace{x \cdot x^2 \cdot x^3}_{= x^6} \cdot \underbrace{y \cdot y^2 \cdot y^3}_{= y^6} = \mathbf{-x^6\,y^6}$

c) $\dfrac{1}{2}a^3b^2 \cdot (-4\,ab^5) \cdot \left(-\dfrac{1}{8}a^3\right) \cdot (-5\,b^3) \cdot (-3) =$

$+\dfrac{1}{2} \cdot 4 \cdot \dfrac{1}{8} \cdot 5 \cdot 3 \cdot a^3b^2 \cdot ab^5 \cdot a^3b^3 = \dfrac{1 \cdot \cancel{4} \cdot 1 \cdot 5 \cdot 3}{2 \cdot 1 \cdot \cancel{8}_2 \cdot 1 \cdot 1} \cdot a^3 \cdot a \cdot a^3 \cdot b^2 \cdot b^5 \cdot b^3 =$

$\dfrac{15}{4} \cdot a^7 \cdot b^{10} = \mathbf{3\dfrac{3}{4}\,a^7b^{10}}$

55. a) $3x^2 \cdot 4x^3 = 3 \cdot 4 \cdot x^2 \cdot x^3 = \mathbf{12\,x^5}$

b) $(-2x^2y)^2 \cdot (-4xy) = (-2x^2y) \cdot (-2x^2y) \cdot (-4xy) =$

$-2 \cdot 2 \cdot 4 \cdot x^2 \cdot x^2 \cdot x \cdot y \cdot y \cdot y = \mathbf{-16\,x^5y^3}$

c) $(3x^2y)^2 \cdot (-x)^2 = (3x^2y) \cdot (3x^2y) \cdot (-x) \cdot (-x) =$

$+3 \cdot 3 \cdot x^2 \cdot x^2 \cdot x \cdot x \cdot y \cdot y = \mathbf{9\,x^6y^2}$

d) $\left(\dfrac{2}{3}ab^3\right) \cdot \left(-\dfrac{3}{4} \cdot bc^2\right) \cdot \left(-\dfrac{4}{5} \cdot ca^3\right) = +\dfrac{2}{3} \cdot \dfrac{3}{4} \cdot \dfrac{4}{5} \cdot ab^3 \cdot bc^2 \cdot ca^3 =$

$\dfrac{2 \cdot \cancel{3} \cdot \cancel{4}}{\cancel{3} \cdot \cancel{4} \cdot 5} \cdot a \cdot a^3 \cdot b^3 \cdot b \cdot c^2 \cdot c = \dfrac{2}{5}\mathbf{a^4\,b^4\,c^3}$

56.

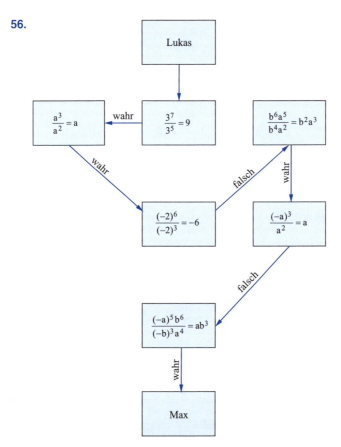

Beachte: Im ersten Kasten haben beide Potenzen die gleiche Basis 3, die Exponenten werden subtrahiert. Betrachte die Potenzen mit Basis a getrennt von den Potenzen mit Basis b und wende jeweils das Potenzgesetz an.

57.

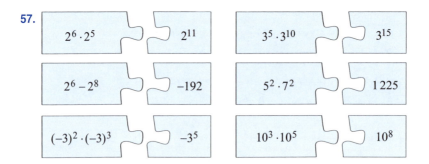

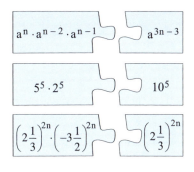
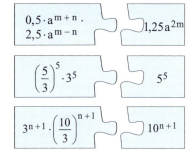

58. a) $(-1)^n \cdot (-1)^n = (-1)^{n+n} = (-1)^{2n} = \mathbf{1}$

Da 2n immer gerade ist, ist der Exponent stets gerade und die Zahl positiv.

b) $1^n \cdot (-1)^n = 1 \cdot (-1)^n = \mathbf{(-1)^n}$

Die erste Umformung gilt, da $1^n = 1$, d. h. 1 mit sich selbst multipliziert bleibt stets 1.

c) $(-1)^{2n} \cdot (-1) = (-1)^{2n} \cdot (-1)^1 = (-1)^{2n+1} = \mathbf{-1}$

Der Exponent 2n + 1 ist stets ungerade.

d) $(-1)^{2n} \cdot (-1)^{2n} \cdot (-1)^n \cdot (-1)^n \cdot (-1) =$
$(-1)^{2n+2n+n+n+1} = (-1)^{6n+1} = \mathbf{-1}$

Der Exponent 6n + 1 ist stets ungerade.

e) $\left(-2\frac{1}{3}\right)^{2n} \cdot \left(-3\frac{1}{2}\right)^{2n} = \left(\frac{7}{3} \cdot \frac{7}{2}\right)^{2n} = \left(\frac{14}{6}\right)^{2n} = \left(\mathbf{2\frac{1}{3}}\right)^{\mathbf{2n}}$

f) $3^{n+1} \cdot \left(\frac{10}{3}\right)^{n+1} = \left(3 \cdot \frac{10}{3}\right)^{n+1} = \mathbf{10^{n+1}}$

59. a) $2a \cdot 3b + 6ab = 2 \cdot 3 \cdot a \cdot b + 6ab = 6ab + 6ab = \mathbf{12ab}$

b) $7b - 7ab : a + b^2 : 2b = 7b - \dfrac{7ab}{a} + \dfrac{b^2}{2b} = 7b - 7b + \dfrac{1}{2}b = \mathbf{\dfrac{1}{2}b}$

c) $-3x : 3 + 7 - 8x : x = -\dfrac{3x}{3} + 7 - \dfrac{8x}{x} = -x + 7 - 8 = \mathbf{-x - 1}$

d) $3y + 17x^2 y : x^2 = 3y + \dfrac{17x^2 y}{x^2} = 3y + 17y = \mathbf{20y}$

e) $-5c + 2c : c + c - c^2 : 4c - \frac{1}{2}c^2 : \left(c : \frac{1}{c}\right) =$

$-5c + \frac{2c}{c} + c - \frac{c^2}{4c} - \frac{1}{2}c^2 : \left(c \cdot \frac{c}{1}\right) = -5c + 2 + c - \frac{c}{4} - \frac{1}{2}c^2 : c^2 =$

$-5c + 2 + c - \frac{1}{4}c - \frac{\frac{1}{2}c^2}{c^2} = -5c + 2 + c - \frac{1}{4}c - \frac{1}{2} =$

$-5c + c - \frac{1}{4}c + 2 - \frac{1}{2} = -4c - \frac{1}{4}c + 1\frac{1}{2} = \mathbf{-4\frac{1}{4}c + 1\frac{1}{2}}$

f) $4a - 4b \cdot 4 + 16b + \left(4a : \frac{1}{a^2}\right) : (-a^2) - b \cdot 15 =$

$4a \underbrace{- 16b + 16b}_{= \, 0} + \left(4a \cdot \frac{a^2}{1}\right) : (-a^2) - 15b = 4a + 4a^3 : (-a^2) - 15b =$

$4a + \frac{4a^3}{-a^2} - 15b = 4a - \frac{4\overset{a}{\cancel{a^3}}}{\underset{1}{\cancel{a^2}}} - 15b = 4a - 4a - 15b = \mathbf{-15b}$

g) $\left\{ [12d^2 - 12e] \cdot d + 18 \cdot (-d)^3 : (-d) - d^2 \cdot \left[\frac{1}{2} \cdot \frac{e}{d} + 3e : (e^2 d^2) \right] \right\} : d =$

$\left\{ 12d^3 - 12ed - 18d^3 : (-d) - d^2 \cdot \left[\frac{1}{2} \cdot \frac{e}{d} + \frac{3e}{e^2 d^2} \right] \right\} : d =$

$\left\{ 12d^3 - 12ed + 18d^2 - d^2 \cdot \frac{1}{2} \cdot \frac{e}{d} - d^2 \cdot \frac{3e}{e^2 d^2} \right\} : d =$

$\left\{ 12d^3 - 12ed + 18d^2 - \frac{1}{2} \cdot e \cdot d - \frac{3}{e} \right\} : d =$

$\left\{ 12d^3 - 12ed - \frac{1}{2}ed + 18d^2 - \frac{3}{e} \right\} : d = \left\{ 12d^3 - 12,5ed + 18d^2 - \frac{3}{e} \right\} : d =$

$\mathbf{12d^2 - 12,5e + 18d - \frac{3}{ed}}$

h) $[4 \cdot (-a)]^2 \cdot \left(\frac{1}{2} \cdot \frac{1}{b} \right)^4 + (-a)^3 \cdot 3^3 \cdot \left[\frac{1}{(-b)^2} \right]^2 \cdot \left(\frac{1}{4} \right)^3 : a =$

$16a^2 \cdot \frac{1}{16} \cdot \frac{1}{b^4} - a^3 \cdot 27 \cdot \left[\frac{1}{b^2} \right]^2 \cdot \frac{1}{64} : a = \frac{16a^2}{16b^4} - 27a^3 \cdot \frac{1}{b^4} \cdot \frac{1}{64} \cdot \frac{1}{a} =$

$\frac{a^2}{b^4} - \frac{27a^3}{64a \cdot b^4} = \frac{a^2}{b^4} - \frac{27}{64} \cdot \frac{a^2}{b^4} = \frac{64}{64} \cdot \frac{a^2}{b^4} - \frac{27}{64} \cdot \frac{a^2}{b^4} = \mathbf{\frac{37}{64} \cdot \frac{a^2}{b^4}}$

i) $\left(y:\dfrac{1}{y}\right):\left(\dfrac{1}{y^2}:\dfrac{1}{y^4}\right)+(-a)^3\cdot\dfrac{1}{(2a+a)^2}\cdot(-1)^{265}:\left[\left(\dfrac{1}{a}\right)^3:\left(\dfrac{1}{a^2}\cdot\dfrac{1}{a}\cdot a\right)\right]=$

$y\cdot y:\left(\dfrac{1}{y^2}\cdot\dfrac{y^4}{1}\right)-a^3\cdot\dfrac{1}{(3a)^2}\cdot(-1):\left[\dfrac{1}{a^3}:\dfrac{1}{a^2}\right]=$

$y^2:y^2-a^3\cdot\dfrac{1}{9a^2}\cdot(-1):\left[\dfrac{1}{a^3}\cdot\dfrac{a^2}{1}\right]=1+\dfrac{a}{9}:\dfrac{1}{a}=1+\dfrac{a}{9}\cdot\dfrac{a}{1}=\mathbf{1+\dfrac{a^2}{9}}$

60. a) $-4,5r\cdot(-s)-(-r)\cdot(-s)-rs+[5:(-2)]\cdot rs=+4,5rs-rs-rs+\left(-\dfrac{5}{2}\right)\cdot rs=$

$4,5rs-rs-rs-\dfrac{5}{2}rs=3,5rs-rs-\dfrac{5}{2}rs=2,5rs-2,5rs=\mathbf{0}$

b) $\dfrac{13}{15}\cdot\left(-\dfrac{5}{52}\right)\cdot(-x)\cdot(-2y)-\left[\dfrac{5}{6}:(-5)\right]\cdot xz-\dfrac{1}{3}x\cdot0,5\cdot(-z)-\dfrac{1}{6}y\cdot(-x)=$

$-\dfrac{13}{15}\cdot\dfrac{5}{52}\cdot\underbrace{(-x)\cdot(-2y)}_{=\,2xy}+\dfrac{5}{6}\cdot\dfrac{1}{5}\cdot xz-\dfrac{1}{3}\cdot\dfrac{1}{2}\cdot x\cdot(-z)+\dfrac{1}{6}xy=$

$-\dfrac{13\cdot5}{15\cdot52}\cdot\mathbf{2xy}+\dfrac{5\cdot1}{6\cdot5}\cdot xz-\dfrac{1}{6}\cdot x\cdot(-z)+\dfrac{1}{6}xy=$

$-\dfrac{1\cdot1}{3\cdot4}\cdot2xy+\dfrac{1}{6}xz+\dfrac{1}{6}xz+\dfrac{1}{6}xy=-\dfrac{2}{12}xy+\dfrac{1}{6}xz+\dfrac{1}{6}xz+\dfrac{1}{6}xy=$

$\underbrace{-\dfrac{1}{6}xy+\dfrac{1}{6}xy}_{=\,0}+\dfrac{1}{6}xz+\dfrac{1}{6}xz=0+2\cdot\dfrac{1}{6}xz=\mathbf{\dfrac{1}{3}xz}$

c) $-4x^2y:(-3x)-4xz+4x\cdot\dfrac{1}{3}y+8x^2z:(-3x)=$

$\dfrac{-4x^2y}{-3x}-4xz+\dfrac{4xy}{3}+\dfrac{8x^2z}{-3x}=\dfrac{4}{3}xy-4xz+\dfrac{4}{3}xy-\dfrac{8}{3}xz=$

$\dfrac{4}{3}xy+\dfrac{4}{3}xy-4xz-\dfrac{8}{3}xz=\dfrac{8}{3}xy-\left(4xz+\dfrac{8}{3}xz\right)=$

$2\dfrac{2}{3}xy-4\dfrac{8}{3}xz=\mathbf{2\dfrac{2}{3}xy-6\dfrac{2}{3}xz}$

d) $35abc : (-7c) - [25a \cdot (-3b)] : (-150) - 15ab^2 : (-5ab) =$

$$\frac{35abc}{-7\,c} + 25 \cdot 3 \cdot a \cdot b : (-150) - \frac{15ab^2}{-5ab} = -\frac{5ab}{1} + \frac{75ab}{-150} + \frac{3b}{1} =$$

$$-5ab - \frac{75ab}{150} + 3b = -5ab - \frac{ab}{2} + 3b = -\left(5ab + \frac{1}{2}ab\right) + 3b =$$

$$\mathbf{-5\frac{1}{2}ab + 3b}$$

e) $a^3b^3 \cdot (-4)^2 + (ab)^3 \cdot 2 - \dfrac{a^3b^5}{b^2 \cdot (-2)} = a^3b^3 \cdot 16 + a^3b^3 \cdot 2 + \dfrac{a^3b^5}{2b^2} =$

$$16a^3b^3 + 2a^3b^3 + \frac{1}{2}a^3b^3 = 18a^3b^3 + \frac{1}{2}a^3b^3 = \mathbf{18\frac{1}{2}a^3b^3}$$

f) $42x^2yz : (-7xz) + \left[32\dfrac{x}{y} \cdot \dfrac{1}{8}y^2\right] \cdot (-5) + \dfrac{12x^3y^2z^2}{x^2yz^2} \cdot \left(-\dfrac{1}{3}\right) =$

$$\frac{42x^2yz}{-7xz} + \frac{32xy^2}{y \cdot 8} \cdot (-5) + \frac{12xy \cdot 1}{1 \cdot 1 \cdot 1} \cdot \left(-\frac{1}{3}\right) =$$

$$-\frac{6xy \cdot 1}{1 \cdot 1 \cdot 1} + \frac{4 \cdot x \cdot y}{1 \cdot 1} \cdot (-5) + 12xy \cdot \left(-\frac{1}{3}\right) =$$

$$-6xy + 4xy \cdot (-5) + 12xy \cdot \left(-\frac{1}{3}\right) = -6xy - 4 \cdot 5 \cdot xy - 12 \cdot \frac{1}{3} \cdot xy =$$

$$-6\,xy - 20xy - 4xy = -(6xy + 20xy) - 4xy = -26xy - 4xy =$$

$$-(26xy + 4xy) = \mathbf{-30xy}$$

g) $r^2s^3 \cdot (-4r) + \dfrac{1}{2} \cdot (rs)^3 - (-5)^2 \cdot r \cdot (rs)^2 \cdot s =$

$$-r^2s^3 \cdot 4r + \frac{1}{2} \cdot r^3s^3 - 25r \cdot r^2s \cdot s^2 = -4r^2 \cdot r \cdot s^3 + \frac{1}{2}r^3s^3 - 25r^3s^3 =$$

$$-4r^3s^3 + \frac{1}{2}r^3s^3 - 25r^3s^3 = -\left(4r^3s^3 - \frac{1}{2}r^3s^3\right) - 25r^3s^3 =$$

$$-3\frac{1}{2}r^3s^3 - 25r^3s^3 = -\left(3\frac{1}{2}r^3s^3 + 25r^3s^3\right) = \mathbf{-28\frac{1}{2}r^3s^3}$$

h) $a^2b^2 \cdot \left(a \cdot \dfrac{1}{b}\right)^3 \cdot (-2)^3 + aba \cdot (ab)^2 \cdot \left(\dfrac{1}{4}\right)^2 \cdot \dfrac{a}{b^4} - \left(-\dfrac{1}{2}ab\right)^3 \cdot \left(\dfrac{1}{b}\right)^4 \cdot a^2 =$

$a^2b^2 \cdot a^3 \cdot \dfrac{1}{b^3} \cdot (-8) + aba\, a^2b^2 \cdot \dfrac{1}{16} \cdot \dfrac{a}{b^4} - \left(-\dfrac{1}{8}a^3b^3\right) \cdot \dfrac{1}{b^4} \cdot a^2 =$

$-8a^5 \cdot \dfrac{1}{b} + a^4 \cdot b^3 \cdot \dfrac{1}{16} \cdot \dfrac{a}{b^4} + \dfrac{1}{8}a^3b^3 \cdot \dfrac{1}{b^4} \cdot a^2 =$

$-8a^5 \cdot \dfrac{1}{b} + \dfrac{1}{16}a^5 \cdot \dfrac{1}{b} + \dfrac{1}{8} \cdot a^5 \cdot \dfrac{1}{b} = \left(-8 + \dfrac{1}{16} + \dfrac{1}{8}\right) \cdot a^5 \cdot \dfrac{1}{b} = \mathbf{-7\dfrac{13}{16}a^5 \cdot \dfrac{1}{b}}$

i) $\left\{\dfrac{23k^5\ell^4m^2}{2k^3\ell^5m^4} \cdot m\ell^4m^2 - (k\ell m)^5 : \left[\left(-\dfrac{1}{2}\right)^4 \cdot (k^3\ell^2m^4)\right]\right\} \cdot k\ell m$

$-\dfrac{12 \cdot (k\ell)^3 \cdot (\ell m)^4}{\ell^3 m^2} =$

$\left\{11{,}5 \cdot \dfrac{k^5\ell^4m^2 \cdot m\ell^4 \cdot m^2}{k^3 \cdot \ell^5 \cdot m^4} - k^5\ell^5m^5 : \left[\dfrac{1}{16} \cdot k^3\,\ell^2m^4\right]\right\} \cdot k\ell m$

$-\dfrac{12k^3\ell^3 \cdot \ell^4m^4}{\ell^3 m^2} =$

$\left\{11{,}5 \cdot \dfrac{k^5\ell^8m^5}{k^3\ell^5m^4} - k^5\ell^5m^5 \cdot \dfrac{16}{k^3\,\ell^2m^4}\right\} \cdot k\ell m - 12k^3\ell^4m^2 =$

$\{11{,}5k^2\ell^3m - 16 \cdot k^2\ell^3m\} \cdot k\ell m - 12k^3\ell^4m^2 =$

$-4{,}5k^2\ell^3m \cdot k\ell m - 12k^3\ell^4m^2 = \mathbf{-16{,}5k^3\ell^4m^2}$

61. a) $x \cdot (1+x) = x \cdot 1 + x \cdot x = \mathbf{x + x^2}$

b) $\dfrac{1}{2}x^2 + x \cdot (1+x) = \dfrac{1}{2}x^2 + x \cdot 1 + x \cdot x = \dfrac{1}{2}x^2 + x + x^2 = \dfrac{1}{2}x^2 + x^2 + x =$

$\mathbf{\dfrac{3}{2}x^2 + x}$

c) $x^2 + x \cdot (1{,}2x + 0{,}4x) = x^2 + 1{,}2x \cdot x + 0{,}4x \cdot x = x^2 + 1{,}2x^2 + 0{,}4x^2 =$

$2{,}2x^2 + 0{,}4x^2 = \mathbf{2{,}6x^2}$

alternativer Lösungsweg:

$x^2 + x \cdot (1{,}2x + 0{,}4x) = x^2 + x \cdot 1{,}6x = x^2 + 1{,}6x^2 = \mathbf{2{,}6x^2}$

d) $x^2 + (1+x) \cdot 0{,}1x = x^2 + 1 \cdot 0{,}1x + x \cdot 0{,}1x = x^2 + 0{,}1x + 0{,}1x^2 =$

$x^2 + 0{,}1x^2 + 0{,}1x = \mathbf{1{,}1x^2 + 0{,}1x}$

e) $13a \cdot \left(a + \dfrac{1}{2}b + 0,2a^2\right) + a^2 \cdot \left(1 + 4\dfrac{b}{a} - 1,3a\right) =$

$13a^2 + 6,5ab + 2,6a^3 + a^2 + 4ab - 1,3a^3 =$

$2,6a^3 - 1,3a^3 + 13a^2 + a^2 + 6,5ab + 4ab =$

$\mathbf{1,3a^3 + 14a^2 + 10,5ab}$

f) $x \cdot (x+y) + y \cdot (x+y) - \dfrac{1}{2}x^2 + \dfrac{1}{2}y \cdot (y-x) =$

$x^2 + xy + yx + y^2 - \dfrac{1}{2}x^2 + \dfrac{1}{2}y^2 - \dfrac{1}{2}xy =$

$x^2 - \dfrac{1}{2}x^2 + y^2 + \dfrac{1}{2}y^2 + xy + xy - \dfrac{1}{2}xy =$

$\mathbf{\dfrac{1}{2}x^2 + \dfrac{3}{2}y^2 + \dfrac{3}{2}xy}$

g) $e \cdot (e^2 - f) + f \cdot (e - f^2) + e \cdot (e^2 + f^2) + f \cdot (e^2 - f^2) =$

$e^3 - ef + ef - f^3 + e^3 + ef^2 + e^2f - f^3 =$

$e^3 + e^3 - ef + ef - f^3 - f^3 + ef^2 + e^2f =$

$\mathbf{2e^3 - 2f^3 + ef^2 + e^2f}$

h) $x \cdot (x-y) + y \cdot (y-x) + \dfrac{3}{4} \cdot (-x^2 - y^2) + 2x \cdot (-1+y) =$

$x^2 - xy + y^2 - xy - \dfrac{3}{4}x^2 - \dfrac{3}{4}y^2 - 2x + 2xy =$

$x^2 - \dfrac{3}{4}x^2 - xy - xy + 2xy + y^2 - \dfrac{3}{4}y^2 - 2x =$

$\mathbf{\dfrac{1}{4}x^2 + \dfrac{1}{4}y^2 - 2x}$

62. a) $3 \cdot \left(5x - 2 - \dfrac{1}{3}y\right) = 3 \cdot 5x - 3 \cdot 2 - 3 \cdot \dfrac{1}{3}y = \mathbf{15x - 6 - y}$

b) $2y \cdot (2x - y) = 2y \cdot 2x - 2y \cdot y = \mathbf{4xy + 2y^2}$

c) $(17a - 4,7b) \cdot 3a + 1,5b \cdot (-0,6a - 1,5b) =$ Beachte, dass die zweite Klammer eine Minusklammer ist.

$17a \cdot 3a - 4,7b \cdot 3a - 1,5b \cdot 0,6a - 1,5b \cdot 1,5b =$

$51a^2 - 14,1ab - 0,9ab - 2,25b^2 =$

$\mathbf{51a^2 - 15ab - 2,25b^2}$

d) $6u \cdot (2u + 3v - 2) + 2v \cdot \left(-v + 2 - \dfrac{1}{2}u\right) + 12 \cdot \left[-3u + \left(\dfrac{1}{3}v\right)^2 - \dfrac{1}{6}\right] =$

$6u \cdot 2u + 6u \cdot 3v - 2 \cdot 6u - 2v^2 + 4v - uv - 12 \cdot 3u + \dfrac{12}{9}v^2 - \dfrac{12}{6} =$

$12u^2 + 18uv - 12u - 2v^2 + 4v - uv - 36u + 12 \cdot \dfrac{1}{9}v^2 - 2 =$

$12u^2 + 18uv - uv - 12u - 36u - 2v^2 + \dfrac{12}{9}v^2 + 4v - 2 =$

$\mathbf{12u^2 + 17uv - 48u - \dfrac{2}{3}v^2 + 4v - 2}$

e) $\left[\dfrac{1}{3}x \cdot \left(\dfrac{1}{2}x - 0,2y + 1\dfrac{1}{3}xy\right) \cdot \dfrac{1}{2}y + 1,3xy^2 \cdot \left(-1 - \dfrac{1}{2} \cdot \dfrac{x}{y} + \dfrac{1}{4}x\right)\right] \cdot 3xy =$

$\left[\left(\dfrac{1}{6}x^2 - \dfrac{1}{3}x \cdot \dfrac{1}{5}y + \dfrac{1}{3}x \cdot \dfrac{4}{3}xy\right) \cdot \dfrac{1}{2}y + \left(-1,3xy^2 - 0,65\dfrac{x^2y^2}{y} + 0,325x^2y^2\right)\right] \cdot 3xy =$

$\left[\dfrac{1}{12}x^2y - \dfrac{1}{15}xy \cdot \dfrac{1}{2}y + \dfrac{4}{9}x^2y \cdot \dfrac{1}{2}y - 1,3xy^2 - 0,65x^2y + 0,325x^2y^2\right] \cdot 3xy =$

$\left[\dfrac{1}{12}x^2y - \dfrac{1}{30}xy^2 + \dfrac{2}{9}x^2y^2 - 1,3xy^2 - 0,65x^2y + 0,325x^2y^2\right] \cdot 3xy =$

$\left[\dfrac{1}{12}x^2y - 0,65x^2y - \dfrac{1}{30}xy^2 - 1,3xy^2 + \dfrac{2}{9}x^2y^2 + 0,325x^2y^2\right] \cdot 3xy =$

$\left[-\dfrac{17}{30}x^2y - \dfrac{4}{3}xy^2 + \dfrac{197}{360}x^2y^2\right] \cdot 3xy =$

$-\dfrac{17}{30}x^2y \cdot 3xy - \dfrac{4}{3}xy^2 \cdot 3xy + \dfrac{197}{360}x^2y^2 \cdot 3xy =$

$\mathbf{-\dfrac{17}{10}x^3y^2 - 4x^2y^3 + \dfrac{197}{120}x^3y^3}$

f) $a \cdot (a + b + c) + b \cdot (a + b + c) + c \cdot (a + b + c) =$

$a^2 + ab + ac + ba + b^2 + bc + ca + cb + c^2 =$

$a^2 + ab + ab + ac + ac + b^2 + bc + bc + c^2 =$

$\mathbf{a^2 + 2ab + 2ac + b^2 + 2bc + c^2}$

63. a) $\left[12r+8\cdot\left(1,2r-\left(\dfrac{1}{2}\right)^2\cdot s\right)\right]\cdot\dfrac{1}{3}r+2\cdot[r^2+s\cdot(1-r)]=$

$\left[12r+9,6r-8\cdot\dfrac{1}{4}\cdot s\right]\cdot\dfrac{1}{3}r+2r^2+2s\cdot(1-r)]=$

$[21,6r-2s]\cdot\dfrac{1}{3}r+2r^2+2s-2rs=$

$21,6r\cdot\dfrac{1}{3}r-2s\cdot\dfrac{1}{3}r+2r^2+2s-2rs=$

$7,2r^2-\dfrac{2}{3}rs+2r^2+2s-2rs=$

$7,2r^2+2r^2-\dfrac{2}{3}rs-2rs+2s=$

$\mathbf{9,2r^2-2\dfrac{2}{3}rs+2s}$

b) $\left\{a\cdot\left[1+3\cdot\left(\dfrac{1}{2}b-a\right)\right]-4a^2+2\cdot\left[(1-4b-3a)\cdot a+b\cdot\left(\dfrac{1}{b}+3-3a\right)\right]\right\}\cdot b\cdot\dfrac{1}{2}=$

$\left\{a\cdot\left[1+\dfrac{3}{2}b-3a\right]-4a^2+2\cdot[a-4ab-3a^2+1+3b+3ab]\right\}\cdot b\cdot\dfrac{1}{2}=$

$\left\{a+\dfrac{3}{2}ab-3a^2-4a^2+2\cdot[a-4ab-3ab-3a^2+1+3b]\right\}\cdot b\cdot\dfrac{1}{2}=$

$\left\{a+\dfrac{3}{2}ab-7a^2+2a-8ab-6ab-6a^2+2+6b]\right\}\cdot b\cdot\dfrac{1}{2}=$

$\left\{a+2a+\dfrac{3}{2}ab-8ab-6ab-7a^2-6a^2+2+6b]\right\}\cdot b\cdot\dfrac{1}{2}=$

$\{3a-12,5ab-13a^2+2+6b\}\cdot b\cdot\dfrac{1}{2}=$

$3a\cdot\dfrac{1}{2}\cdot b-12,5ab\cdot\dfrac{1}{2}\cdot b-13a^2\cdot b\cdot\dfrac{1}{2}+2\cdot b\cdot\dfrac{1}{2}+6b\cdot b\cdot\dfrac{1}{2}=$

$\mathbf{1,5ab-6,25ab^2-6,5a^2b+b+3b^2}$

c) $\dfrac{1}{2} \cdot \left\{ x \cdot \left[y \cdot (z + v^2 + 1) + v \cdot \left(\dfrac{zy}{v} - yv + 1 \right) \right] \right.$

$\left. + 3x \cdot \left[z \cdot (-y + vy - 1) + y \cdot \left(-2 + \left(\dfrac{1}{2} v \right)^2 - \dfrac{z^2}{z} \right) \right] \right\} =$

$\dfrac{1}{2} \cdot \left\{ x \cdot [yz + yv^2 + y + zy - yv^2 + v] \right.$

$\left. + 3x \left[-zy + vzy - z - 2y + \dfrac{1}{4} v^2 y - yz \right] \right\} =$

$\dfrac{1}{2} \cdot \left\{ xyz + xyv^2 + xy + xzy - xyv^2 + xv \right.$

$\left. + (-3xzy) + 3xvzy - 3xz - 6xy + \dfrac{3}{4} xv^2 y - 3xyz \right\} =$

$\dfrac{1}{2} \cdot \left\{ xyz + xyz - 3xyz - 3xyz + xyv^2 - xyv^2 + \dfrac{3}{4} xyv^2 \right.$

$\left. + xy - 6xy + xv + 3vxyz - 3xz \right\} =$

$\dfrac{1}{2} \cdot \left\{ -4xyz + \dfrac{3}{4} xyv^2 - 5xy + xv + 3vxyz - 3xz \right\} =$

$-2xyz + \dfrac{3}{8} xyv^2 - 2{,}5xy + 0{,}5xv + 1{,}5vxyz - 1{,}5xz$

d) $\dfrac{1}{3} a \cdot \left(-\dfrac{1}{3} a + \dfrac{1}{2} b - \dfrac{1}{4} c \right) + \dfrac{1}{2} b \cdot \left(\dfrac{1}{3} a - \dfrac{1}{2} b + \dfrac{1}{4} c \right) + \dfrac{1}{4} c \cdot \left(-\dfrac{1}{3} a + \dfrac{1}{2} b - \dfrac{1}{4} c \right) =$

$-\dfrac{1}{9} a^2 + \dfrac{1}{6} ab - \dfrac{1}{12} ac + \dfrac{1}{6} ab - \dfrac{1}{4} b^2 + \dfrac{1}{8} bc - \dfrac{1}{12} ac + \dfrac{1}{8} bc - \dfrac{1}{16} c^2 =$

$-\dfrac{1}{9} a^2 + \dfrac{1}{6} ab + \dfrac{1}{6} ab - \dfrac{1}{12} ac - \dfrac{1}{12} ac - \dfrac{1}{4} b^2 + \dfrac{1}{8} bc + \dfrac{1}{8} bc - \dfrac{1}{16} c^2 =$

$-\dfrac{1}{9} a^2 + \dfrac{1}{3} ab - \dfrac{1}{6} ac - \dfrac{1}{4} b^2 + \dfrac{1}{4} bc - \dfrac{1}{16} c^2$

e) $\frac{1}{2}a^2 \cdot \left(\frac{1}{2}a^2 + \frac{1}{3}b^3 + \frac{1}{4}c^4 \right) + \frac{1}{3}b^3 \cdot \left(\frac{1}{2}a^2 + \frac{1}{3}b^3 + \frac{1}{4}c^4 \right)$

$+ \frac{1}{4}c^4 \cdot \left(\frac{1}{2}a^2 + \frac{1}{3}b^3 + \frac{1}{4}c^4 \right) =$

$\frac{1}{4}a^4 + \frac{1}{6}a^2b^3 + \frac{1}{8}a^2c^4 + \frac{1}{6}a^2b^3 + \frac{1}{9}b^6 + \frac{1}{12}b^3c^4 + \frac{1}{8}a^2c^4 + \frac{1}{12}b^3c^4 + \frac{1}{16}c^8 =$

$\frac{1}{4}a^4 + \frac{1}{6}a^2b^3 + \frac{1}{6}a^2b^3 + \frac{1}{8}a^2c^4 + \frac{1}{8}a^2c^4 + \frac{1}{9}b^6 + \frac{1}{12}b^3c^4 + \frac{1}{12}b^3c^4 + \frac{1}{16}c^8 =$

$\mathbf{\frac{1}{4}a^4 + \frac{1}{3}a^2b^3 + \frac{1}{4}a^2c^4 + \frac{1}{9}b^6 + \frac{1}{6}b^3c^4 + \frac{1}{16}c^8}$

f) $r \cdot \left[-r + \left(\frac{1}{2}s \right)^2 + \left(\frac{1}{3}t \right)^3 \right] + \frac{1}{2}s^2 \cdot \left(r + \frac{1}{3}s^2 - t^3 \right)$

$+ t^3 \cdot \left(-\frac{1}{2}r + 2 \cdot \frac{1}{2}s^2 + \frac{1}{9}t^3 \right) =$

$r \cdot \left[-r + \frac{1}{4}s^2 + \frac{1}{27}t^3 \right] + \frac{1}{2}rs^2 + \frac{1}{6}s^4 - \frac{1}{2}s^2t^3 - \frac{1}{2}rt^3 + t^3s^2 + \frac{1}{9}t^6 =$

$-r^2 + \frac{1}{4}rs^2 + \frac{1}{27}rt^3 + \frac{1}{2}rs^2 + \frac{1}{6}s^4 - \frac{1}{2}s^2t^3 - \frac{1}{2}rt^3 + t^3s^2 + \frac{1}{9}t^6 =$

$-r^2 + \frac{1}{4}rs^2 + \frac{1}{2}rs^2 + \frac{1}{27}rt^3 - \frac{1}{2}rt^3 + \frac{1}{6}s^4 - \frac{1}{2}s^2t^3 + s^2t^3 + \frac{1}{9}t^6 =$

$\mathbf{-r^2 + \frac{3}{4}rs^2 - \frac{25}{54}rt^3 + \frac{1}{6}s^4 + \frac{1}{2}s^2t^3 + \frac{1}{9}t^6}$

g) $\left\{ \frac{1}{2}a \cdot \left[\frac{1}{3}b \cdot \left(\frac{1}{4}c - 2 \right) \right] + \frac{1}{3}b \cdot \left[\frac{1}{2}a \cdot \left(2 - \frac{1}{4}c \right) \right] \right\}$

$+ \left\{ \left(\frac{1}{2} \cdot c \right)^2 \cdot [(a+b) \cdot a + (a+b) \cdot b] + \left(\frac{1}{4}c \right)^2 \cdot [(a-b) \cdot b + (a-b) \cdot a] \right\} =$

$\left\{ \frac{1}{2}a \cdot \left[\frac{1}{12}bc - \frac{2}{3}b \right] + \frac{1}{3}b \cdot \left[a - \frac{1}{8}ac \right] \right\}$

$+ \left\{ \frac{1}{4}c^2 \cdot [a^2 + ab + ab + b^2] + \frac{1}{16}c^2 \cdot [ab - b^2 + a^2 - ab] \right\} =$

$\left\{ \frac{1}{24}abc - \frac{1}{3}ab + \frac{1}{3}ab - \frac{1}{24}abc \right\}$

$+ \left\{ \frac{1}{4}c^2 \cdot [a^2 + 2ab + b^2] + \frac{1}{16}c^2 \cdot [-b^2 + a^2] \right\} =$

$$\left\{ \frac{1}{24}\,abc - \frac{1}{24}\,abc - \frac{1}{3}\,ab + \frac{1}{3}\,ab \right\}$$

$$+ \left\{ \frac{1}{4}\,a^2c^2 + \frac{1}{2}\,abc^2 + \frac{1}{4}\,b^2c^2 - \frac{1}{16}\,b^2c^2 + \frac{1}{16}\,a^2c^2 \right\} =$$

$$0 + \left\{ \frac{1}{4}\,a^2c^2 + \frac{1}{16}\,a^2c^2 + \frac{1}{2}\,abc^2 + \frac{1}{4}\,b^2c^2 - \frac{1}{16}\,b^2c^2 \right\} =$$

$$\boldsymbol{\frac{5}{16}\,a^2c^2 + \frac{1}{2}\,abc^2 + \frac{3}{16}\,b^2c^2}$$

64. a) $(4a-8) - (7a-5) = 4a - 8 - 7a + 5 =$

$4a - 7a - 8 + 5 = -(7a - 4a) - (8 - 5) =$

$\boldsymbol{-3a - 3}$

Die erste Klammer ist eine Plusklammer. Die zweite Klammer ist eine Minusklammer, d. h bei der zweiten Klammer musst du alle Vorzeichen ändern.

b) $6x - 3 - (-6x+3) = 6x - 3 + 6x - 3 =$

$6x + 6x - 3 - 3 = 12x - (3 + 3) = \boldsymbol{12x - 6}$

Die Klammer ist eine Minusklammer.

c) $5b - (7b-2) + (-b-1) = 5b - 7b + 2 - b - 1 =$

$5b - 7b - b + 2 - 1 = -(7b - 5b) - b + 1 =$

$-2b - b + 1 = -(2b + b) + 1 = \boldsymbol{-3b + 1}$

d) $(3a - 2b + 5c) - (a + 6b - c) = 3a - 2b + 5c - a - 6b + c =$

$3a - a - 2b - 6b + 5c + c = 2a - (2b + 6b) + 6c =$

$\boldsymbol{2a - 8b + 6c}$

e) $22x - \{17y - [6x + (31y - 40x) - (-36y + 62x)]\} =$

$22x - \{17y - [6x + 31y - 40x + 36y - 62x]\} =$

$22x - \{17y - [-(40x - 6x) - 62x + 67y]\} =$

$22x - \{17y - [-34x - 62x + 67y]\} =$

$22x - \{17y - [-(34x + 62x) + 67y]\} =$

$22x - \{17y - [-96x + 67y]\} = 22x - \{17y + 96x - 67y\} =$

$22x - \{17y - 67y + 96x\} = 22x - \{-(67y - 17y) + 96x\} =$

$22x - \{-50y + 96x\} = 22x + 50y - 96x = 22x - 96x + 50y =$

$-(96x - 22x) + 50y = \boldsymbol{-74x + 50y}$

f) $7u \cdot (3u + 4v - 6) - 4v \cdot (7u - 3v + 14) + 14 \cdot (3u + 4v) =$

　　Summand 1　　　　Summand 2　　　　Summand 3

$7u \cdot 3u + 7u \cdot 4v + 7u \cdot (-6)$

　　　　Summand 1

$-4v \cdot 7u - 4v \cdot (-3v) - 4v \cdot 14 + 14 \cdot 3u + 14 \cdot 4v =$

　　Summand 2　　　　　　Summand 3

$7 \cdot 3 \cdot u \cdot u + 7 \cdot 4 \cdot u \cdot v - 7 \cdot 6 \cdot u -$

$4 \cdot 7 \cdot u \cdot v + 4 \cdot 3 \cdot v \cdot v - 4 \cdot 14v + 14 \cdot 3u + 14 \cdot 4v =$

$21u^2 + 28uv - 42u - 28uv + 12v^2 - 56v + 42u + 56v =$

$21u^2 + \underbrace{28uv - 28uv}_{= 0} \underbrace{- 42u + 42u}_{= 0} + 12v^2 \underbrace{- 56v + 56v}_{= 0} =$

$21u^2 + 12v^2$

Damit das Ausmultiplizieren übersichtlicher ist, wurden die verschiedenen Klammern nummeriert. Beachte stets die Vorzeichen der Klammern.

g) $-\dfrac{1}{2a} \cdot \left(-\dfrac{1}{2a} + \dfrac{1}{b} - \dfrac{1}{3c} \right) + \dfrac{1}{b} \cdot \left(-\dfrac{1}{2a} + \dfrac{1}{b} - \dfrac{1}{3c} \right) - \dfrac{1}{3c} \cdot \left(-\dfrac{1}{2a} + \dfrac{1}{b} - \dfrac{1}{3c} \right) =$

$\dfrac{1}{4a^2} - \dfrac{1}{2ab} + \dfrac{1}{6ac} - \dfrac{1}{2ab} + \dfrac{1}{b^2} - \dfrac{1}{3bc} - \left(-\dfrac{1}{6ac} + \dfrac{1}{3bc} - \dfrac{1}{9c^2} \right) =$

$\dfrac{1}{4a^2} - \dfrac{1}{2ab} + \dfrac{1}{6ac} - \dfrac{1}{2ab} + \dfrac{1}{b^2} - \dfrac{1}{3bc} + \dfrac{1}{6ac} - \dfrac{1}{3bc} + \dfrac{1}{9c^2} =$

$\dfrac{1}{4a^2} - \dfrac{1}{2ab} - \dfrac{1}{2ab} + \dfrac{1}{6ac} + \dfrac{1}{6ac} + \dfrac{1}{b^2} - \dfrac{1}{3bc} - \dfrac{1}{3bc} + \dfrac{1}{9c^2} =$

$\dfrac{1}{4a^2} - \dfrac{1}{ab} + \dfrac{1}{3ac} + \dfrac{1}{b^2} - \dfrac{2}{3bc} + \dfrac{1}{9c^2}$

65. a) $-\{-[-(-a - b) + 2a] - 3b + (a + b)\} = -\{-[a + b + 2a] - 3b + a + b\} =$
$-\{-[3a + b] - 3b + a + b\} = -\{-3a - b - 3b + a + b\} =$
$-\{-3a + a - b - 3b + b\} = -\{-2a - 3b\} = \mathbf{2a + 3b}$

b) $-(2a + a^2) \cdot [-b + a^3 - (-5b + a^3)] = -(2a + a^2) \cdot [-b + a^3 + 5b - a^3] =$
$-(2a + a^2) \cdot [-b + 5b + a^3 - a^3] = -(2a + a^2) \cdot 4b = -(2a4b + a^2 \cdot 4b) =$
$-(8ab + 4a^2b) = \mathbf{-8ab - 4a^2b}$

c) $(x + 2xy + y) - [x(1 + y) - 2y] = (x + 2xy + y) - [x + xy - 2y] =$
$(x + 2xy + y) - x - xy + 2y = x + 2xy + y - x - xy + 2y =$
$\underbrace{x - x}_{= 0} + 2xy - xy + y + 2y = \mathbf{xy + 3y}$

d) $-\{2x-3y-[-5z+(-1)\cdot(3z+3y)-(6x^2-5x-3)]-2x\}=$

$-\{2x-3y-[-5z-(3z+3y)-6x^2+5x+3]-2x\}=$

$-\{2x-3y-[-5z-3z-3y-6x^2+5x+3]-2x\}=$

$-\{2x-3y+5z+3z+3y+6x^2-5x-3-2x\}=$

$-\{-5x+8z+6x^2-3\}=\mathbf{5x-8z-6x^2+3}$

e) $-[-3\cdot(p-1)+2\cdot(p+1)]+(2p+3)\cdot(-1)=$

$-[-3p+3+2p+2]+(-2p-3)=-[-3p+2p+3+2]-2p-3=$

$-[-p+5]-2p-3=p-5-2p-3=p-2p-5-3=\mathbf{-p-8}$

f) $[11r-8\cdot(0,7r+1,1s)]\cdot(-4r)+3r\cdot[12s+2\cdot(1,5r-2,3s)]=$

$[11r-8\cdot0,7r-8\cdot1,1s]\cdot(-4r)+3r\cdot[12s+2\cdot1,5r+2\cdot(-2,3s)]=$

$[11r-5,6r-8,8s]\cdot(-4r)+3r\cdot[12s+3r-2\cdot2,3s]=$

$[5,4r-8,8s]\cdot(-4r)+3r\cdot[12s+3r-4,6s]=$

$5,4r\cdot(-4r)-8,8s\cdot(-4r)+3r\cdot[12s-4,6s+3r]=$

$-5,4\cdot4\cdot r\cdot r+8,8\cdot4\cdot r\cdot s+3r\cdot[7,4s+3r]=$

$-21,6r^2+35,2rs+3r\cdot7,4s+3r\cdot3r=$

$-21,6r^2+35,2rs+3\cdot7,4\cdot r\cdot s+3\cdot3\cdot r\cdot r=$

$-21,6r^2+35,2rs+22,2rs+9r^2=-21,6r^2+9r^2+35,2rs+22,2rs=$

$-(21,6r^2-9r^2)+57,4rs=\mathbf{-12,6r^2+57,4rs}$

g) $-a\cdot\left[1-3\cdot\left(b-\dfrac{2}{3}a\right)\right]-4a^2-[(1-4a-b)\cdot3a-a\cdot(-10a-4b+3)]\cdot3=$

$-a\cdot\left[1-3\cdot b-3\cdot\left(-\dfrac{2}{3}a\right)\right]-4a^2-[1\cdot3a-4a\cdot3a-b\cdot3a-a\cdot(-10a)$

$-a\cdot(-4b)-a\cdot3]\cdot3=$

$-a\cdot\left[1-3b+3\cdot\dfrac{2}{3}a\right]-4a^2-[3a-12a^2-3ab+10a^2+4ab-3a]\cdot3=$

$-a\cdot1-a(-3b)-a\cdot2a-4a^2-[\underbrace{3a-3a}-12a^2+10a^2-3ab+4ab]\cdot3=$
$$\underbrace{}_{=0}$$

$-a+3\cdot a\cdot b-2a\cdot a-4a^2-[-(12a^2-10a^2)+(4ab-3ab)]\cdot3=$

$-a+3ab-2a^2-4a^2-[-2a^2+ab]\cdot3=$

$-a+3ab-(2a^2+4a^2)-[-2a^2\cdot3+ab\cdot3]=$

$-a+3ab-6a^2-[-2\cdot3\cdot a^2+3ab]=$

$-a+3ab-6a^2+6a^2-3ab=$

$-a+\underbrace{3ab-3ab}\underbrace{-6a^2+6a^2}=\mathbf{-a}$
$$\underbrace{}_{=0}\quad\underbrace{}_{=0}$$

h) $\dfrac{2}{3}\cdot\left[\dfrac{1}{4}a-(b+2)\right]-0,5\cdot\left(\dfrac{1}{2}a-6b\right)+\dfrac{1}{3}\cdot(a-b+4)=$

$\dfrac{2}{3}\cdot\left[\dfrac{1}{4}a-b-2\right]-0,5\cdot\dfrac{1}{2}a-0,5\cdot(-6b)+\dfrac{1}{3}\cdot a+\dfrac{1}{3}\cdot(-b)+\dfrac{1}{3}\cdot 4=$

$\dfrac{2}{3}\cdot\dfrac{1}{4}a+\dfrac{2}{3}\cdot(-b)+\dfrac{2}{3}\cdot(-2)-\dfrac{1}{2}\cdot\dfrac{1}{2}a+0,5\cdot 6b+\dfrac{1}{3}a-\dfrac{1}{3}b+\dfrac{4}{3}=$

$\dfrac{1}{6}a-\dfrac{2}{3}b-\dfrac{4}{3}-\dfrac{1}{4}a+3b+\dfrac{1}{3}a-\dfrac{1}{3}b+\dfrac{4}{3}=$

$\dfrac{1}{6}a-\dfrac{1}{4}a+\dfrac{1}{3}a-\dfrac{2}{3}b+3b\underbrace{-\dfrac{1}{3}b-\dfrac{4}{3}+\dfrac{4}{3}}_{=\,0}=$

$\dfrac{2}{12}a-\dfrac{3}{12}a+\dfrac{4}{12}a+\left(3b-\dfrac{2}{3}b\right)-\dfrac{1}{3}b=$

$-\left(\dfrac{3}{12}a-\dfrac{2}{12}a\right)+\dfrac{4}{12}a+2\dfrac{1}{3}b-\dfrac{1}{3}b=$

$-\dfrac{1}{12}a+\dfrac{4}{12}a+2b=\dfrac{4}{12}a-\dfrac{1}{12}a+2b=\dfrac{3}{12}a+2b=\mathbf{\dfrac{1}{4}a+2b}$

66. a) $(a+b)^2=(a+b)\cdot(a+b)=a\cdot a+a\cdot b+b\cdot a+b\cdot b=$
$a^2+ab+ab+b^2=\mathbf{a^2+2ab+b^2}$

b) $(c-d)^2=(c-d)\cdot(c-d)=c\cdot c+c\cdot(-d)+(-d)\cdot c+(-d)\cdot(-d)=$
$c^2-cd-cd+d^2=\mathbf{c^2-2cd+d^2}$

c) $(-e-f)^2=(-e-f)\cdot(-e-f)=$
$(-e)\cdot(-e)+(-e)\cdot(-f)+(-f)\cdot(-e)+(-f)\cdot(-f)=$
$e^2+ef+ef+f^2=\mathbf{e^2+2ef+f^2}$

d) $(g-h)\cdot(g+h)=g\cdot g+g\cdot h+(-h)\cdot g+(-h)\cdot h=$
$g^2\underbrace{+gh-gh}_{=\,0}-h^2=\mathbf{g^2-h^2}$

e) $(a+b+c)^2=(a+b+c)\cdot(a+b+c)=$
$a\cdot a+a\cdot b+a\cdot c+b\cdot a+b\cdot b+b\cdot c+c\cdot a+c\cdot b+c\cdot c=$
$a^2+ab+ac+ba+b^2+bc+ac+bc+c^2=$
$a^2+ab+ab+ac+ac+bc+bc+b^2+c^2=$
$\mathbf{a^2+2ab+2ac+2bc+b^2+c^2}$

f) $(a+b+c)^3 = \underbrace{(a+b+c)^2}_{\text{siehe Aufgabe e}} \cdot (a+b+c) =$

$(a^2+2ab+2ac+2bc+b^2+c^2) \cdot (a+b+c) =$

$a^2 \cdot a + a^2 \cdot b + a^2 \cdot c + 2ab \cdot a + 2ab \cdot b + 2ab \cdot c + 2ac \cdot a + 2ac \cdot b + 2ac \cdot c$

$+ 2bc \cdot a + 2bc \cdot b + 2bc \cdot c + b^2 \cdot a + b^2 \cdot b + b^2 \cdot c + c^2 \cdot a + c^2 \cdot b + c^2 \cdot c =$

$a^3 + a^2b + a^2c + 2a^2b + 2ab^2 + 2abc + 2a^2c + 2abc + 2ac^2$

$+ 2abc + 2b^2c + 2bc^2 + ab^2 + b^3 + b^2c + ac^2 + bc^2 + c^3 =$

$a^3 + a^2b + 2a^2b + a^2c + 2a^2c + 2ab^2 + ab^2 + 2abc + 2abc + 2abc + 2ac^2$

$+ ac^2 + 2b^2c + b^2c + 2bc^2 + bc^2 + b^3 + c^3 =$

$\mathbf{a^3 + 3a^2b + 3a^2c + 3ab^2 + 6abc + 3ac^2 + 3b^2c + 3bc^2 + b^3 + c^3}$

g) $(a-b+c)^2 = (a-b+c) \cdot (a-b+c) =$

$a \cdot a + a \cdot (-b) + a \cdot c + (-b) \cdot a + (-b) \cdot (-b) + (-b) \cdot c + c \cdot a + c \cdot (-b) + c \cdot c =$

$a^2 - ab + ac - ab + b^2 - bc + ac - bc + c^2 =$

$a^2 - ab - ab + ac + ac - bc - bc + b^2 + c^2 =$

$\mathbf{a^2 - 2ab + 2ac - 2bc + b^2 + c^2}$

h) $(a-b-c)^2 = (a-b-c) \cdot (a-b-c) =$

$a \cdot a + a \cdot (-b) + a \cdot (-c) + (-b) \cdot a + (-b) \cdot (-b) + (-b) \cdot (-c) +$

$(-c) \cdot a + (-c) \cdot (-b) + (-c) \cdot (-c) =$

$a^2 - ab - ac - ab + b^2 + bc - ac + bc + c^2 =$

$a^2 - ab - ab - ac - ac + bc + bc + b^2 + c^2 =$

$\mathbf{a^2 - 2ab - 2ac + 2bc + b^2 + c^2}$

i) $(-a-b-c)^2 = (-a-b-c) \cdot (-a-b-c) =$

$(-a) \cdot (-a) + (-a) \cdot (-b) + (-a) \cdot (-c) + (-b) \cdot (-a) + (-b) \cdot (-b) +$

$(-b) \cdot (-c) + (-c) \cdot (-a) + (-c) \cdot (-b) + (-c) \cdot (-c) =$

$a^2 + ab + ac + ab + b^2 + bc + ac + bc + c^2 =$

$a^2 + ab + ab + ac + ac + bc + bc + b^2 + c^2 =$

$\mathbf{a^2 + 2ab + 2ac + 2bc + b^2 + c^2}$

67. a) $(2x-8) \cdot (x+2) = 2x \cdot x + 2x \cdot 2 - 8 \cdot x - 8 \cdot 2 =$

$2x^2 + 4x - 8x - 16 = 2x^2 - (8x - 4x) - 16 = \mathbf{2x^2 - 4x - 16}$

b) $(1,5x + y) \cdot (-2x + 3y) = 1,5x \cdot (-2x) + 1,5x \cdot 3y + y \cdot (-2x) + y \cdot 3y =$

$-1,5 \cdot 2 \cdot x \cdot x + 1,5 \cdot 3 \cdot x \cdot y - 2x \cdot y + 3 \cdot y \cdot y = -3x^2 + 4,5xy - 2xy + 3y^2 =$

$= \mathbf{-3x^2 + 2,5xy + 3y^2}$

c) $(2x-1)\cdot(x+1)+(x+1)\cdot(1+2x)=$
$2x\cdot x+2x\cdot1-1\cdot x-1\cdot1+x\cdot1+x\cdot2x+1\cdot1+1\cdot2x=$
$2x^2+2x-x-1+x+2x^2+1+2x=$
$2x^2+2x^2+\underbrace{2x-x+x}_{=\,x}+\underbrace{2x}_{=\,3x}-\underbrace{1+1}_{=\,0}=4x^2+x+3x=\mathbf{4x^2+4x}$

d) $(2x-3)\cdot(-x+2)-(-x+3)\cdot(-2x)=$
$2x\cdot(-x)+2x\cdot2-3\cdot(-x)-3\cdot2-[-x\cdot(-2x)+3\cdot(-2x)]=$
$-2x\cdot x+4x+3x-6-[2x\cdot x-2\cdot3\cdot x]=$
$-2x^2+4x+3x-6-[2x^2-6x]=$
$-2x^2+4x+3x-6-2x^2+6x=$
$-2x^2-2x^2+4x+3x+6x-6=\mathbf{-4x^2+13x-6}$

e) $(x^2+1)\cdot(1-x^3)-(1-x)\cdot(x^2-1)=$
$x^2\cdot1+x^2\cdot(-x^3)+1\cdot1+1\cdot(-x^3)-[1\cdot x^2+1\cdot(-1)-x\cdot x^2-x\cdot(-1)]=$
$x^2-x^2\cdot x^3+1-x^3-[x^2-1-x^3+x]=$
$x^2-x^5+1-x^3-x^2+1+x^3-x=$
$\underbrace{x^2-x^2}_{=\,0}-x^5+1+1\underbrace{-x^3+x^3}_{=\,0}-x=$
$-x^5+2-x=\mathbf{-x^5-x+2}$

f) $\underbrace{(a+4)\cdot(a^2-3a+1)}_{\text{Summand 1}}-\underbrace{(a^2+6a-1)\cdot(a-2)}_{\text{Summand 2}}-\underbrace{a\cdot(2-3a)}_{\text{Summand 3}}$

Summand 1 $=a\cdot a^2+a\cdot(-3a)+a\cdot1+4a^2+4\cdot(-3a)+4\cdot1$

Summand 2 $=-[a^2\cdot a+a^2\cdot(-2)+6a\cdot a+6a\cdot(-2)-1\cdot a-1\cdot(-2)]$

Summand 3 $=-a\cdot2-a\cdot(-3a)$

Eingesetzt in den Term:
$a^3-3a\cdot a+a+4a^2-4\cdot3\cdot a+4-[a^3-2a^2+6a^2-6\cdot2a-a+2]$
$-2a+3a\cdot a=$
$a^3-3a^2+a+4a^2-12a+4-[a^3+(6a^2-2a^2)-(12a+a)+2]-2a+3a^2=$
$a^3-3a^2+4a^2+a-12a+4-[a^3+4a^2-13a+2]-2a+3a^2=$
$a^3+(4a^2-3a^2)-(12a-a)+4-a^3-4a^2+13a-2-2a+3a^2=$
$a^3+a^2-11a+4-a^3-4a^2+13a-2-2a+3a^2=$
$\underbrace{a^3-a^3}_{=\,0}+a^2-4a^2+3a^2-11a+13a-2a+4-2=$
$-(4a^2-a^2)+3a^2+(13a-11a)-2a+2=-3a^2+3a^2+\underbrace{2a-2a}_{=\,0}+2=\mathbf{2}$
$\qquad\qquad\qquad\qquad\qquad\qquad\qquad\qquad\qquad\underbrace{}_{=\,0}$

g) $(x^2 - 3x + 1) \cdot (x + 4) - \underbrace{x \cdot (2 - 3x)}_{\text{Summand 2}} - \underbrace{(x - 2) \cdot (x^2 + 6x - 1)}_{\text{Summand 3}} =$

$\underbrace{}_{\text{Summand 1}}$

Summand 1 $= x^2 \cdot x + x^2 \cdot 4 - 3x \cdot x - 3x \cdot 4 + 1 \cdot x + 1 \cdot 4$

Summand 2 $= -x \cdot 2 - x \cdot (-3x)$

Summand 3 $= -[x \cdot x^2 + x \cdot 6x + x \cdot (-1) - 2 \cdot x^2 - 2 \cdot 6x - 2 \cdot (-1)]$

Eingesetzt in die Gleichung:

$x^3 + 4x^2 - 3x^2 - 12x + x + 4 - 2x + \underbrace{3x \cdot x}_{= \, x^2} - [x^3 + 6x^2 - x - 2x^2 - 12x + 2]$

$x^3 + x^2 - 12x + x + 4 - 2x + 3x^2 - x^3 - 6x^2 + x + 2x^2 + 12x - 2 =$

$\underbrace{x^3 - x^3}_{= \, 0} + x^2 + 3x^2 - 6x^2 + 2x^2 - 12x + x - 2x + x + 12x + 4 - 2 =$

$4x^2 - 6x^2 + 2x^2 - (12x - x) - 2x + x + 12x + 2 =$

$-(6x^2 - 4x^2) + 2x^2 - 11x - 2x + 13x + 2 =$

$\underbrace{-2x^2 + 2x^2}_{= \, 0} - (11x + 2x) + 13x + 2 = \underbrace{-13x + 13x}_{= \, 0} + 2 = \mathbf{2}$

h) $(x - 1) \cdot (-x) - [x^2 - (1 - x) \cdot x] - \dfrac{1}{2} \cdot \left[\dfrac{1}{2} x^2 - x \cdot (1 - x) \right] =$

$x \cdot (-x) - 1 \cdot (-x) - [x^2 - (1 \cdot x - x \cdot x)] - \dfrac{1}{2} \cdot \left[\dfrac{1}{2} x^2 - x \cdot 1 - x \cdot (-x) \right] =$

$-x \cdot x + x - [x^2 - (x - x^2)] - \dfrac{1}{2} \cdot \left[\dfrac{1}{2} x^2 - x + x \cdot x \right] =$

$-x^2 + x - [x^2 - x + x^2] - \dfrac{1}{2} \cdot \left[\dfrac{1}{2} x^2 - x + x^2 \right] =$

$-x^2 + x - [x^2 + x^2 - x] - \dfrac{1}{2} \cdot \left[\dfrac{1}{2} x^2 + x^2 - x \right] =$

$-x^2 + x - [2x^2 - x] - \dfrac{1}{2} \cdot \left[\dfrac{3}{2} x^2 - x \right] =$

$-x^2 + x - 2x^2 + x - \dfrac{1}{2} \cdot \dfrac{3}{2} x^2 - \dfrac{1}{2} \cdot (-x) =$

$-x^2 + x - 2x^2 + x - \dfrac{3}{4} x^2 + \dfrac{1}{2} x = -x^2 - 2x^2 - \dfrac{3}{4} x^2 + x + x + \dfrac{1}{2} x =$

$-(x^2 + 2x^2) - \dfrac{3}{4} x^2 + 2x + \dfrac{1}{2} x = -3x^2 - \dfrac{3}{4} x^2 + 2 \dfrac{1}{2} x =$

$-\left(3x^2 + \dfrac{3}{4} x^2 \right) + 2 \dfrac{1}{2} x = \mathbf{-3 \dfrac{3}{4} x^2 + 2 \dfrac{1}{2} x}$

i) $(ab - c) \cdot (a - bc) - (cb - a) \cdot (c - ba) =$

$ab \cdot a + ab \cdot (-bc) - c \cdot a - c \cdot (-bc) - [cb \cdot c + cb \cdot (-ba) - a \cdot c - a \cdot (-ba)] =$

$a \cdot a \cdot b - abbc - ac + bcc - [bc \cdot c - abbc - ac + aab] =$

$a^2 b - ab^2 c - ac + bc^2 - bc^2 + ab^2 c + ac - a^2 b =$

$\underbrace{a^2 b - a^2 b}_{= 0} \underbrace{- ab^2 c + ab^2 c}_{= 0} \underbrace{- ac + ac}_{= 0} + \underbrace{bc^2 - bc^2}_{= 0} = \mathbf{0}$

j) $x \cdot [x^2 - (x - 1)] - x^2 \cdot (x + 1) - x \cdot (-2x) =$

$x \cdot [x^2 - x + 1] - x^2 \cdot x - x^2 \cdot 1 + 2xx =$

$x \cdot x^2 - x \cdot x + x \cdot 1 - x^3 - x^2 + 2x^2 =$

$x^3 - x^2 + x - x^3 - x^2 + 2x^2 = \underbrace{x^3 - x^3}_{= 0} - x^2 - x^2 + 2x^2 + x =$

$-(x^2 + x^2) + 2x^2 + x = \underbrace{-2x^2 + 2x^2}_{= 0} + x = \mathbf{x}$

k) $(a + b + 1) \cdot (a - b - 1) - [a + (b - 1)] \cdot [a - (b - 1)] =$

$a \cdot a + a \cdot (-b) + a \cdot (-1) + b \cdot a + b \cdot (-b) + b \cdot (-1)$

$+ 1 \cdot a + 1 \cdot (-b) + 1 \cdot (-1) - [a + b - 1] \cdot [a - b + 1] =$

$a^2 - ab - a + ab - b^2 - b + a - b - 1$

$- [a \cdot a + a \cdot (-b) + a \cdot 1 + b \cdot a + b \cdot (-b) + b \cdot 1 - 1 \cdot a - 1 \cdot (-b) - 1 \cdot 1] =$

$a^2 \underbrace{- ab + ab}_{= 0} \underbrace{- a + a}_{= 0} - b^2 \underbrace{- b - b}_{= -2b} - 1$

$- [a^2 - ab + a + ab - b^2 + b - a + b - 1] =$

$a^2 - b^2 - 2b - 1 - a^2 + ab - a - ab + b^2 - b + a - b + 1 =$

$\underbrace{a^2 - a^2}_{= 0} \underbrace{- b^2 + b^2}_{= 0} - 2b - b - b - 1 + 1 + \underbrace{ab - ab}_{= 0} \underbrace{- a + a}_{= 0} \underbrace{}_{= 0} = -(2b + b) - b =$

$-3b - b = -(3b + b) = \mathbf{-4b}$

l) $\left(\dfrac{1}{2} x + \dfrac{1}{3} y \right) \cdot \left(2x - \dfrac{1}{y} \right) - \dfrac{2}{3} yx =$

$\dfrac{1}{2} x \cdot 2x - \dfrac{1}{2} x \cdot \dfrac{1}{y} + \dfrac{1}{3} y \cdot 2x - \dfrac{1}{3} y \cdot \dfrac{1}{y} - \dfrac{2}{3} yx = x^2 - \dfrac{1}{2y} x + \dfrac{2}{3} xy - \dfrac{1}{3} - \dfrac{2}{3} xy =$

$x^2 - \dfrac{x}{2y} - \dfrac{1}{3}$

m) $(y^2-3y+1)\cdot\left(\dfrac{1}{2}y-4\right)-(y^2-1)\cdot\left(y+\dfrac{1}{2}\right)+\left(\dfrac{1}{3}y\right)^2\cdot(y-3)+\dfrac{y^2}{3}\left(\dfrac{7}{6}y+19\right)=$

$\dfrac{1}{2}y^3-4y^2-\dfrac{3}{2}y^2+12y+\dfrac{1}{2}y-4-\left(y^3+\dfrac{1}{2}y^2-y-\dfrac{1}{2}\right)+\dfrac{1}{9}y^2\cdot(y-3)$

$+\dfrac{7}{18}y^3+\dfrac{19}{3}y^2=$

$\dfrac{1}{2}y^3-5,5y^2+12,5y-4-y^3-\dfrac{1}{2}y^2+y+\dfrac{1}{2}+\dfrac{1}{9}y^3-\dfrac{1}{3}y^2+\dfrac{7}{18}y^3+\dfrac{19}{3}y^2=$

$\dfrac{1}{2}y^3+\dfrac{1}{9}y^3-y^3+\dfrac{7}{18}y^3-5,5y^2-\dfrac{1}{2}y^2-\dfrac{1}{3}y^2+\dfrac{19}{3}y^2+12,5y+y-4+\dfrac{1}{2}=$

$13,5y-3,5$

n) $(x+1)\cdot(x+x^2-1)-(2x-3)\cdot(x+1)\cdot(x-2)+7=$

$x^2+x^3\underbrace{-x+x}_{=0}+x^2-1-(2x-3)\cdot(x^2-2x+x-2)+7=$

$x^3+x^2+x^2-1-(2x-3)\cdot(x^2-x-2)+7=$

$x^3+2x^2-1-(2x^3-2x^2-4x-3x^2+3x+6)+7=$

$x^3+2x^2-1-(2x^3-2x^2-3x^2-4x+3x+6)+7=$

$x^3+2x^2-1-(2x^3-5x^2-x+6)+7=$

$x^3+2x^2-1-2x^3+5x^2+x-6+7=$

$x^3-2x^3+2x^2+5x^2+x-1-6+7=$

$-x^3+7x^2+x$

Tatsächliche Digitalanzeige: Auf Lindas Wecker ist es 17:43 Uhr.

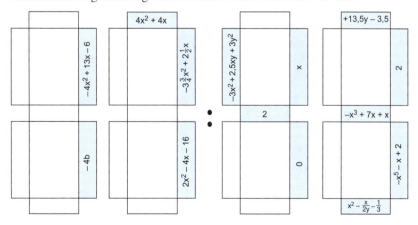

68. a) $3a - 6b = \mathbf{3 \cdot (a - 2b)}$

b) $a^2 - a = \mathbf{a \cdot (a - 1)}$

c) $15x^2 + 10x + 30 = \mathbf{5 \cdot (3x^2 + 2x + 6)}$

d) $-y^4 + 4y^3 - 8y^2 = -y^2 \cdot y^2 + 4y \cdot y^2 - 8y^2 = \mathbf{y^2 \cdot (-y^2 + 4y - 8)}$

e) $3s^2t^2 + 5st = 3stst + 5st = \mathbf{st \cdot (3st + 5)}$

f) $x^2y - xy^2 = xyx - xyy = \mathbf{xy(x - y)}$

69. a) Gleis 1: $-2ab - 13xy - 25x^2 - 18rst = \mathbf{-(2ab + 13xy + 25x^2 + 18rst)}$

b) Gleis 2: $-r^2 + s^2 - t^2 - 2rts = \mathbf{-(r^2 - s^2 + t^2 + 2rts)}$

70. a) $-3x^2 + y^2 = (-1) \cdot (3x^2 - y^2) = \mathbf{-(3x^2 - y^2)}$

b) $-1 - 3ab = (-1) \cdot (1 + 3ab) = \mathbf{-(1 + 3ab)}$

c) $x^2 - 5x + 23xy - 12y^2 - (-0,2) =$
$x^2 - 5x + 23xy - 12y^2 + 0,2 =$
$(-1) \cdot (-x^2 + 5x - 23xy + 12y^2 - 0,2) =$
$\mathbf{-(-x^2 + 5x - 23xy + 12y^2 - 0,2)}$

Vereinfache zuerst die Vorzeichen des Terms.

d) $5z - 2 \cdot (6x - 3) - (8y + 7) - z^2 = \mathbf{-[-5z + 2 \cdot (6x - 3) + (8y + 7) + z^2]}$

e) $xy - 2y^2 - 3x^2 + 15x^2y^2 = \mathbf{-(-xy + 2y^2 + 3x^2 - 15x^2y^2)}$

f) $ab + a^2b^2 + a^3b^3 + ab^2 = \mathbf{-(-ab - a^2b^2 - a^3b^3 - ab^2)}$

71. a) $x \cdot (a + b) - (x + 1) \cdot (a + b) = (a + b) \cdot [x - (x + 1)] =$
$(a + b) \cdot \underbrace{[x - x - 1]}_{= \mathbf{0}} = (a + b) \cdot [-1] = \mathbf{-(a + b)}$

b) $\dfrac{3}{4}x \cdot (a - b) - \dfrac{3}{7}y \cdot (a - b) = (a - b) \cdot \left(\dfrac{3}{4}x - \dfrac{3}{7}y\right) = \mathbf{3 \cdot (a - b) \cdot \left(\dfrac{1}{4}x - \dfrac{1}{7}y\right)}$

c) $3,2a \cdot (x - 3) + 4,8b \cdot (3 - x) =$
$-3,2a \cdot \mathbf{(3 - x)} + 4,8b \cdot \mathbf{(3 - x)} =$
$\mathbf{(3 - x) \cdot (-3,2a + 4,8b)}$

Durch Ausmultiplizieren des
Faktors -1 aus der ersten
Klammer steht in beiden
Klammern $(3 - x)$. Dieser
Faktor kann dann ausgeklam-
mert werden.

d) $r \cdot (2a - b) + s \cdot (b - 2a) - t \cdot (-b + 2a) =$

$r \cdot \mathbf{(-b + 2a)} + s \cdot (-1) \cdot \mathbf{(-b + 2a)} - t \cdot \mathbf{(-b + 2a)} =$

$(-b + 2a) \cdot (r + (-s) - t) =$

$\mathbf{(-b + 2a) \cdot (r - s - t)}$

In der ersten Klammer werden die Faktoren nach dem Kommutativgesetz umgestellt. Bei der zweiten Klammer wird der Faktor -1 ausgeklammert. Damit sind die zwei ersten Klammern äquivalent zur dritten Klammer und können ausgeklammert werden.

alternative Lösung:

$r \cdot (2a - b) + s \cdot (b - 2a) - t \cdot (-b + 2a) =$

$r \cdot \mathbf{(2a - b)} + s \cdot (-1) \cdot (-b + 2a) - t \cdot (-b + 2a) =$

$r \cdot \mathbf{(2a - b)} - s \cdot \mathbf{(2a - b)} - t \cdot \mathbf{(2a - b)} =$

$\mathbf{(2a - b) \cdot (r - s - t)}$

Du kannst auch die Terme in der Klammer äquivalent zum ersten Term in der Klammer machen. Dazu musst du in der zweiten Klammer -1 ausklammern und die Faktoren umstellen. In der dritten Klammer werden die Faktoren wieder nach dem Kommutativgesetz umgestellt.

Natürlich sind die Ergebnisse der beiden Lösungen äquivalent:

$(2a - b) \cdot (r - s - t) = (-b + 2a) \cdot (r - s - t)$

e) $u \cdot (u^2 - vu) + v \cdot [u \cdot (u - v)] - uv(v - u)$

$u \cdot (u^2 - vu) + v \cdot (u^2 - vu) - v \cdot (uv - u^2) =$

$u \cdot (u^2 - vu) + v \cdot (u^2 - vu) + v \cdot (u^2 - vu) =$

$(u + v + v) \cdot (u^2 - vu) = \mathbf{(u + 2v) \cdot (u^2 - vu)}$

f) $(a + b) \cdot (a - b) + (b^2 - a^2) \cdot 2x - y \cdot [a \cdot (a + b) - b \cdot (a + b)] =$

$a \cdot a \underbrace{- a \cdot b + b \cdot a}_{= 0} - b \cdot b + 2x \cdot (b^2 - a^2) - y \cdot [a^2 \underbrace{+ ab - ba}_{= 0} - b^2] =$

$a^2 - b^2 + 2x \cdot (b^2 - a^2) - y(a^2 - b^2) =$

$(a^2 - b^2) - 2x(a^2 - b^2) - y(a^2 - b^2) =$

$\mathbf{(a^2 - b^2) \cdot (1 - 2x - y)}$

72. a) Ersetze die Platzhalter in den Aufgaben durch die Buchstaben a, b und c.

$(x + \mathbf{a}) \cdot \left(2x - \dfrac{1}{3}\right) = \mathbf{b}x^2 + \mathbf{c}x - \dfrac{1}{6}$

$(x + a) \cdot \left(2x - \dfrac{1}{3}\right) = 2x \cdot x - x \cdot \left(\dfrac{1}{3}\right) + a \cdot 2x - a \cdot \left(\dfrac{1}{3}\right)$

$(x + a) \cdot \left(2x - \dfrac{1}{3}\right) = 2x^2 - \dfrac{1}{3}x + 2ax - \dfrac{a}{3}$

$(x + a) \cdot \left(2x - \dfrac{1}{3}\right) = 2x^2 + x \cdot \left(-\dfrac{1}{3} + 2a\right) - \dfrac{a}{3}$

Vergleiche die Vereinfachung der rechten Seite der Gleichung mit der rechten Seite mit den Platzhaltern:

$$2x^2 + \left(-\frac{1}{3} + 2a\right) \cdot x - \frac{a}{3} = bx^2 + c \cdot x - \frac{1}{6}$$

Der Vergleich ergibt direkt:

$$2 = b \rightarrow b = 2$$

$$\frac{a}{3} = \frac{1}{6} \rightarrow a = \frac{1}{2}$$

$$-\frac{1}{3} + 2a = c; \text{ setze a in (*) ein: } c = -\frac{1}{3} + 2 \cdot \frac{1}{2} = -\frac{1}{3} + 1 = \frac{2}{3} \rightarrow c = \frac{2}{3}$$

Ergebnis: $\left(x + \frac{1}{2}\right) \cdot \left(2x - \frac{1}{3}\right) = 2x^2 + \frac{2}{3}x - \frac{1}{6}$

b) $\left(ax + \frac{2}{5}\right) \cdot (x + b) = 3x^2 + \frac{49}{10}x + c$

$$\left(ax + \frac{2}{5}\right) \cdot (x + b) = ax^2 + abx + \frac{2}{5}x + \frac{2}{5}b$$

$$\left(ax + \frac{2}{5}\right) \cdot (x + b) = ax^2 + \left(ab + \frac{2}{5}\right) \cdot x + \frac{2}{5}b$$

$$\left(ax + \frac{2}{5}\right) \cdot (x + b) = ax^2 + \left(ab + \frac{2}{5}\right) \cdot x + \frac{2}{5}b$$

$$\left(ax + \frac{2}{5}\right) \cdot (x + b) = 3x^2 + \frac{49}{10} \cdot x + c$$

Der Vergleich ergibt:

$$a = 3$$

$$ab + \frac{2}{5} = \frac{49}{10} \quad \rightarrow \quad 3b + \frac{2}{5} = \frac{49}{10}$$

$$\frac{30}{10}b + \frac{4}{10} = \frac{49}{10}$$

$$b = \frac{15}{10} = \frac{3}{2}$$

$$\frac{2}{5}b = c; \text{ setzen } b = \frac{3}{2} \text{ in } \frac{2}{5}b = c \text{ ein: } c = \frac{2}{5} \cdot \frac{3}{2} = \frac{3}{5}$$

Ergebnis: $\left(3x + \frac{2}{5}\right) \cdot \left(x + \frac{3}{2}\right) = 3x^2 + \frac{49}{10}x + \frac{3}{5}$

c) $\qquad (5x + a) \cdot (x - b) = 5x^2 - \dfrac{9}{5}$

$$5x^2 - 5bx + ax - ab = 5x^2 - \dfrac{9}{5}$$

$$5x^2 + (-5b + a) \cdot x - ab = 5x^2 - \dfrac{9}{5}$$

$$5x^2 + (-5b + a) \cdot x - ab = 5x^2 + 0 \cdot x - \dfrac{9}{5}$$

Der Vergleich ergibt:

$-5b + a = 0 \quad \rightarrow \qquad a = 5b$

$\qquad ab = \dfrac{9}{5} \qquad 5b \cdot b = \dfrac{9}{5} \quad \rightarrow \quad b = \dfrac{3}{5}$

$b = \dfrac{3}{5}$ eingesetzt in $a = 5b$ ergibt: $a = \dfrac{3}{5} \cdot 5 = 3$

Ergebnis: $(5x + \mathbf{3}) \cdot \left(x - \dfrac{\mathbf{3}}{\mathbf{5}}\right) = 5x^2 - \dfrac{9}{5}$

d) $\qquad (2x + 1) \cdot (ax - 3) = 4x^2 - bx - c$
$\qquad 2ax^2 - 6x + ax - 3 = 4x^2 - bx - c$
$\qquad 2ax^2 + (-6 + a)x - 3 = 4x^2 - bx - c$
$\qquad 2ax^2 + (-6 + a)x - 3 = 4x^2 + (-b)x - c$

Vergleiche: $2a = 4 \rightarrow a = 2$
$-b = -6 + a$
$\quad c = 3$

Setze $a = 2$ in $-b = -6 + a$ ein:
$-b = -6 + a$
$-b = -6 + 2$
$-b = -4 \rightarrow b = 4$

Ergebnis: $(2x + 1) \cdot (\mathbf{2}x - 3) = 4x^2 - \mathbf{4}x - \mathbf{3}$

e) $\qquad \left(\dfrac{1}{2}x - \dfrac{1}{3}\right) \cdot (ax - b) = \dfrac{1}{6}x^2 - \dfrac{13}{36}x + \dfrac{1}{6}$

$$\dfrac{1}{2}ax^2 - \dfrac{1}{2}bx - \dfrac{1}{3}ax + \dfrac{1}{3}b = \dfrac{1}{6}x^2 - \dfrac{13}{36}x + \dfrac{1}{6}$$

$$\dfrac{1}{2}ax^2 + \left(-\dfrac{1}{2}b - \dfrac{1}{3}a\right)x + \dfrac{1}{3}b = \dfrac{1}{6}x^2 - \dfrac{13}{36}x + \dfrac{1}{6}$$

$$\dfrac{1}{2}ax^2 + \left(-\dfrac{1}{2}b - \dfrac{1}{3}a\right)x + \dfrac{1}{3}b = \dfrac{1}{6}x^2 + \left(-\dfrac{13}{36}\right)x + \dfrac{1}{6}$$

Vergleich:

$$\frac{1}{2}a = \frac{1}{6} \rightarrow a = \frac{1}{3}$$

$$-\frac{13}{36} = -\frac{1}{2}b - \frac{1}{3}a$$

$$\frac{1}{3}b = \frac{1}{6} \rightarrow b = \frac{1}{2}$$

Ergebnis: $\left(\frac{1}{2}x - \frac{1}{3}\right) \cdot \left(\mathbf{\frac{1}{3}}x - \mathbf{\frac{1}{2}}\right) = \frac{1}{6}x^2 - \frac{13}{36}x + \frac{1}{6}$

f) $\left(-\frac{1}{4}x - a\right) \cdot \left(-\frac{1}{2}x + \frac{1}{5}\right) = bx^2 + \frac{7}{60}x - \frac{1}{15}$

$$\frac{1}{8}x^2 - \frac{1}{20}x + \frac{1}{2}ax - \frac{1}{5}a = bx^2 + \frac{7}{60}x - \frac{1}{15}$$

$$\frac{1}{8}x^2 + \left(-\frac{1}{20} + \frac{1}{2}a\right)x - \frac{1}{5}a = bx^2 + \frac{7}{60}x - \frac{1}{15}$$

Vergleich:

$$\frac{1}{8} = b \rightarrow b = \frac{1}{8}$$

$$-\frac{1}{20} + \frac{1}{2}a = \frac{7}{60}$$

$$\frac{1}{5}a = \frac{1}{15} \rightarrow a = \frac{1}{3}$$

Ergebnis: $\left(-\frac{1}{4}x - \mathbf{\frac{1}{3}}\right) \cdot \left(-\frac{1}{2}x + \frac{1}{5}\right) = \mathbf{\frac{1}{8}}x^2 + \frac{7}{60}x - \frac{1}{15}$

73. $u \cdot (u + v)$ gesamte Rechtecksfläche

$v \cdot (u + v)$ Flächeninhalt ohne Markierung

$u \cdot (u + v) - v \cdot (u + v) = (u - v) \cdot (u + v) =$

$u \cdot u + u \cdot v - v \cdot u - v \cdot v = u^2 - v^2$

Ergebnis: Die markierte Fläche ist $\mathbf{u^2 - v^2}$.

74. a) $ax + bx + ay + by =$

$x \cdot (a + b) + y \cdot (a + b) =$

$\mathbf{(x + y) \cdot (a + b)}$

Klammere x als gemeinsamen Faktor der ersten beiden Summanden und y als Faktor der letzten beiden Summanden aus.
Nun kann man den neuen gemeinsamen Faktor (a + b) ausklammern.

b) $ab + ac - bx - cx =$

$a \cdot (b + c) + (-b - c) \cdot x =$

$a \cdot (b + c) - (b + c) \cdot x =$

$\mathbf{(a - x) \cdot (b + c)}$

Klammere die gemeinsamen
Faktoren a und x aus.
Klammere (−1) aus −b − c aus.
b + c ist ein gemeinsamer
Faktor der beiden Summanden.

c) $x^2 + ax + ab + bx =$

$x \cdot (x + a) + b \cdot (a + x) =$

$x \cdot (a + x) + b(a + x) =$

$\mathbf{(x + b) \cdot (a + x)}$

$x^2 = x \cdot x$

d) $4x + 2y - 6x^2 - 3xy = 2 \cdot (2x + y) + 3x(-2x - y) =$

$2 \cdot (2x + y) - 3x(2x + y) = \mathbf{(2 - 3x) \cdot (2x + y)}$

e) $-x \cdot (a^2 - b) + 5 \cdot (b - a^2) =$

$-x \cdot (a^2 - b) - 5 \cdot (-b + a^2) =$

$-x \cdot (a^2 - b) - 5 \cdot (a^2 - b) =$

$\mathbf{(a^2 - b) \cdot (-x - 5)}$

$b - a^2 = -(-b + a^2) = -(a^2 - b)$

f) $(x + 3)(a + b) + (y - 3)(a + b) = (a + b) \cdot [x + 3 + y - 3] =$

$(a + b) \cdot [\underbrace{x + y + 3 - 3}_{= 0}] = \mathbf{(a + b) \cdot (x + y)}$

g) $(-x - y) \cdot (a + b) + (x + y) \cdot (a - b) = -(x + y) \cdot (a + b) + (x + y) \cdot (a - b) =$

$(x + y) \cdot [-(a + b) + a - b] = (x + y) \cdot [-a - b + a - b] = \mathbf{-2b \cdot (x + y)}$

h) $ae + 2a + be + 2b = a \cdot (e + 2) + b \cdot (e + 2) = \mathbf{(a + b) \cdot (e + 2)}$

i) $b \cdot (x^2 + y^2) - a \cdot (-x^2 - y^2) = b \cdot (x^2 + y^2) + a \cdot (x^2 + y^2) =$

$\mathbf{(b + a) \cdot (x^2 + y^2)}$

j) $by - bx + cy - cx = b \cdot (y - x) + c \cdot (y - x) = \mathbf{(b + c) \cdot (y - x)}$

k) $(x - y) \cdot 2 + (x - y)^2 \cdot 3 = (x - y) \cdot 2 + (x - y) \cdot (x - y) \cdot 3 =$

$(x - y) \cdot [2 + (x - y) \cdot 3] = \mathbf{(x - y) \cdot (2 + 3x - 3y)}$

l) $(a - b)^2 \cdot y + (-a + b)^2 \cdot x =$

$(a - b)^2 \cdot y + [-(a - b)]^2 \cdot x =$

$(a - b)^2 \cdot y + [(-1) \cdot (a - b)]^2 \cdot x =$

$(a - b)^2 \cdot y + (-1)^2 \cdot (a - b)^2 \cdot x =$

$\mathbf{(a - b)^2 \cdot (y + x)}$

Beachte: $(-1)^2 = 1$

75. a) $a(2-4y)+b(1-2y)=2a(1-2y)+b(1-2y)=\mathbf{(1-2y)\cdot(2a+b)}$

b) $x(x+3y)-(x+3y)^2=x(x+3y)-(x+3y)\cdot(x+3y)=$
$(x+3y)\cdot[x-(x+3y)]=(x+3y)\cdot[\underbrace{x-x}-3y]=\mathbf{-3y\cdot(x+3y)}$
$\qquad\qquad\qquad\qquad\qquad\qquad\quad _{=0}$

c) $3x^2-12xy-(4y-x)=3x\cdot x-3x\cdot 4y-(4y-x)=$
$3x\cdot(x-4y)-(4y-x)=3x\cdot(x-4y)+(-4y+x)=$
$3x\cdot(x-4y)+(x-4y)=\mathbf{(3x+1)\cdot(x-4y)}$

d) $-a^2y^2-4b^2x^2+2b^2y^2+2a^2x^2=$

$-a^2y^2+2b^2y^2-4b^2x^2+2a^2x^2=$

$y^2\cdot(-a^2+2b^2)+x^2\cdot(-2)\cdot(2b^2-a^2)=$

$y^2\cdot(-a^2+2b^2)-2x^2\cdot(-a^2+2b^2)=$

$\mathbf{(y^2-2x^2)\cdot(-a^2+2b^2)}$

Hier gibt es verschiedene Möglichkeiten, Faktoren auszuklammern.
Klammere in einem ersten Schritt y^2 und x^2 bzw. $-2x^2$ aus. Du erhältst gleiche Klammern, die du wiederum ausklammern kannst.

alternative Lösung:

$-a^2y^2-4b^2x^2+2b^2y^2+2a^2x^2=$

$-a^2y^2+2a^2x^2-4b^2x^2+2b^2y^2=$

$a^2\cdot(-y^2+2x^2)+b^2\cdot(-4x^2+2y^2)=$

$a^2\cdot(-y^2+2x^2)+b^2\cdot(-2)\cdot(2x^2-y^2)=$

$a^2\cdot(2x^2-y^2)-2b^2\cdot(2x^2-y^2)=$

$\mathbf{(a^2-2b^2)\cdot(2x^2-y^2)}$

Du kannst auch zuerst die Faktoren a^2 und b^2 bzw. $-2b^2$ ausklammern. Wenn du dann die Faktoren in den Klammern umstellst, erhältst du gleiche Terme in den Klammern, die du wiederum ausklammern kannst.

Die Ergebnisse der beiden Lösungswege sind identisch:
$(y^2-2x^2)\cdot(-a^2+2b^2)=(-1)\cdot(-y^2+2x^2)\cdot(-1)\cdot(a^2-2b^2)=$
$(-1)\cdot(-1)\cdot(a^2-2b^2)\cdot(-y^2+2x^2)=\mathbf{(a^2-2b^2)\cdot(2x^2-y^2)}$

e) $yx^2-3yx+x^3-3x^2=y\cdot(x^2-3x)+x\cdot(x^2-3x)=$
$(y+x)\cdot(x^2-3x)=(y+x)\cdot[x(x-3)]=\mathbf{(y+x)\cdot x\cdot(x-3)}$

f) $y\cdot(a+b)^3+(-a-b)^2\cdot x=$
$y\cdot(a+b)^3+[(-1)\cdot(a+b)]^2\cdot x=$
$y\cdot(a+b)^3+(-1)^2\cdot(a+b)^2\cdot x$
$y\cdot(a+b)^3+(a+b)^2\cdot x$
$\mathbf{(a+b)^2\cdot[y\cdot(a+b)+x]}$

g) $(3k-\ell)-(2\ell^2-6k\ell)=(3k-\ell)-2\ell\cdot(\ell-3k)=$
$(3k-\ell)+2\ell\cdot(3k-\ell)=\mathbf{(3k-\ell)\cdot(1+2\ell)}$

h) $(a+b)^2 - (a^2 - ab + ab - b^2) = (a+b)^2 - ([a \cdot (a-b) + b \cdot (a-b)]) =$
$(a+b)^2 - (a+b) \cdot (a-b) = (a+b) \cdot [a+b-(a-b)] =$
$(a+b) \cdot (a+b-a+b) = \mathbf{(a+b) \cdot 2b}$

76. a) $x^2 + 4x + 5x + 20 = x \cdot (x+4) + 5 \cdot (x+4) = \mathbf{(x+4) \cdot (x+5)}$

b) $a^2 + a - a - 1 = a \cdot (a+1) - a - 1 = a \cdot (a+1) - (a+1) = \mathbf{(a+1) \cdot (a-1)}$

c) $a^2 b^2 + ab^3 + a^2 b + ab^2 = ab^2 a + ab^2 b + aba + abb =$
$ab^2(a+b) + ab(a+b) = (a+b) \cdot (ab^2 + ab) =$
$(a+b) \cdot (abb + ab) = \mathbf{(a+b) \cdot ab \cdot (b+1)}$

d) $4x^2 + 2x + 2x + 1 = 2x \cdot 2x + 2x + 2x + 1 =$
$2x(2x+1) + (2x+1) = \mathbf{(2x+1) \cdot (2x+1) = (2x+1)^2}$

e) $\dfrac{1}{2x^2} + \dfrac{1}{xy} + \dfrac{1}{2xy} + \dfrac{1}{y^2} = \dfrac{1}{x} \cdot \left(\dfrac{1}{2x} + \dfrac{1}{y} \right) + \dfrac{1}{y} \cdot \left(\dfrac{1}{2x} + \dfrac{1}{y} \right) =$
$\mathbf{\left(\dfrac{1}{2x} + \dfrac{1}{y} \right) \cdot \left(\dfrac{1}{x} + \dfrac{1}{y} \right)}$

f) $\underline{c^2 d^2 + c^2} + \underline{a^2 d^2 + a^2} = c^2 \cdot (d^2 + 1) + a^2 \cdot (d^2 + 1) =$
$c^2 \cdot (d^2 + 1) + a^2 \cdot (d^2 + 1) = \mathbf{(d^2 + 1) \cdot (c^2 + a^2)}$

g) $\dfrac{2}{a^2 y} + \dfrac{2}{b^2 y} - \dfrac{1}{2a^2 x} - \dfrac{1}{2b^2 x} = \dfrac{2}{y} \cdot \left(\dfrac{1}{a^2} + \dfrac{1}{b^2} \right) - \dfrac{1}{2x} \cdot \left(\dfrac{1}{a^2} + \dfrac{1}{b^2} \right) =$
$\mathbf{\left(\dfrac{2}{y} - \dfrac{1}{2x} \right) \cdot \left(\dfrac{1}{a^2} + \dfrac{1}{b^2} \right)}$

h) $\dfrac{a^2 b^2}{x^4 y^2} + \dfrac{ab^4}{x^2 y} - \dfrac{cb^2 a}{x^2 y z^2} - \dfrac{cb^4}{z^2} = \dfrac{ab^2}{x^2 y} \cdot \left(\dfrac{a}{x^2 y} + \dfrac{b^2}{1} \right) - \dfrac{cb^2}{z^2} \cdot \left(\dfrac{a}{x^2 y} + \dfrac{b^2}{1} \right) =$
$\mathbf{\left(\dfrac{ab^2}{x^2 y} - \dfrac{cb^2}{z^2} \right) \cdot \left(\dfrac{a}{x^2 y} + b^2 \right)}$

77. a) $15c + 5d = 5 \cdot 3c + 5 \cdot d = \mathbf{5 \cdot (3c + d)}$

b) $8rs + 16r^2 = 8r \cdot s + 8r \cdot 2r = \mathbf{8r \cdot (s + 2r)}$

c) $23t^4 - 46t^3 = 23t^3 \cdot t - 23t^3 \cdot 2 = \mathbf{23t^3 \cdot (t - 2)}$

d) $6u^2 + 24uv - 12u^3v = 6u \cdot u + 6u \cdot 4v - 6u \cdot 2u^2v = \mathbf{6u \cdot (u + 4v - 2u^2v)}$

e) $(r+s) \cdot (u+v) + (a+b) \cdot (u+v) = (u+v) \cdot [(r+s)+(a+b)] =$
$\mathbf{(u+v) \cdot (r+s+a+b)}$

f) $36a^3b^5 - 42a^5b^3 = 6a^3b^3 \cdot 6b^2 - 6a^3b^3 \cdot 7a^2 = \mathbf{6a^3b^3 \cdot (6b^2 - 7a^2)}$

g) $16x^3y^5z^7 - 6x^5y^7z^3 + 12x^2y^3z^7 =$ Die Potenz mit dem kleinsten
$\mathbf{2x^2y^3z^3 \cdot (8y^2z^4 - 3x^3y^4 + 6z^4)}$ Exponenten wird ausgeklam-
                                               mert.

h) $3x^6y^9z^{12} + 9x^4y^8z^{10} - 18x^2y^2z^3 \cdot \left(\dfrac{1}{2} \cdot x^4y^5z^3 - \dfrac{1}{6} \cdot x^2y^2z^4\right) =$

$3x^6y^9z^{12} + 9x^4y^8z^{10} - 9x^6y^7z^6 + 3x^4y^4z^7 =$

$\mathbf{3x^4y^4z^6 \cdot (x^2y^5z^6 + 3y^4z^4 - 3x^2y^3 + z)}$

i) $a^2b \cdot (ax^2 + y^2) - a^2bx^2 - a^2by^2 = a^2b \cdot (ax^2 + y^2) - (a^2bx^2 + a^2by^2) =$
$a^2b \cdot (ax^2 + y^2) - a^2b \cdot (x^2 + y^2) = a^2b \cdot (ax^2 + y^2 - x^2 - y^2) =$
$\mathbf{a^2b \cdot (ax^2 - x^2) = a^2bx^2 \cdot (a - 1)}$

j) $(x-y)^2 + (x-y)^3 + (ab^2y - ab^2x)^5 =$
$(x-y)^2 + (x-y)^3 + [(-ab^2) \cdot (x-y)]^5 =$
$(x-y)^2 + (x-y)^3 - a^5b^{10} \cdot (x-y)^5 =$
$\mathbf{(x-y)^2 \cdot [1 + (x-y) - a^5b^{10} \cdot (x-y)^3]}$

78. a) $x^2 + 5x + 6$
$x^2 + (a+b)x + ab$

$\left.\begin{array}{l} a+b=5 \\ \quad ab=6 \end{array}\right]$ $a=2$ und $b=3$

$x^2 + 5x + 6 = \mathbf{(x+2) \cdot (x+3)}$

b) $x^2 + 3x - 4$
$x^2 + (a+b)x + ab$

$\left.\begin{array}{l} a+b=3 \\ \quad ab=-4 \end{array}\right]$ $a=4$ und $b=-1$

$x^2 + 3x - 4 = \mathbf{(x+4) \cdot (x-1)}$

c) $x^2 - 25 = x^2 + 0 \cdot x - 25$
               $x^2 + (a+b)x + ab$

$\left.\begin{array}{l} a+b=0 \\ \quad ab=-25 \end{array}\right]$ $a=5$ und $b=-5$

$x^2 - 25 = \mathbf{(x+5) \cdot (x-5)}$

d) $x^2 - \mathbf{7}x + \mathbf{10}$
$x^2 + (\mathbf{a+b})x + \mathbf{ab}$

$\left.\begin{array}{l} a+b = -7 \\ ab = 10 \end{array}\right]$ $a = -2$ und $b = -5$

$x^2 - 7x + 10 = \mathbf{(x-2) \cdot (x-5)}$

e) $x^2 + \mathbf{3}x + \mathbf{2}$
$x^2 + (\mathbf{a+b})x + \mathbf{ab}$

$\left.\begin{array}{l} a+b = 3 \\ a \cdot b = 2 \end{array}\right]$ $a = 1$ und $b = 2$

$x^2 + 3x + 2 = \mathbf{(x+1) \cdot (x+2)}$

f) $x^2 + \mathbf{6}x + \mathbf{9}$
$x^2 + (\mathbf{a+b})x + \mathbf{ab}$

$\left.\begin{array}{l} a+b = 6 \\ ab = 9 \end{array}\right]$ $a = 3$ und $b = 3$

$x^2 + 6x + 9 = \mathbf{(x+3) \cdot (x+3)}$

79. a) $(25c - 14b) \cdot 3 = 25c \cdot 3 - 14b \cdot 3 = \mathbf{75c - 42b}$

b) $12a^2b^2 - (-3ab)^2 + \left(2,4ab - 2\frac{1}{5}ab\right) \cdot ab =$

$12a^2b^2 - 9a^2b^2 + 2,4abab - 2\frac{1}{5}abab =$

$12a^2b^2 - 9a^2b^2 + 2,4a^2b^2 - 2,2a^2b^2 =$

$(12 - 9 + 2,4 - 2,2) \cdot a^2b^2 = \mathbf{3,2a^2b^2}$

c) $\left(\frac{1}{2}a - \frac{1}{4}b\right) \cdot \left(\frac{1}{3}b + \frac{1}{4}a\right) - \frac{1}{6}ab - \frac{1}{3}a^2 + \frac{1}{2}b^2 =$

$\frac{1}{2}a \cdot \frac{1}{3}b + \frac{1}{2}a \cdot \frac{1}{4}a - \frac{1}{4}b \cdot \frac{1}{3}b - \frac{1}{4}b \cdot \frac{1}{4}a - \frac{1}{6}ab - \frac{1}{3}a^2 + \frac{1}{2}b^2 =$

$\frac{1}{6}ab + \frac{1}{8}a^2 - \frac{1}{12}b^2 - \frac{1}{16}ab - \frac{1}{6}ab - \frac{1}{3}a^2 + \frac{1}{2}b^2 =$

$\frac{1}{6}ab - \frac{1}{16}ab - \frac{1}{6}ab + \frac{1}{8}a^2 - \frac{1}{3}a^2 - \frac{1}{12}b^2 + \frac{1}{2}b^2 =$

$-\frac{1}{16}\mathbf{ab} - \frac{5}{24}\mathbf{a^2} + \frac{5}{12}\mathbf{b^2}$

d) $4x^2y^2z - \left(2xyz - \dfrac{1}{2}yx\right) \cdot \dfrac{1}{3}xy - y^2x \cdot \left(-1,4x - \dfrac{1}{2}xz\right) =$

$4x^2y^2z - \left(2xyz \cdot \dfrac{1}{3}xy - \dfrac{1}{2}yx \cdot \dfrac{1}{3}xy\right) - \left(-1,4xy^2x - \dfrac{1}{2}xzy^2x\right) =$

$4x^2y^2z - \left(\dfrac{2}{3}x^2y^2z - \dfrac{1}{6}x^2y^2\right) - \left(-1\dfrac{2}{5}x^2y^2 - \dfrac{1}{2}x^2y^2z\right) =$

$4x^2y^2z - \dfrac{2}{3}x^2y^2z + \dfrac{1}{6}x^2y^2 + 1\dfrac{2}{5}x^2y^2 + \dfrac{1}{2}x^2y^2z =$

$4x^2y^2z - \dfrac{2}{3}x^2y^2z + \dfrac{1}{2}x^2y^2z + \dfrac{1}{6}x^2y^2 + 1\dfrac{2}{5}x^2y^2 =$

$\mathbf{3\dfrac{5}{6}x^2y^2z + 1\dfrac{17}{30}x^2y^2}$

80. a) $\left(\dfrac{1}{2}a - \dfrac{1}{3}b\right) \cdot \left(\dfrac{1}{4}b - \dfrac{1}{6}a\right) = \dfrac{1}{2}a \cdot \dfrac{1}{4}b - \dfrac{1}{2}a \cdot \dfrac{1}{6}a - \dfrac{1}{3}b \cdot \dfrac{1}{4}b + \dfrac{1}{3}b \cdot \dfrac{1}{6}a =$

$\dfrac{1}{8}ab - \dfrac{1}{12}a^2 - \dfrac{1}{12}b^2 + \dfrac{1}{18}ab = \dfrac{1}{8}ab + \dfrac{1}{18}ab - \dfrac{1}{12}a^2 - \dfrac{1}{12}b^2 =$

$\dfrac{13}{72}ab - \dfrac{1}{12}a^2 - \dfrac{1}{12}b^2$

b) $(x + y) \cdot (2x - 3y) = x \cdot 2x - x \cdot 3y + y \cdot 2x - y \cdot 3y =$
$2x^2 - 3xy + 2xy - 3y^2 = \mathbf{2x^2 - xy - 3y^2}$

c) $\left(\dfrac{1}{2}a + \dfrac{1}{3}b - \dfrac{1}{4}c\right) \cdot \left(\dfrac{1}{4}a - \dfrac{1}{3}b\right) =$

$\dfrac{1}{2}a \cdot \dfrac{1}{4}a - \dfrac{1}{2}a \cdot \dfrac{1}{3}b + \dfrac{1}{3}b \cdot \dfrac{1}{4}a - \dfrac{1}{3}b \cdot \dfrac{1}{3}b - \dfrac{1}{4}c \cdot \dfrac{1}{4}a + \dfrac{1}{4}c \cdot \dfrac{1}{3}b =$

$\dfrac{1}{8}a^2 - \dfrac{1}{6}ab + \dfrac{1}{12}ab - \dfrac{1}{9}b^2 - \dfrac{1}{16}ac + \dfrac{1}{12}bc =$

$\mathbf{\dfrac{1}{8}a^2 - \dfrac{1}{12}ab - \dfrac{1}{9}b^2 - \dfrac{1}{16}ac + \dfrac{1}{12}bc}$

d) $(x + y + z) \cdot (x - y - z) =$
$x \cdot x - x \cdot y - x \cdot z + y \cdot x - y \cdot y - y \cdot z + z \cdot x - z \cdot y - z \cdot z =$
$x^2 - xy - xz + xy - y^2 - yz + xz - yz - z^2 =$
$x^2 \underbrace{- xy + xy}_{= 0} \underbrace{- xz + xz}_{= 0} - y^2 - yz - yz - z^2 =$
$\mathbf{x^2 - y^2 - 2yz - z^2}$

e) $(a+b)\cdot\left(\dfrac{1}{2}a+\dfrac{1}{3}b\right)\cdot\left(\dfrac{1}{4}a-\dfrac{1}{5}b\right)=$

$\left(a\cdot\dfrac{1}{2}a+a\cdot\dfrac{1}{3}b+b\cdot\dfrac{1}{2}a+b\cdot\dfrac{1}{3}b\right)\cdot\left(\dfrac{1}{4}a-\dfrac{1}{5}b\right)=$

$\left(\dfrac{1}{2}a^2+\dfrac{1}{3}ab+\dfrac{1}{2}ab+\dfrac{1}{3}b^2\right)\cdot\left(\dfrac{1}{4}a-\dfrac{1}{5}b\right)=$

$\left(\dfrac{1}{2}a^2+\dfrac{5}{6}ab+\dfrac{1}{3}b^2\right)\cdot\left(\dfrac{1}{4}a-\dfrac{1}{5}b\right)=$

$\dfrac{1}{2}a^2\cdot\dfrac{1}{4}a-\dfrac{1}{2}a^2\cdot\dfrac{1}{5}b+\dfrac{5}{6}ab\cdot\dfrac{1}{4}a-\dfrac{5}{6}ab\cdot\dfrac{1}{5}b+\dfrac{1}{3}b^2\cdot\dfrac{1}{4}a-\dfrac{1}{3}b^2\cdot\dfrac{1}{5}b=$

$\dfrac{1}{8}a^3-\dfrac{1}{10}a^2b+\dfrac{5}{24}a^2b-\dfrac{1}{6}ab^2+\dfrac{1}{12}ab^2-\dfrac{1}{15}b^3=$

$\mathbf{\dfrac{1}{8}a^3+\dfrac{13}{120}a^2b-\dfrac{1}{12}ab^2-\dfrac{1}{15}b^3}$

f) $(a-b-c)\cdot(a+b+c)\cdot(-a-b-c)=$

$(a\cdot a+a\cdot b+a\cdot c-b\cdot a-b\cdot b-b\cdot c-c\cdot a-c\cdot b-c\cdot c)\cdot(-a-b-c)=$

$(a^2+ab-ab+ac-ac-b^2-bc-bc-c^2)\cdot(-a-b-c)=$

$(a^2-b^2-2bc-c^2)\cdot(-a-b-c)=$

$-a^3-a^2b-a^2c+ab^2+b^3+b^2c+2abc+2b^2c+2bc^2+ac^2+bc^2+c^3=$

$-a^3-a^2b-a^2c+ab^2+b^3+cb^2+2cb^2+2abc+2bc^2+bc^2+ac^2+c^3=$

$\mathbf{-a^3-a^2b-a^2c+ab^2+b^3+3cb^2+2abc+3bc^2+ac^2+c^3}$

81. a) $12ab^2-24a^2b+3a^2b^2=$ $\text{ggT}(12;24;3)=3$

$3ab\cdot4b-3ab\cdot8a+3ab\cdot ab=$

$\mathbf{3ab\cdot(4b-8a+ab)}$

b) $3r^5s^3t^5+9r^8s^5t^6-27r^6s^4t^7=$ $\text{ggT}(3;9;27)=3$

$3r^5s^3t^5\cdot1+3r^5s^3t^5\cdot3r^3s^2t-3r^5s^3t^5\cdot9rst^2=$

$\mathbf{3r^5s^3t^5\cdot(1+3r^3s^2t-9rst^2)}$

c) $2x^2+2x+3x+3=2x(x+1)+3\cdot(x+1)=\mathbf{(2x+3)\cdot(x+1)}$

d) $a^3b^2-ab+a^2b^3-b^2=aba^2b-ab\cdot1+b^2\cdot a^2b-b^2\cdot1=$

$ab\cdot(a^2b-1)+b^2\cdot(a^2b-1)=\mathbf{(ab+b^2)\cdot(a^2b-1)}$

e) $\dfrac{1}{6}a^2 - \dfrac{1}{3}ac + \dfrac{1}{4}ab - \dfrac{1}{2}bc = \dfrac{1}{3}a \cdot \dfrac{1}{2}a - \dfrac{1}{3}ac + \dfrac{1}{2}b \cdot \dfrac{1}{2}a - \dfrac{1}{2}bc =$

$\dfrac{1}{3}a \cdot \left(\dfrac{1}{2}a - c\right) + \dfrac{1}{2}b \cdot \left(\dfrac{1}{2}a - c\right) = \left(\mathbf{\dfrac{1}{3}a + \dfrac{1}{2}b}\right) \cdot \left(\mathbf{\dfrac{1}{2}a - c}\right)$

f) $(2-a) \cdot (3+b) + 4 - 2b - 2a + ab =$

$(2-a) \cdot (3+b) + 2 \cdot 2 - 2a + b \cdot (-2) + a \cdot b =$

$(2-a) \cdot (3+b) + 2 \cdot (2-a) + b \cdot (-2+a) =$

$(2-a) \cdot (3+b) + 2 \cdot (2-a) - b \cdot (2-a) =$

$(2-a) \cdot (3+b+2-b) = \mathbf{(2-a) \cdot 5}$

82. Der Flächeninhalt kann auf zwei Arten bestimmt werden:

Lösungsweg 1:

$(a+b+c) \cdot (a+b+c)$

$a+b+c$ ist eine Seite des Quadrats.

Lösungsweg 2:

In der Zeichnung ist die Quadratfläche in 9 Teilquadrate zerteilt:

	a	b	c
a	a^2	ab	ac
b	ba	b^2	bc
c	ac	cb	c^2

$a^2 + ab + ac + ab + b^2 + bc + ac + bc + c^2 =$

$a^2 + b^2 + c^2 + ab + ab + ac + ac + bc + bc =$

$a^2 + b^2 + c^2 + 2ab + 2ac + 2bc$

Ergebnis: $\mathbf{a^2 + b^2 + c^2 + 2ab + 2ac + 2bc = (a+b+c) \cdot (a+b+c)}$

83. a) Lösungsweg 1:

$(a+b) \cdot (a+b+c)$

Lösungsweg 2:

	a	b	c
a	a^2	ab	ac
b	ab	b^2	bc

$a^2 + ab + ac + ab + b^2 + bc =$

$a^2 + ab + ab + ac + bc + b^2 =$

$a^2 + 2ab + ac + bc + b^2$

Ergebnis: $\mathbf{(a+b) \cdot (a+b+c) = a^2 + 2ab + ac + bc + b^2}$

b) Lösungsweg 1:

$(a+b) \cdot (a+b)$

Lösungsweg 2:

	a	b
a	a^2	ab
b	ba	b^2

$a^2 + ab + ba + b^2 =$

$a^2 + ab + ab + b^2 =$

$a^2 + 2ab + b^2$

Ergebnis: $\mathbf{(a+b) \cdot (a+b) = a^2 + 2ab + b^2}$

c) Lösungsweg 1:

$(a+b+c+d) \cdot (a+b+c)$

	a	b	c	d
a	a^2	ab	ac	ad
b	ba	b^2	bc	bd
c	ac	cb	c^2	cd

Lösungsweg 2:

$a^2 + ab + ac + ad + ba + b^2 + bc + bd +$
$ac + cb + c^2 + cd =$
$a^2 + ab + ab + ac + ac + ad +$
$b^2 + bc + bc + bd + c^2 + cd =$
$a^2 + 2ab + 2ac + ad + b^2 + 2bc + bd + c^2 + cd$

Ergebnis:

$(a+b+c+d) \cdot (a+b+c) = a^2 + 2ab + 2ac + ad + b^2 + 2bc + bd + c^2 + cd$

84. a)

$3x - 1 = -11$	$\vert +1$
$3x - 1 + 1 = -11 + 1$	

Isoliere 3x durch die Äquivalenzumformung + 1.

$3x = -10$	$\vert : 3$
$3x : 3 = -10 : 3$	

Dividiere durch den Vorfaktor 3. Das ist wieder eine Äquivalenzumformung.

$x = -\dfrac{10}{3}$

$x = -3\dfrac{1}{3}$

$x = -3\frac{1}{3}$ ist Element der Grundmenge $\mathbb{Q}$.

Probe: $x = -3\dfrac{1}{3}$ in die Gleichung einsetzen.

$3 \cdot \left(-3\dfrac{1}{3}\right) - 1 = -11$

$-9\dfrac{3}{3} - 1 = -11$

$-10 - 1 = -11$

$-11 = -11$

Ergebnis: Die Lösungsmenge ist $\mathbb{L} = \left\{-3\dfrac{1}{3}\right\}$.

b) $-3x + 1 - (2x + 7) = 24$

$-3x + 1 - 2x - 7 = 24$

$-3x - 2x + 1 - 7 = 24$

$-5x - 6 = 24$	$\vert +6$
$-5x = 30$	$\vert : (-5)$
$x = -6$	

Probe: x = **−6** in die Gleichung einsetzen.

$$-3 \cdot (\mathbf{-6}) + 1 - (2(\mathbf{-6}) + 7) = 24$$

$$18 + 1 - (-12 + 7) = 24$$

$$19 - (-5) = 24$$

Ergebnis: Die Lösungsmenge ist $\mathbb{L} = \{\mathbf{-6}\}$.

c) $\quad$ x : (−12) = 5 $\qquad\qquad\qquad$ | **· (−12)**

$$\frac{x}{-12} \cdot (\mathbf{-12}) = 5 \cdot (\mathbf{-12})$$

$$x = -60$$

Probe: x = **−60** in die Gleichung einsetzen.

$$\mathbf{-60} : (-12) = 5$$

$$60 : 12 = 5$$

$$5 = 5$$

Ergebnis: Die Lösungsmenge ist $\mathbb{L} = \{\mathbf{-60}\}$.

d) $\quad$ $x : 1,2 - \dfrac{4}{5} = \dfrac{1}{10}$ $\qquad\quad$ $\Big| + \dfrac{\mathbf{4}}{\mathbf{5}}$ $\qquad$ Achte auf Punkt vor Strich.

$$x : 1,2 - \frac{4}{5} + \frac{\mathbf{4}}{\mathbf{5}} = \frac{1}{10} + \frac{\mathbf{4}}{\mathbf{5}}$$

$$x : 1,2 = \frac{1}{10} + \frac{8}{10}$$

$$x : 1,2 = \frac{9}{10} \qquad\qquad \Big| \cdot \mathbf{1,2}$$

$$(x : 1,2) \cdot \mathbf{1,2} = \frac{9}{10} \cdot \mathbf{1,2}$$

$$x = \frac{9}{10} \cdot \frac{12}{10} = \frac{108}{100} = 1,08$$

Probe:

$$1,08 : 1,2 - \frac{4}{5} = \frac{1}{10}$$

$$0,9 - \frac{4}{5} = \frac{1}{10}$$

$$\frac{9}{10} - \frac{8}{10} = \frac{1}{10}$$

$$\frac{1}{10} = \frac{1}{10}$$

Ergebnis: Die Lösungsmenge ist $\mathbb{L} = \{\mathbf{1,08}\}$.

e) $(-x) : 3 - \dfrac{1}{9} = \dfrac{2}{3}$

$$(-x) : 3 = \dfrac{6}{9} + \dfrac{1}{9}$$

$$(-x) : 3 = \dfrac{7}{9}$$

$$-x = \dfrac{7}{9} \cdot 3$$

$$-x = \dfrac{7}{3}$$

$$x = -2\dfrac{1}{3}$$

Ergebnis: Die Lösungsmenge ist $\mathbb{L} = \left\{ -2\dfrac{1}{3} \right\}$.

f)

$$5 = -\dfrac{4}{3} - 19x \qquad \Big| + \dfrac{4}{3}$$

$$6\dfrac{1}{3} = -19x$$

$$\dfrac{19}{3} = -19x \qquad \Big| : (-19)$$

$$-\dfrac{19}{3} \cdot \dfrac{1}{19} = x$$

$$-\dfrac{1}{3} = x$$

Probe:

$$5 = -\dfrac{4}{3} - 19 \cdot \left(-\dfrac{1}{3} \right)$$

$$5 = -\dfrac{4}{3} + \dfrac{19}{3}$$

$$5 = \dfrac{15}{3}$$

Ergebnis: Die Lösungsmenge ist $\mathbb{L} = \left\{ -\dfrac{1}{3} \right\}$.

g) $\quad -\left(1\dfrac{2}{3}+3x\right)-2+\dfrac{1}{3}\cdot x=2$

$$-1\dfrac{2}{3}-3x-2+\dfrac{1}{3}x=2$$

$$-3x+\dfrac{1}{3}x-1\dfrac{2}{3}-2=2$$

$$-2\dfrac{2}{3}x-3\dfrac{2}{3}=2 \qquad\qquad \Big|+3\dfrac{2}{3}$$

$$-2\dfrac{2}{3}x=5\dfrac{2}{3}$$

$$-\dfrac{8}{3}x=\dfrac{17}{3} \qquad\qquad \Big|:\left(-\dfrac{8}{3}\right)$$

$$x=-\dfrac{17}{3}:\dfrac{8}{3}$$

$$x=-\dfrac{17}{3}\cdot\dfrac{3}{8}$$

$$x=-\dfrac{17}{8}=-2\dfrac{1}{8}$$

Ergebnis: Die Lösungsmenge ist $\mathbb{L}=\left\{-2\dfrac{1}{8}\right\}$.

h) $\quad \dfrac{1}{8}-\left(7x+\dfrac{2}{8}\right)-\dfrac{1}{2}=0$

$$\dfrac{1}{8}-7x-\dfrac{2}{8}-\dfrac{1}{2}=0$$

$$-7x+\dfrac{1}{8}-\dfrac{2}{8}-\dfrac{4}{8}=0$$

$$-7x-\dfrac{5}{8}=0$$

$$-7x=\dfrac{5}{8}$$

$$-x=7\cdot\dfrac{5}{8}$$

$$x=-\dfrac{35}{8}=-4\dfrac{3}{8}$$

Ergebnis: Die Lösungsmenge ist $\mathbb{L}=\left\{-4\dfrac{3}{8}\right\}$.

i) $\quad 2-\left(11\dfrac{2}{3}-x\right):2+0,5\cdot\dfrac{1}{3}=-\dfrac{1}{6}$

$\quad\quad 2-\left(11\dfrac{2}{3}-x\right):2+\dfrac{1}{2}\cdot\dfrac{1}{3}=-\dfrac{1}{6}$

$\quad\quad\quad 2-\left(11\dfrac{2}{3}-x\right):2+\dfrac{1}{6}=-\dfrac{1}{6}\quad\quad\quad\Big|-\dfrac{1}{6}$

$\quad\quad\quad\quad 2-\left(11\dfrac{2}{3}-x\right):2=-\dfrac{2}{6}\quad\quad\quad\Big|-2$

$\quad\quad\quad\quad -\left(11\dfrac{2}{3}-x\right):2=-\dfrac{1}{3}-2$

$\quad\quad\quad\quad -\left(11\dfrac{2}{3}-x\right):2=-2\dfrac{1}{3}\quad\quad\quad\Big|\cdot 2$

$\quad\quad\quad\quad\quad -\left(11\dfrac{2}{3}-x\right)=-4\dfrac{2}{3}$

$\quad\quad\quad\quad\quad\quad 11\dfrac{2}{3}-x=4\dfrac{2}{3}\quad\quad\quad\Big|-11\dfrac{2}{3}$

$\quad\quad\quad\quad\quad\quad\quad -x=4\dfrac{2}{3}-11\dfrac{2}{3}$

$\quad\quad\quad\quad\quad\quad\quad -x=-7$

Ergebnis: Die Lösungsmenge ist $\mathbb{L}=\{7\}$.

j) $\quad -2\dfrac{1}{3}\cdot\left(5\dfrac{1}{2}x+1,2x\right)-\left(\dfrac{1}{2}x-4\right)=1\dfrac{2}{5}$

$\quad\quad\quad -2\dfrac{1}{3}\cdot 6,7x-\dfrac{1}{2}x+4=1\dfrac{2}{5}$

$\quad\quad\quad -15\dfrac{19}{30}x-\dfrac{15}{30}x+4=1\dfrac{2}{5}$

$\quad\quad\quad\quad -16\dfrac{2}{15}x+4=1\dfrac{2}{5}$

$\quad\quad\quad\quad\quad -16\dfrac{2}{15}x=-2\dfrac{3}{5}$

$\quad\quad\quad\quad 16\dfrac{2}{15}x=2\dfrac{3}{5}$

$\quad\quad\quad\quad\dfrac{242}{15}x=\dfrac{13}{5}$

$\quad\quad\quad\quad\quad x=\dfrac{13}{5}:\dfrac{242}{15}=\dfrac{13}{5}\cdot\dfrac{15}{242}=\dfrac{39}{242}$

Ergebnis: Die Lösungsmenge ist $\mathbb{L}=\left\{\dfrac{39}{242}\right\}$.

85. a) $5 \cdot \left(-\dfrac{7}{5} \right) + 3 = -4$

Setze $x = -\frac{7}{5}$ in die Gleichung ein.

$$-\dfrac{5 \cdot 7}{5} + 3 = -4$$

$$-4 = -4$$

Ergebnis: $x = -\dfrac{7}{5} \in \mathbb{L}$

b) $\dfrac{2}{3} \cdot (\mathbf{-2}) - \dfrac{5}{3} + 2 \cdot (\mathbf{-2}) = 1$

Setze $x = -2$ in die Gleichung ein.

$$-\dfrac{4}{3} - \dfrac{5}{3} - 4 = 1$$

$$-\dfrac{9}{3} - 4 = 1$$

$$-3 - 4 = 1$$

$-7 = 1$, diese Gleichung ist falsch.

Ergebnis: $x = -2 \notin \mathbb{L}$

c) $1^2 + 3 \cdot 1 - 1 = 3$

$$1 + 3 - 1 = 3$$

$$3 = 3$$

$$(-4)^2 + 3 \cdot (-4) - 1 = 3$$

$$16 - 12 - 1 = 3$$

$$4 - 1 = 3$$

$$3 = 3$$

Ergebnis: $x = 1 \in \mathbb{L}$ und $x = -4 \in \mathbb{L}$

d) $\dfrac{4-2}{4+2} = \dfrac{1}{3}$

$$\dfrac{2}{6} = \dfrac{1}{3}$$

$$\dfrac{1}{3} = \dfrac{1}{3}$$

Ergebnis: $x = 4 \in \mathbb{L}$

e) Setze $x = 2$ in die Gleichung ein:

$$6 \cdot \mathbf{2}^3 - 11 \cdot \mathbf{2}^2 = 14 \cdot \mathbf{2} - 24$$

$$48 - 44 = 28 - 24$$

$$4 = 4$$

Setze $x = -\dfrac{3}{2}$ in die Gleichung ein:

$$6 \cdot \left(-\frac{3}{2}\right)^3 - 11 \cdot \left(-\frac{3}{2}\right)^2 = 14 \cdot \left(-\frac{3}{2}\right) - 24$$

$$-6 \cdot \frac{27}{8} - 11 \cdot \frac{9}{4} = -14 \cdot \frac{3}{2} - 24$$

$$-\frac{81}{4} - \frac{99}{4} = -21 - 24$$

$$-\frac{81 + 99}{4} = -45$$

$$-\frac{180}{4} = -45$$

$$-45 = -45$$

Setze $x = \dfrac{4}{3}$ in die Gleichung ein:

$$6 \cdot \left(\frac{4}{3}\right)^3 - 11 \cdot \left(\frac{4}{3}\right)^2 = 14 \cdot \frac{4}{3} - 24$$

$$6 \cdot \frac{64}{27} - 11 \cdot \frac{16}{9} = 18\frac{2}{3} - 24$$

$$14\frac{2}{9} - 19\frac{5}{9} = -5\frac{1}{3}$$

$$-5\frac{1}{3} = -5\frac{1}{3}$$

Ergebnis: $x = 2 \in \mathbb{L}$, $x = \dfrac{4}{3} \in \mathbb{L}$ und $x = -\dfrac{3}{2} \in \mathbb{L}$

f) Setze $x = 2$ in die Gleichung ein:

$$\frac{3 \cdot 2^2 - 4 \cdot 2 + 5}{2 \cdot 2 - 3} = 3 \cdot 2 + \frac{1}{2}$$

$$\frac{3 \cdot 4 - 8 + 5}{4 - 3} = 6 + \frac{1}{2}$$

$$\frac{9}{1} = 6\frac{1}{2}, \text{ diese Gleichung ist falsch.}$$

Setze $x = 0$ in die Gleichung ein:

$$\frac{3 \cdot 0^2 - 4 \cdot 0 + 5}{2 \cdot 0 - 3} = 3 \cdot 0 + \frac{1}{2}$$

$$-\frac{5}{3} = \frac{1}{2}, \text{ diese Gleichung ist falsch.}$$

Ergebnis: $x = 2 \notin \mathbb{L}$ und $x = 0 \notin \mathbb{L}$

g) Setze $x = \dfrac{2}{3}$ in die Gleichung ein:

$$-\left(\frac{2}{3}\right)^2 + \frac{2}{36} \cdot \frac{2}{3} = -\frac{2}{3} \cdot \left(\frac{2}{3}\right)^2 - \frac{15}{36} \cdot \frac{2}{3} + \frac{1}{6}$$

$$-\frac{4}{9} + \frac{4}{108} = -\frac{8}{27} - \frac{5}{18} + \frac{1}{6}$$

$$-\frac{48}{108} + \frac{4}{108} = -\frac{16}{54} - \frac{15}{54} + \frac{9}{54}$$

$$-\frac{44}{108} = -\frac{22}{54}$$

$$-\frac{11}{27} = -\frac{11}{27}$$

Setze $x = \dfrac{1}{2}$ in die Gleichung ein:

$$-\left(\frac{1}{2}\right)^2 + \frac{2}{36} \cdot \frac{1}{2} = -\frac{2}{3} \cdot \left(\frac{1}{2}\right)^2 - \frac{15}{36} \cdot \frac{1}{2} + \frac{1}{6}$$

$$-\frac{1}{4} + \frac{2}{72} = -\frac{1}{6} - \frac{15}{72} + \frac{1}{6}$$

$$-\frac{18}{72} + \frac{2}{72} = -\frac{1}{6} + \frac{1}{6} - \frac{15}{72}$$

$$-\frac{16}{72} = -\frac{15}{72}, \text{ diese Gleichung ist falsch.}$$

Setze $x = 0$ in die Gleichung ein:

$$-0^2 + \frac{2}{36} \cdot 0 = -\frac{2}{3} \cdot 0^2 - \frac{15}{36} \cdot 0 + \frac{1}{6}$$

$$0 = \frac{1}{6}, \text{ diese Gleichung ist falsch.}$$

Ergebnis: $x = \dfrac{2}{3} \in \mathbb{L}$, $x = \dfrac{1}{2} \notin \mathbb{L}$ und $x = 0 \notin \mathbb{L}$

h) Setze $x = \dfrac{1}{2}$ in die Gleichung ein:

$$\frac{\frac{1}{2} \cdot \left(\frac{1}{2}\right)^2 + \frac{1}{24}}{\frac{1}{3} \cdot \left(\frac{1}{2}\right)^2 - \frac{1}{3} \cdot \frac{1}{2}} = -2$$

$$\frac{\frac{1}{8} + \frac{1}{24}}{\frac{1}{12} - \frac{1}{6}} = -2$$

$$\frac{\frac{3}{24} + \frac{1}{24}}{\frac{1}{12} - \frac{2}{12}} = -2$$

$$\frac{\frac{4}{24}}{-\frac{1}{12}} = -2$$

$$-\frac{4}{24} \cdot \frac{12}{1} = -2$$

$$-2 = -2$$

Setze $x = -\dfrac{1}{3}$ in die Gleichung ein:

$$\frac{\frac{1}{2} \cdot \left(-\frac{1}{3}\right)^2 + \frac{1}{24}}{\frac{1}{3} \cdot \left(-\frac{1}{3}\right)^2 - \frac{1}{3} \cdot \left(-\frac{1}{3}\right)} = -2$$

$$\frac{\frac{1}{2} \cdot \frac{1}{9} + \frac{1}{24}}{\frac{1}{3} \cdot \frac{1}{9} + \frac{1}{9}} = -2$$

$$\frac{\frac{1}{18} + \frac{1}{24}}{\frac{1}{27} + \frac{1}{9}} = -2$$

$$\frac{\frac{4}{72} + \frac{3}{72}}{\frac{1}{27} + \frac{3}{27}} = -2$$

$$\frac{\frac{7}{72}}{\frac{4}{27}} = -2$$

$$\frac{7}{72} \cdot \frac{27}{4} = -2$$

$$\frac{21}{32} = -2, \text{ diese Gleichung ist falsch.}$$

Ergebnis: $x = \dfrac{1}{2} \in \mathbb{L}$ und $x = -\dfrac{1}{3} \notin \mathbb{L}$

i) Setze $x = -1$ in die Gleichung ein:

$$\left(-1+\frac{2}{5}\right)^2 - \left(-1-\frac{1}{2}\right)^2 = 0,63$$

$$\left(-\frac{3}{5}\right)^2 - \left(-\frac{3}{2}\right)^2 = 0,63$$

$$\frac{9}{25} - \frac{9}{4} = 0,63$$

$$-1,89 = 0,63, \text{ diese Gleichung ist falsch.}$$

Setze $x = \frac{2}{5}$ in die Gleichung ein:

$$\left(\frac{2}{5}+\frac{2}{5}\right)^2 - \left(\frac{2}{5}-\frac{1}{2}\right)^2 = 0,63$$

$$\left(\frac{4}{5}\right)^2 - \left(-\frac{1}{10}\right)^2 = 0,63$$

$$\frac{16}{25} - \frac{1}{100} = 0,63$$

$$\frac{64}{100} - \frac{1}{100} = 0,63$$

$$\frac{63}{100} = \frac{63}{100}$$

Ergebnis: $x = -1 \notin \mathbb{L}$ und $x = \frac{2}{5} \in \mathbb{L}$

j) Setze $x = 3$ in die Gleichung ein:

$$\frac{1}{3} \cdot 3 - \frac{5}{2} + 3 \cdot 3 - \frac{2}{3} = 6\frac{5}{6}$$

$$1 - \frac{5}{2} + 9 - \frac{2}{3} = 6\frac{5}{6}$$

$$-\frac{3}{2} + 9 - \frac{2}{3} = 6\frac{5}{6}$$

$$7\frac{1}{2} - \frac{2}{3} = 6\frac{5}{6}$$

$$7\frac{3}{6} - \frac{4}{6} = 6\frac{5}{6}$$

$$6\frac{5}{6} = 6\frac{5}{6}$$

Ergebnis: $x = 3 \in \mathbb{L}$

k) Setze $x = \dfrac{2}{3}$ in die Gleichung ein:

$$\left(\frac{1}{2}\cdot\frac{2}{3}-\frac{2}{3}\right)\cdot\left(-\frac{2}{3}-1\right)=0$$

$$\left(\frac{1}{3}-\frac{2}{3}\right)\cdot\left(-\frac{5}{3}\right)=0$$

$$-\frac{1}{3}\cdot\left(-\frac{5}{3}\right)=0$$

$$\frac{5}{9}=0,\text{ diese Gleichung ist falsch.}$$

Setze $x = \dfrac{4}{3}$ in die Gleichung ein:

$$\left(\frac{1}{2}\cdot\frac{4}{3}-\frac{2}{3}\right)\cdot\left(-\frac{4}{3}-1\right)=0$$

$$\left(\frac{2}{3}-\frac{2}{3}\right)\cdot\left(-\frac{7}{3}\right)=0$$

$$0\cdot\left(-\frac{7}{3}\right)=0$$

$$0=0$$

Setze $x = 1$ in die Gleichung ein:

$$\left(\frac{1}{2}\cdot 1-\frac{2}{3}\right)\cdot(-1-1)=0$$

$$\left(\frac{1}{2}-\frac{2}{3}\right)\cdot(-2)=0$$

$$\left(\frac{3}{6}-\frac{4}{6}\right)\cdot(-2)=0$$

$$-\frac{1}{6}\cdot(-2)=0$$

$$\frac{1}{3}=0,\text{ diese Gleichung ist falsch.}$$

Ergebnis: $x = \dfrac{2}{3}\notin\mathbb{L},\ x = \dfrac{4}{3}\in\mathbb{L}$ und $x = 1\notin\mathbb{L}$

l) Setze $x_1 = -6$ in die Gleichung ein:

$$\left(-\mathbf{6} - \frac{1}{2}\right) \cdot \left(\frac{1}{3} \cdot (-\mathbf{6}) + \frac{1}{2}\right) \cdot \left(-\frac{1}{3} \cdot (-\mathbf{6}) - \frac{1}{2}\right) = 14,625$$

$$-6\frac{1}{2} \cdot \left(-2 + \frac{1}{2}\right) \cdot \left(2 - \frac{1}{2}\right) = 14,625$$

$$-6\frac{1}{2} \cdot \left(-1\frac{1}{2}\right) \cdot \left(1\frac{1}{2}\right) = 14,625$$

$$+\frac{13}{2} \cdot \frac{3}{2} \cdot \frac{3}{2} = 14,625$$

$$\frac{117}{8} = 14,625$$

$$14\frac{5}{8} = 14,625$$

Setze $x_2 = \frac{1}{3}$ in die Gleichung ein:

$$\left(\frac{\mathbf{1}}{\mathbf{3}} - \frac{1}{2}\right) \cdot \left(\frac{1}{3} \cdot \frac{\mathbf{1}}{\mathbf{3}} + \frac{1}{2}\right) \cdot \left(-\frac{1}{3} \cdot \frac{\mathbf{1}}{\mathbf{3}} - \frac{1}{2}\right) = 14,625$$

$$\left(\frac{2}{6} - \frac{3}{6}\right) \cdot \left(\frac{1}{9} + \frac{1}{2}\right) \cdot \left(-\frac{1}{9} - \frac{1}{2}\right) = 14,625$$

$$-\frac{1}{6} \cdot \frac{11}{18} \cdot \left(-\frac{11}{18}\right) = 14,625$$

$$\frac{1 \cdot 11 \cdot 11}{6 \cdot 18 \cdot 18} = 14,625$$

$$\frac{121}{1944} = 14,625, \text{ diese Gleichung ist falsch.}$$

Ergebnis: $x = -6 \in \mathbb{L}$ und $x = \frac{1}{3} \notin \mathbb{L}$

86. a) $3x - 1 = x - 1 \qquad | +1$

$\qquad 3x = x \qquad | -x$

$\qquad 2x = 0 \qquad | :2$

$\qquad x = 0$

Probe:

$3 \cdot 0 - 1 = 0 - 1$

$\qquad -1 = -1$

Ergebnis: Die Lösungsmenge ist $\mathbb{L} = \{0\}$.

b) $\dfrac{3}{4}x - \dfrac{3}{4} = 1,75x + 1,75$

$0,75x - 0,75 = 1,75x + 1,75 \qquad \big|\, -1,75$

$0,75x - 2,5 = 1,75x \qquad\qquad \big|\, -0,75x$

$-2,5 = x$

Probe:

$\dfrac{3}{4} \cdot (-2,5) - \dfrac{3}{4} = 1,75 \cdot (-2,5) + 1,75$

$-\dfrac{3}{4} \cdot \dfrac{5}{2} - \dfrac{3}{4} = -1,75 \cdot 2,5 + 1,75$

$-\dfrac{15}{8} - \dfrac{3}{4} = -4,375 + 1,75$

$-\dfrac{21}{8} = -2,625$

$-2,625 = -2,625$

Ergebnis: Die Lösungsmenge ist $\mathbb{L} = \{-2,5\}$.

c) $3x + 16 = 9x - 12x + 18$

$3x + 16 = -3x + 18 \qquad\qquad \big|\, -16$

$3x = -3x + 2 \qquad\qquad\quad \big|\, +3x$

$6x = 2 \qquad\qquad\qquad\quad \big|\, : 6$

$x = \dfrac{2}{6} = \dfrac{1}{3}$

Probe:

$3 \cdot \dfrac{1}{3} + 16 = 9 \cdot \dfrac{1}{3} - 12 \cdot \dfrac{1}{3} + 18$

$1 + 16 = 3 - 4 + 18$

$17 = -1 + 18$

$17 = 17$

Ergebnis: Die Lösungsmenge ist $\mathbb{L} = \left\{\dfrac{1}{3}\right\}$.

d) $\dfrac{x}{2} - \dfrac{x}{8} = 2 + \dfrac{x}{4} - \dfrac{7}{8}x$

$\dfrac{4}{8}x - \dfrac{1}{8}x = 2 + \dfrac{2}{8}x - \dfrac{7}{8}x$

$\dfrac{3}{8}x = 2 - \dfrac{5}{8}x \qquad\qquad \Big| +\dfrac{5}{8}x$

$\dfrac{8}{8}x = 2$

$x = 2$

Probe:

$\dfrac{2}{2} - \dfrac{2}{8} = 2 + \dfrac{2}{4} - \dfrac{7}{8} \cdot 2$

$1 - \dfrac{1}{4} = 2 + \dfrac{1}{2} - \dfrac{7}{4}$

$\dfrac{3}{4} = 2\dfrac{1}{2} - \dfrac{7}{4}$

$0,75 = 2,5 - 1,75$

$0,75 = 0,75$

Ergebnis: Die Lösungsmenge ist $\mathbb{L} = \{2\}$.

87. a) $-\dfrac{9}{7} = -\dfrac{7}{9}x \qquad\qquad \Big| : \left(-\dfrac{7}{9}\right)$

$\dfrac{9}{7} \cdot \dfrac{9}{7} = \dfrac{7}{9}x \cdot \dfrac{9}{7}$

$\dfrac{81}{49} = x$

$1\dfrac{32}{49} = x$

Probe: $x = 1\dfrac{32}{49}$ in die Gleichung einsetzen:

$-\dfrac{9}{7} = -\dfrac{7}{9} \cdot 1\dfrac{32}{49}$

$-\dfrac{9}{7} = -\dfrac{7}{9} \cdot \dfrac{81}{49}$

$-\dfrac{9}{7} = -\dfrac{1 \cdot 9}{1 \cdot 7}$

Ergebnis: Die Lösungsmenge ist $\mathbb{L} = \left\{1\dfrac{32}{49}\right\}$.

b) $\dfrac{x}{15} = 0,3 : 0,01$

$\dfrac{x}{15} = 30$ $\qquad\qquad$ $| \cdot 15$

$x = 450$

Probe:

$\dfrac{450}{15} = 0,3 : 0,01$

$30 = 30$

Ergebnis: Die Lösungsmenge ist $\mathbb{L} = \{\mathbf{450}\}$.

c) $(-x) : 1\,024 = \dfrac{13}{128}$

$\dfrac{-x}{1\,024} = \dfrac{13}{128}$ $\qquad\qquad$ $| \cdot 1\,024$

$-x = 13 \cdot 8$

$-x = 104$ $\qquad\qquad$ $| : (-1)$

$x = -104$

Probe:

$-(-104) : 1024 = \dfrac{13}{128}$

$\dfrac{104}{1024} = \dfrac{13}{128}$

Ergebnis: Die Lösungsmenge ist $\mathbb{L} = \{\mathbf{-104}\}$.

d) $\dfrac{2x}{3} + \dfrac{5}{3} = x + 4$

$\dfrac{2}{3}x + 1\dfrac{2}{3} = x + 4$ $\qquad\qquad$ $\left| -1\dfrac{2}{3} \right.$

$\dfrac{2}{3}x = x + 2\dfrac{1}{3}$ $\qquad\qquad$ $| -x$

$-\dfrac{1}{3}x = 2\dfrac{1}{3}$ $\qquad\qquad$ $\left| : \left(-\dfrac{1}{3}\right) \right.$

$\dfrac{1}{3}x \cdot \dfrac{3}{1} = -\dfrac{7}{3} \cdot \dfrac{3}{1}$

$x = -7$

Probe:

$$\frac{2 \cdot (-7)}{3} + \frac{5}{3} = -7 + 4$$

$$-\frac{14}{3} + \frac{5}{3} = -3$$

$$-\frac{9}{3} = -3$$

$$-3 = -3$$

Ergebnis: Die Lösungsmenge ist $\mathbb{L} = \{-7\}$.

e) $\quad \frac{1}{7}x + \frac{1}{3}x - 15 = -2 + \frac{1}{6}x$

$$\frac{3}{21}x + \frac{7}{21}x - 15 = -2 + \frac{1}{6}x$$

$$\frac{10}{21}x - 15 = -2 + \frac{1}{6}x \qquad\qquad\Big| +15$$

$$\frac{10}{21}x = 13 + \frac{1}{6}x \qquad\qquad\Big| -\frac{1}{6}x$$

$$\frac{20}{42}x - \frac{7}{42}x = 13$$

$$\frac{13}{42}x = 13 \qquad\qquad\Big| : \frac{13}{42}$$

$$\frac{13}{42}x \cdot \frac{42}{13} = 13 \cdot \frac{42}{13}$$

$$x = 42$$

Probe:

$$\frac{1}{7} \cdot 42 + \frac{1}{3} \cdot 42 - 15 = -2 + \frac{1}{6} \cdot 42$$

$$6 + 14 - 15 = -2 + 7$$

$$20 - 15 = 5$$

$$5 = 5$$

Ergebnis: Die Lösungsmenge ist $\mathbb{L} = \{42\}$.

f) $3x - 4 \cdot (11 + x) = 5x - 2 \cdot (10 - x)$

$\quad 3x - 4 \cdot 11 - 4 \cdot x = 5x - 2 \cdot 10 - 2 \cdot (-x)$

$\quad\quad 3x - 44 - 4x = 5x - 20 + 2x$

$\quad\quad 3x - 4x - 44 = 5x + 2x - 20$

$\quad\quad\quad -x - 44 = 7x - 20 \qquad\qquad |+20$

$\quad\quad\quad -x - 24 = 7x \qquad\qquad\quad\ |+x$

$\quad\quad\quad\quad -24 = 8x \qquad\qquad\quad\ \ |:8$

$\quad\quad\quad\quad\ -3 = x$

Probe:

$3 \cdot (-3) - 4 \cdot (11 + (-3)) = 5 \cdot (-3) - 2 \cdot (10 - (-3))$

$\quad\quad -9 - 4 \cdot (11 - 3) = -15 - 2 \cdot (10 + 3)$

$\quad\quad\quad\quad -9 - 4 \cdot 8 = -15 - 2 \cdot 13$

$\quad\quad\quad\quad\ -9 - 32 = -15 - 26$

$\quad\quad\quad\quad\quad\ -41 = -41$

Ergebnis: Die Lösungsmenge ist $\mathbb{L} = \{-3\}$.

g) $\qquad\qquad (x - 4) \cdot (3x - 7) = (4 + 3x) \cdot (x - 8)$

$x \cdot 3x + x \cdot (-7) - 4 \cdot 3x - 4 \cdot (-7) = 4 \cdot x + 4 \cdot (-8) + 3x \cdot x + 3x \cdot (-8)$

$\quad\quad\quad 3x^2 - 7x - 12x + 28 = 4x - 32 + 3x^2 - 24x$

$\quad\quad\quad\quad 3x^2 - 19x + 28 = 3x^2 + 4x - 24x - 32$

$\quad\quad\quad\quad 3x^2 - 19x + 28 = 3x^2 - 20x - 32 \qquad |-3x^2$

$\quad\quad\quad\quad\quad\quad -19x + 28 = -20x - 32 \qquad |+20x$

$\quad\quad\quad\quad\quad\quad\quad\ x + 28 = -32 \qquad\quad\ |-28$

$\quad\quad\quad\quad\quad\quad\quad\quad\ x = -60$

Probe:

$(-60 - 4) \cdot (3 \cdot (-60) - 7) = (4 + 3 \cdot (-60)) \cdot (-60 - 8)$

$\quad\quad -64 \cdot (-180 - 7) = (4 - 180) \cdot (-68)$

$\quad\quad\quad\quad -64 \cdot (-187) = -176 \cdot (-68)$

$\quad\quad\quad\quad\quad\ 64 \cdot 187 = 176 \cdot 68$

$\quad\quad\quad\quad\quad\ 11\,968 = 11\,968$

Ergebnis: Die Lösungsmenge ist $\mathbb{L} = \{-60\}$.

h) $\left(\dfrac{1}{2}x-1\right)^2+\left(\dfrac{1}{2}x+1\right)^2=\left(\dfrac{1}{2}x-2\right)^2+\left(1-\dfrac{1}{2}x\right)^2$

Vereinfache die Summanden der Gleichung. Aus Gründen der Übersicht wird jeder Summand zuerst einzeln berechnet und dann wieder in die Gleichung eingesetzt.

$$\left(\mathbf{\dfrac{1}{2}x-1}\right)^{\mathbf{2}}=\left(\dfrac{1}{2}x-1\right)\cdot\left(\dfrac{1}{2}x-1\right)=$$

Dies ist der erste Summand der rechten Seite.

$$\dfrac{1}{2}x\cdot\dfrac{1}{2}x+\dfrac{1}{2}x\cdot(-1)-1\cdot\dfrac{1}{2}x-1\cdot(-1)=$$

$$\dfrac{1}{4}x^2-\dfrac{1}{2}x-\dfrac{1}{2}x+1=\mathbf{\dfrac{1}{4}x^2-x+1}$$

$$\left(\mathbf{\dfrac{1}{2}x+1}\right)^{\mathbf{2}}=\left(\dfrac{1}{2}x+1\right)\cdot\left(\dfrac{1}{2}x+1\right)=$$

zweiter Summand der rechten Seite

$$\dfrac{1}{2}x\cdot\dfrac{1}{2}x+\dfrac{1}{2}x\cdot1+1\cdot\dfrac{1}{2}x+1\cdot1=$$

$$\dfrac{1}{4}x^2+\dfrac{1}{2}x+\dfrac{1}{2}x+1=\mathbf{\dfrac{1}{4}x^2+x+1}$$

$$\left(\mathbf{\dfrac{1}{2}x-2}\right)^{\mathbf{2}}=\left(\dfrac{1}{2}x-2\right)\cdot\left(\dfrac{1}{2}x-2\right)=$$

erster Summand der linken Seite

$$\dfrac{1}{2}x\cdot\dfrac{1}{2}x+\dfrac{1}{2}x\cdot(-2)-2\cdot\dfrac{1}{2}x-2\cdot(-2)=$$

$$\dfrac{1}{4}x^2-x-x+4=\mathbf{\dfrac{1}{4}x^2-2x+4}$$

$$\left(\mathbf{1-\dfrac{1}{2}x}\right)^{\mathbf{2}}=\left(1-\dfrac{1}{2}x\right)\cdot\left(1-\dfrac{1}{2}x\right)=$$

zweiter Summand der linken Seite

$$1\cdot1+1\cdot\left(-\dfrac{1}{2}x\right)-\dfrac{1}{2}x\cdot1-\dfrac{1}{2}x\cdot\left(-\dfrac{1}{2}x\right)=$$

$$1-\dfrac{1}{2}x-\dfrac{1}{2}x+\dfrac{1}{4}x^2=\mathbf{1-x+\dfrac{1}{4}x^2}$$

Setze alle Teilergebnisse in die Gleichung ein:

$$\left(\dfrac{1}{2}x-1\right)^2+\left(\dfrac{1}{2}x+1\right)^2=\left(\dfrac{1}{2}x-2\right)^2+\left(1-\dfrac{1}{2}x\right)^2$$

$$\dfrac{1}{4}x^2-x+1+\dfrac{1}{4}x^2+x+1=\dfrac{1}{4}x^2-2x+4+1-x+\dfrac{1}{4}x^2$$

$$\dfrac{1}{4}x^2+\dfrac{1}{4}x^2-x+x+1+1=\dfrac{1}{4}x^2+\dfrac{1}{4}x^2-2x-x+4+1$$

$$\dfrac{1}{2}x^2+2=\dfrac{1}{2}x^2-3x+5 \qquad\Big|-\dfrac{1}{2}x^2$$

$$2=-3x+5 \qquad\Big|-5$$

$$-3=-3x \qquad\Big|:(-3)$$

$$1=x$$

Probe:

$$\left(\frac{1}{2}\cdot 1-1\right)^2+\left(\frac{1}{2}\cdot 1+1\right)^2=\left(\frac{1}{2}\cdot 1-2\right)^2+\left(1-\frac{1}{2}\cdot 1\right)^2$$

$$\left(-\frac{1}{2}\right)^2+\left(\frac{3}{2}\right)^2=\left(-\frac{3}{2}\right)^2+\left(\frac{1}{2}\right)^2$$

$$\frac{1}{4}+\frac{9}{4}=\frac{9}{4}+\frac{1}{4}$$

$$\frac{10}{4}=\frac{10}{4}$$

Ergebnis: Die Lösungsmenge ist $\mathbb{L}=\{1\}$.

i) $\quad 3,75x-(1,5+0,5x)=-3,75-\left[(1,5-x)-1\frac{1}{2}x\right]+3\frac{3}{5}$

$$3,75x-1,5-0,5x=-3,75-\left[1,5-x-1\frac{1}{2}x\right]+3\frac{3}{5}$$

$$3,75x-0,5x-1,5=-3,75-\left[1,5-2\frac{1}{2}x\right]+3\frac{3}{5}$$

$$3,25x-1,5=-3,75-1,5+2\frac{1}{2}x+3\frac{3}{5}$$

$$3,25x-1,5=-3,75-1,5+\underbrace{3\frac{3}{5}}_{=3,6}+2\frac{1}{2}x$$

$$3,25x-1,5=-5,25+3,6+2\frac{1}{2}x$$

$$3,25x-1,5=-1,65+2\frac{1}{2}x \qquad\qquad\qquad \Big|+1,5$$

$$3,25x=-0,15+2\frac{1}{2}x \qquad\qquad\qquad \Big|-2\frac{1}{2}x$$

$$0,75x=-0,15 \qquad\qquad\qquad \Big|:0,75$$

$$x=-\frac{15}{75}=-\frac{1}{5}=-0,2$$

Probe:

$$3,75\cdot(-0,2)-(1,5+0,5\cdot(-0,2))=-3,75-\left[1,5-(-0,2)-1\frac{1}{2}\cdot\left(-\frac{1}{5}\right)\right]+3\frac{3}{5}$$

$$-0,75-1,4=-3,75-\left[1,7+\frac{3}{10}\right]+3,6$$

$$-2,15=-3,75-2+3,6$$

$$-2,15=-2,15$$

Ergebnis: Die Lösungsmenge der Gleichung ist $\mathbb{L}=\{-0,2\}$.

j)
$$-(x+2)\cdot(7-x)-(x-1)^2 = 0$$
$$-[x\cdot 7 + x\cdot(-x) + 2\cdot 7 + 2\cdot(-x)] - (x-1)\cdot(x-1) = 0$$
$$-[7x - x^2 + 14 - 2x] - [x\cdot x + x\cdot(-1) - 1\cdot x - 1\cdot(-1)] = 0$$
$$-[-x^2 + 7x - 2x + 14] - [x^2 - x - x + 1] = 0$$
$$-[-x^2 + 5x + 14] - [x^2 - 2x + 1] = 0$$
$$x^2 - 5x - 14 - x^2 + 2x - 1 = 0$$
$$x^2 - x^2 - 5x + 2x - 14 - 1 = 0$$
$$-3x - 15 = 0 \qquad |+15$$
$$-3x = 15 \qquad |:(-3)$$
$$x = -5$$

Probe:
$$-(-5+2)\cdot(7-(-5)) - (-5-1)^2 = 0$$
$$-(-3)\cdot(7+5) - (-6)^2 = 0$$
$$3\cdot 12 - 36 = 0$$
$$36 - 36 = 0$$
$$0 = 0$$

Ergebnis: Die Lösungsmenge der Gleichung ist $\mathbb{L} = \{-5\}$.

k) $12x - 5\cdot[3x - 4\cdot(3+2x) - 1] = 173$
$$12x - 5\cdot[3x - 4\cdot 3 - 4\cdot 2x - 1] = 173$$
$$12x - 5\cdot[3x - 12 - 8x - 1] = 173$$
$$12x - 5\cdot[3x - 8x - 12 - 1] = 173$$
$$12x - 5\cdot[-5x - 13] = 173$$
$$12x - 5\cdot(-5x) - 5\cdot(-13) = 173$$
$$12x + 25x + 5\cdot 13 = 173$$
$$37x + 65 = 173 \qquad |-65$$
$$37x = 108 \qquad |:37$$
$$x = \frac{108}{37}$$
$$x = 2\frac{34}{37}$$

Probe:

$$12 \cdot 2\frac{34}{37} - 5 \cdot \left[3 \cdot 2\frac{34}{37} - 4 \cdot \left(3 + 2 \cdot 2\frac{34}{37} \right) - 1 \right] = 173$$

$$35\frac{1}{37} - 5 \cdot \left[8\frac{28}{37} - 4 \cdot \left(3 + 5\frac{31}{37} \right) - 1 \right] = 173$$

$$35\frac{1}{37} - 5 \cdot \left[8\frac{28}{37} - 4 \cdot 8\frac{31}{37} - 1 \right] = 173$$

$$35\frac{1}{37} - 5 \cdot \left[8\frac{28}{37} - 35\frac{13}{37} - 1 \right] = 173$$

$$35\frac{1}{37} - 5 \cdot \left[-26\frac{22}{37} - 1 \right] = 173$$

$$35\frac{1}{37} - 5 \cdot \left(-27\frac{22}{37} \right) = 173$$

$$35\frac{1}{37} + 137\frac{36}{37} = 173$$

$$173 = 173$$

Ergebnis: Die Lösungsmenge ist $\mathbb{L} = \left\{ 2\frac{34}{37} \right\}$.

l) $\quad (2-x)^2 - (x-2)^2 = -[(x-2) \cdot (x+2) + (x^2 + 2^2)]$

$\mathbf{(2-x)^2} = (2-x) \cdot (2-x) =$
$2 \cdot 2 + 2 \cdot (-x) - x \cdot 2 - x(-x) =$
$4 - 2x - 2x + x^2 = \mathbf{4 - 4x + x^2}$

$\mathbf{(x-2)^2} = (x-2) \cdot (x-2) =$
$x \cdot x + x \cdot (-2) - 2 \cdot x - 2(-2) =$
$x^2 - 2x - 2x + 4 = \mathbf{x^2 - 4x + 4}$

$\mathbf{(x-2) \cdot (x+2)} = x \cdot x + x \cdot 2 - 2 \cdot x - 2 \cdot 2 =$
$x^2 + 2x - 2x - 4 = \mathbf{x^2 - 4}$

> Berechne jeden Summanden der Gleichung einzeln.

Setze alle Summanden in die Gleichung ein:

$$(2-x)^2 - (x-2)^2 = -[(x-2) \cdot (x+2) + (x^2 + 2^2)]$$

$$4 - 4x + x^2 - [x^2 - 4x + 4] = -[x^2 - 4 + x^2 + 2^2]$$

$$4 - 4x + x^2 - x^2 + 4x - 4 = -[x^2 + x^2 - 4 + 4]$$

$$x^2 - x^2 - 4x + 4x + 4 - 4 = -2x^2$$

$$0 = -2x^2 \qquad |:(-2)$$

$$0 = x^2$$

$$0 = x$$

Probe:

$$(2-0)^2 - (0-2)^2 = -[(0-2)\cdot(0+2) + (0^2+2^2)]$$
$$2^2 - (-2)^2 = -[(-2)\cdot 2 + 2^2]$$
$$4 - 4 = -[-4+4]$$
$$0 = -0$$
$$0 = 0$$

Ergebnis: Die Lösungsmenge ist $\mathbb{L} = \{0\}$.

m) $\left\{[(x+1)\cdot 2 + 0,5]\cdot 3 + \dfrac{1}{3}\right\} \cdot 4 + \dfrac{1}{4} = \left\{\left[(x+1)\cdot 2 + \dfrac{x}{2}\right]\cdot 3 + \dfrac{x}{3}\right\}\cdot 4 + \dfrac{1}{4}x$

$\left\{[x\cdot 2 + 1\cdot 2 + 0,5]\cdot 3 + \dfrac{1}{3}\right\}\cdot 4 + \dfrac{1}{4} = \left\{\left[x\cdot 2 + 1\cdot 2 + \dfrac{1}{2}x\right]\cdot 3 + \dfrac{1}{3}x\right\}\cdot 4 + \dfrac{1}{4}x$

$\left\{[2x + 2,5]\cdot 3 + \dfrac{1}{3}\right\}\cdot 4 + \dfrac{1}{4} = \left\{\left[2x + \dfrac{1}{2}x + 2\right]\cdot 3 + \dfrac{1}{3}x\right\}\cdot 4 + \dfrac{1}{4}x$

$\left\{2x\cdot 3 + 2,5\cdot 3 + \dfrac{1}{3}\right\}\cdot 4 + \dfrac{1}{4} = \left\{[2,5x + 2]\cdot 3 + \dfrac{1}{3}x\right\}\cdot 4 + \dfrac{1}{4}x$

$\left\{6x + 7,5 + \dfrac{1}{3}\right\}\cdot 4 + \dfrac{1}{4} = \left\{2,5x\cdot 3 + 2\cdot 3 + \dfrac{1}{3}x\right\}\cdot 4 + \dfrac{1}{4}x$

$6x\cdot 4 + 7,5\cdot 4 + \dfrac{4}{3} + \dfrac{1}{4} = \left\{7,5x + 6 + \dfrac{1}{3}x\right\}\cdot 4 + \dfrac{1}{4}x$

$24x + 30 + \dfrac{16}{12} + \dfrac{3}{12} = 7,5x\cdot 4 + 6\cdot 4 + \dfrac{1}{3}x\cdot 4 + \dfrac{1}{4}x$

$24x + 30 + \dfrac{19}{12} = 30x + 24 + \dfrac{4}{3}x + \dfrac{1}{4}x$

$24x + 30 + 1\dfrac{7}{12} = 30x + \dfrac{16}{12}x + \dfrac{3}{12}x + 24$

$24x + 31\dfrac{7}{12} = 30x + \dfrac{16}{12}x + \dfrac{3}{12}x + 24$

$24x + 31\dfrac{7}{12} = 30x + \dfrac{19}{12}x + 24$

$24x + 31\dfrac{7}{12} = 30x + 1\dfrac{7}{12}x + 24$

$24x + 31\dfrac{7}{12} = 31\dfrac{7}{12}x + 24 \qquad\qquad |-24$

$24x + 7\dfrac{7}{12} = 31\dfrac{7}{12}x \qquad\qquad |-24x$

$7\dfrac{7}{12} = 7\dfrac{7}{12}x \qquad\qquad \Big|:7\dfrac{7}{12}$

$1 = x$

Probe:

$$\left\{[(1+1)\cdot 2+0,5]\cdot 3+\frac{1}{3}\right\}\cdot 4+\frac{1}{4}=\left\{\left[\left(1+1\right)\cdot 2+\frac{1}{2}\right]\cdot 3+\frac{1}{3}\right\}\cdot 4+\frac{1}{4}\cdot 1$$

$$\left\{[2\cdot 2+0,5]\cdot 3+\frac{1}{3}\right\}\cdot 4+\frac{1}{4}=\left\{\left[2\cdot 2+\frac{1}{2}\right]\cdot 3+\frac{1}{3}\right\}\cdot 4+\frac{1}{4}$$

$$\left\{4,5\cdot 3+\frac{1}{3}\right\}\cdot 4+\frac{1}{4}=\left\{4,5\cdot 3+\frac{1}{3}\right\}\cdot 4+\frac{1}{4}$$

An dieser Stelle kann man bereits erkennen, dass die linke und die rechte Seite der Gleichung identische Ergebnisse haben.

Ergebnis: Die Lösungsmenge ist $\mathbb{L}=\{1\}$.

88. a) $|x|=1\frac{2}{3}$

   1. Fall: $x=1\frac{2}{3}$

   Unterscheide die **zwei Fälle** „x ist positiv" und „x ist negativ".

   2. Fall: $x=-1\frac{2}{3}$

   Die Probe ist erfüllt.

   Ergebnis: Die Lösungsmenge der Gleichung ist $\mathbb{L}=\left\{-1\frac{2}{3};1\frac{2}{3}\right\}$.

b) $|x|=2\frac{1}{3}$

   1. Fall: $x=-2\frac{1}{3}$

   2. Fall: $x=-\left(-2\frac{1}{3}\right)=2\frac{1}{3}$

   Beachte hier die Vorzeichenregel: $(-)\cdot(-)=(+)$

   Für beide Lösungen ist die Probe erfüllt.

   Ergebnis: Die Lösungsmenge ist $\mathbb{L}=\left\{-2\frac{1}{3};2\frac{1}{3}\right\}$.

c) $|x+4|=3$

   Ersetze $x+4$ durch y, so erhältst du $|y|=3$.

   1. Fall: $y=3$
   $$x+4=3 \qquad |-4$$
   $$x+4-4=3-4$$
   $$x=-1$$

   2. Fall: $y=-3$
   $$x+4=-3 \qquad |-4$$
   $$x+4-4=-3-4$$
   $$x=-7$$

Probe: Setze beide Lösungen in die Betragsgleichung ein.

$$x = \mathbf{-1} \qquad\qquad x = \mathbf{-7}$$
$$|\mathbf{x}+4| = 3 \qquad\qquad |\mathbf{x}+4| = 3$$
$$|\mathbf{-1}+4| = 3 \qquad\qquad |\mathbf{-7}+4| = 3$$
$$|3| = 3 \qquad\qquad |-3| = 3$$
$$3 = 3 \qquad\qquad 3 = 3$$

Ergebnis: Die Lösungsmenge ist $\mathbb{L} = \{-1; -7\}$.

d) $\quad -|x+4|+4 = -5 \qquad\qquad |-\mathbf{4}$

$\qquad -|x+4| = -9 \qquad\qquad |:(\mathbf{-1})$

$\qquad\quad |x+4| = 9$

Führe zuerst Äquivalenzumformungen aus, bis die Betragszeichen auf einer Seite isoliert stehen. Unterscheide dann wieder den positiven und den negativen Betrag.

Ersetze $x+4$ durch y: $|y| = 9$

1. Fall: $\qquad\qquad y = 9$

$\qquad\qquad\qquad x+4 = 9 \qquad |-4$

$\qquad\qquad x+4-4 = 9-4$

$\qquad\qquad\qquad x = 5$

2. Fall: $\qquad\qquad y = -9$

$\qquad\qquad\qquad x+4 = -9 \qquad |-4$

$\qquad\qquad x+4-4 = -9-4$

$\qquad\qquad\qquad x = -13$

Probe: Beide Lösungen werden in die Betragsgleichung eingesetzt.

$$x = \mathbf{5} \qquad\qquad x = \mathbf{-13}$$
$$-|\mathbf{5}+4|+4 = -5 \qquad -|\mathbf{-13}+4|+4 = -5$$
$$-|9|+4 = -5 \qquad -|-9|+4 = -5$$
$$-9+4 = -5 \qquad -9+4 = -5$$
$$-5 = -5 \qquad -5 = -5$$

Ergebnis: Die Lösungsmenge der Betragsgleichung ist $\mathbb{L} = \{-13; 5\}$.

e) $\qquad |8-x|+2 = 5 \qquad\qquad |-2$

$\quad |8-x|+2-2 = 5-2$

$\qquad\quad |8-x| = 3$

Ersetze $8-x$ durch y und löse die Betragsgleichung $|y| = 3$.

1. Fall: $\qquad\qquad y = 3$

$\qquad\qquad\qquad 8-x = 3 \qquad |-8$

$\qquad\qquad 8-8-x = 3-8$

$\qquad\qquad\qquad -x = -5 \qquad |:(-1)$

$\qquad\qquad -x:(-1) = -5:(-1)$

$\qquad\qquad\qquad x = 5$

2. Fall: $y = -3$

$8 - x = -3 \qquad | -8$

$-x = -11 \qquad | : (-1)$

$x = 11$

In der Grundmenge sind beide Lösungen enthalten.

Probe: Überprüfe die Lösungen in der Betragsgleichung.

$$x = \mathbf{5} \qquad\qquad x = \mathbf{11}$$

$$|8 - \mathbf{5}| + 2 = 5 \qquad\qquad |8 - \mathbf{11}| + 2 = 5$$

$$|3| + 2 = 5 \qquad\qquad |-3| + 2 = 5$$

$$3 + 2 = 5 \qquad\qquad 3 + 2 = 5$$

$$5 = 5 \qquad\qquad 5 = 5$$

Ergebnis: Die Lösungsmenge der Betragsgleichung ist $\mathbb{L} = \{5; 11\}$.

f) $\left| x - \dfrac{1}{2}x + |-2| \right| - 2 = -2$

$\left| x - \dfrac{1}{2}x + 2 \right| - 2 = -2 \qquad\qquad | +2$

$\left| \dfrac{1}{2}x + 2 \right| = 0$

$\dfrac{1}{2}x = -2$

$x = -4$ es gibt genau eine Lösung.

Ergebnis: Die Lösungsmenge der Betragsgleichung ist $\mathbb{L} = \{-4\}$.

89. a) $|x| = -2,5$

$\mathbb{L} = \{\ \}$

$-2,5 < 0$

Keine Lösung, da der Betrag stets positiv ist.

b) $|2 + x| = 4$

$y = 2 + x$

$|y| = 4$

$4 > 0$

zwei Lösungen

1. Fall: $y = 4$

$2 + x = 4 \qquad | -2$

$x = 2$

2. Fall: $y = -4$

$2 + x = -4 \qquad | -2$

$x = -6$

Probe:

x = **2**	x = **−6**
$\lvert 2 + \mathbf{2} \rvert = 5$	$\lvert 2 + (\mathbf{-6}) \rvert = 5$
$\lvert 4 \rvert = 4$	$\lvert -4 \rvert = 4$
$4 = 4$	$4 = 4$

Ergebnis: Die Lösungsmenge ist $\mathbb{L} = \{2; -6\}$.

c) $\lvert 4 - x \rvert = -2$ $-2 < 0$
keine Lösung

Ergebnis: Die Lösungsmenge ist $\mathbb{L} = \{\ \}$.

d) $\lvert x + 2 \rvert + 8 = -4$ $\lvert -8$ $-12 < 0$
keine Lösung

   $\lvert x + 2 \rvert = -12$

Ergebnis: Die Lösungsmenge ist $\mathbb{L} = \{\ \}$.

e) $\left\lvert x - \dfrac{1}{2} + \lvert -2 \rvert - \lvert -2 \rvert \cdot x \right\rvert = 4$

   $\left\lvert x - \dfrac{1}{2} + 2 - 2 \cdot x \right\rvert = 4$

   $\left\lvert x - 2x - \dfrac{1}{2} + 2 \right\rvert = 4$

   $\left\lvert -x + 1\dfrac{1}{2} \right\rvert = 4$ $4 > 0$
zwei Lösungen

$y = -x + 1\dfrac{1}{2}; \quad \lvert y \rvert = 4$

1. Fall: $y = 4$

   $-x + 1\dfrac{1}{2} = 4$ $\left\lvert -1\dfrac{1}{2} \right.$

   $-x = 2\dfrac{1}{2}$

   $x = -2\dfrac{1}{2}$

2. Fall: $y = -4$

   $-x + 1\dfrac{1}{2} = -4$ $\left\lvert -1\dfrac{1}{2} \right.$

   $-x = -5\dfrac{1}{2}$

   $x = 5\dfrac{1}{2}$

Probe:

$$x = -2\frac{1}{2}$$

$$\left| -2\frac{1}{2} - \frac{1}{2} + |-2| - |-2| \cdot \left(-2\frac{1}{2} \right) \right| = 4$$

$$\left| -3 + 2 + 2 \cdot 2\frac{1}{2} \right| = 4$$

$$|-3 + 2 + 5| = 4$$

$$|4| = 4$$

$$4 = 4$$

$$x = 5\frac{1}{2}$$

$$\left| 5\frac{1}{2} - \frac{1}{2} + |-2| - |-2| \cdot 5\frac{1}{2} \right| = 4$$

$$\left| 5 + 2 - 2 \cdot 5\frac{1}{2} \right| = 4$$

$$|7 - 11| = 4$$

$$|-4| = 4$$

$$4 = 4$$

*Ergebni*s: Die Lösungsmenge ist $\mathbb{L} = \left\{ -2\frac{1}{2}; 5\frac{1}{2} \right\}$.

f) $\left| \frac{1}{2} + \frac{1}{4}x - |2 - 4| \right| = 2$

$$\left| \frac{1}{2} + \frac{1}{4}x - |-2| \right| = 2$$

$$\left| \frac{1}{2} + \frac{1}{4}x - 2 \right| = 2$$

$$\left| \frac{1}{2} - 2 + \frac{1}{4}x \right| = 2$$

$$\left| -1\frac{1}{2} + \frac{1}{4}x \right| = 2$$

$$y = -1\frac{1}{2} + \frac{1}{4}x; \quad |y| = 2$$

1. Fall: $\qquad y = 2$

$$-1\frac{1}{2}+\frac{1}{4}x = 2 \qquad\qquad \Big|+1\frac{1}{2}$$

$$\frac{1}{4}x = 3\frac{1}{2} \qquad\qquad |\cdot 4$$

$$x = 12\frac{4}{2}$$

$$x = 14$$

2. Fall: $\qquad y = -2$

$$-1\frac{1}{2}+\frac{1}{4}x = -2 \qquad\qquad \Big|+1\frac{1}{2}$$

$$\frac{1}{4}x = -\frac{1}{2} \qquad\qquad |\cdot 4$$

$$x = -\frac{4}{2}$$

$$x = -2$$

Probe:

$x = \mathbf{-2}$

$$\left| \frac{1}{2}+\frac{1}{4}\cdot(-2)-|-2| \right| = 2$$

$$\left| \frac{1}{2}-\frac{1}{2}-2 \right| = 2$$

$$|-2| = 2$$

$$2 = 2$$

$x = \mathbf{14}$

$$\left| \frac{1}{2}+\frac{1}{4}\cdot\mathbf{14}-|-2| \right| = 2$$

$$\left| \frac{1}{2}+3\frac{1}{2}-2 \right| = 2$$

$$|4-2| = 2$$

$$|2| = 2$$

$$2 = 2$$

Ergebnis: Die Lösungsmenge ist $\mathbb{L} = \{\mathbf{-2}; \mathbf{14}\}$.

90. a) $(x+5)\cdot(x-3)\cdot x = 0$

1. Fall: $\quad x+5 = 0 \quad \rightarrow \quad x_1 = -5$
2. Fall: $\quad x-3 = 0 \quad \rightarrow \quad x_2 = 3$
3. Fall: $\qquad x = 0 \quad \rightarrow \quad x_3 = 0$

Ergebnis: Die Lösungsmenge ist $\mathbb{L} = \{\mathbf{-5; 3; 0}\}$.

b) $\left(\dfrac{1}{2}x+3\right)\cdot(2x-1)\cdot\dfrac{1}{2}x=0$

    1. Fall: $\dfrac{1}{2}x+3=0 \quad\rightarrow\quad x_1=-6$

    2. Fall: $\quad 2x-1=0 \quad\rightarrow\quad x_2=\dfrac{1}{2}$

    3. Fall: $\quad\dfrac{1}{2}x=0 \quad\rightarrow\quad x_3=0$

    Ergebnis: Die Lösungsmenge ist $\mathbb{L}=\left\{\mathbf{-6;0;\dfrac{1}{2}}\right\}$.

c) $x^2+x=0$
    $x\cdot x+x=0$
    $x(x+1)=0$

    1. Fall: $\quad\;\; x=0 \quad\rightarrow\quad x_1=0$
    2. Fall: $\;\; x+1=0 \quad\rightarrow\quad x_2=-1$
    Ergebnis: Die Lösungsmenge ist $\mathbb{L}=\{\mathbf{-1;0}\}$.

d)
$$x\cdot(2x+3)=\dfrac{1}{2}x\cdot(5x-3)$$

$$x\cdot(2x+3)-\dfrac{1}{2}x\cdot(5x-3)=0$$

$$\dfrac{1}{2}x\cdot(4x+6)-\dfrac{1}{2}x\cdot(5x-3)=0$$

$$\dfrac{1}{2}x\cdot[4x+6-(5x-3)]=0$$

$$\dfrac{1}{2}x\cdot[4x+6-5x+3]=0$$

$$\dfrac{1}{2}x\cdot(-x+9)=0$$

    1. Fall: $\quad\dfrac{1}{2}x=0 \quad\rightarrow\quad x_1=0$

    2. Fall: $\;\; -x+9=0 \quad\rightarrow\quad x_2=9$
    Ergebnis: Die Lösungsmenge ist $\mathbb{L}=\{\mathbf{0;9}\}$.

e) $(x-2)^{12}\cdot(x+3)^{14}=0$

    1. Fall: $\;\; x-2=0 \quad\rightarrow\quad x_1=2$
    2. Fall: $\;\; x+3=0 \quad\rightarrow\quad x_2=-3$
    Ergebnis: Die Lösungsmenge ist $\mathbb{L}=\{\mathbf{-3;2}\}$.

In der Gleichung kommen 12 Faktoren der Form $x-2$ und 14 Faktoren der Form $x+3$ vor. Die Exponenten sind für die Lösungen unerheblich, da sie keine weiteren Lösungen liefern.

f) $(x^4 + x) \cdot (x^3 - x^2) = 0$

$x \cdot (x^3 + 1) \cdot x^2 \cdot (x - 1) = 0$

$x^3 \cdot (x^3 + 1) \cdot (x - 1) = 0$

1. Fall: $x^3 = 0$ $\rightarrow$ $x_1 = 0$

2. Fall: $x^3 + 1 = 0$

$x^3 = -1$ $\rightarrow$ $x_2 = -1$

3. Fall: $x - 1 = 0$ $\rightarrow$ $x_3 = 1$

Ergebnis: Die Lösungsmenge ist $\mathbb{L} = \{-1; \ 0; \ 1\}$.

91. a) Grafische Lösung:

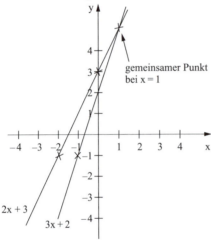

gemeinsamer Punkt bei $x = 1$

$2x + 3$

$3x + 2$

Rechnerische Überprüfung:

$2x + 3 = 3x + 2$ $\qquad |-2x$

$3 = 3x + 2 - 2x$

$3 = x + 2$ $\qquad |-2$

$1 = x$

Ergebnis: Die Lösungsmenge ist $\mathbb{L} = \{1\}$.

b) Grafische Lösung:

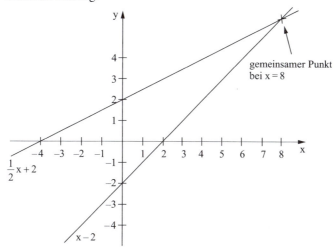

$\frac{1}{2}x+2$

$x-2$

Rechnerische Überprüfung:

$$x - 2 = \frac{1}{2}x + 2 \qquad \Big| -\frac{1}{2}x$$

$$\frac{1}{2}x - 2 = 2 \qquad \Big| +2$$

$$\frac{1}{2}x = 4$$

$$x = 8$$

Ergebnis: Die Lösungsmenge ist $\mathbb{L} = \{8\}$.

c) Grafische Lösung

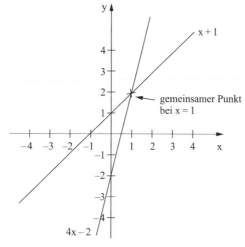

$x+1$

$4x-2$

Rechnerische Überprüfung:

$$x + 1 = \frac{2}{3}(6x - 3)$$

$$x + 1 = 4x - 2 \qquad | - x$$

$$1 = 3x - 2 \qquad | + 2$$

$$3 = 3x \qquad | : 3$$

$$1 = x$$

Ergebnis: Die Lösungsmenge ist $\mathbb{L} = \{1\}$.

d) Grafische Lösung:

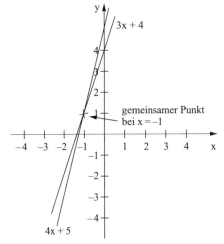

Rechnerische Überprüfung:

$$3x + 4 = 4x + 5 \qquad | - 3x$$

$$4 = x + 5 \qquad | - 5$$

$$-1 = x$$

Ergebnis: Die Lösungsmenge ist $\mathbb{L} = \{-1\}$.

e) Grafische Lösung:

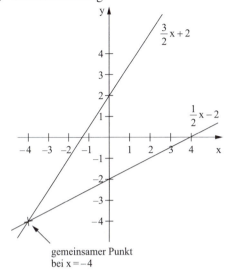

gemeinsamer Punkt
bei x = −4

Rechnerische Überprüfung:

$$\frac{1}{2}x - 2 = \frac{3}{2}x + 2 \qquad \bigg| -\frac{1}{2}x$$
$$-2 = x + 2 \qquad \bigg| -2$$
$$-4 = x$$

Ergebnis: Die Lösungsmenge ist $\mathbb{L} = \{-4\}$.

f) Grafische Lösung:

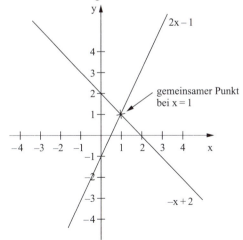

Rechnerische Überprüfung:

$$2x - 1 = -x + 2 \qquad | + x$$

$$3x - 1 = 2 \qquad | + 1$$

$$3x = 3 \qquad | : 3$$

$$x = 1$$

Ergebnis: Die Lösungsmenge ist $\mathbb{L} = \{1\}$.

92. a) $ax + b^2 = -4 \qquad | - b^2$

$$ax = -4 - b^2 \qquad | : a$$

$$x = \frac{-4 - b^2}{a}, \, a \in \mathbb{N}$$

Probe:

$$a \frac{-4 - b^2}{a} + b^2 = -4$$

$$-4 - b^2 + b^2 = -4$$

Ergebnis: Die Lösungsmenge ist $\mathbb{L} = \left\{ \dfrac{-4 - b^2}{a} \right\}$.

b) $\dfrac{x}{ab^2} + \dfrac{1}{2}a = a - b \qquad \left| - \dfrac{1}{2}a \right.$

$$\frac{x}{ab^2} = \frac{1}{2}a - b \qquad | \cdot ab^2$$

$$x = \left(\frac{1}{2}a - b \right) \cdot ab^2$$

Probe:

$$\frac{\left(\frac{1}{2}a - b \right) \cdot ab^2}{ab^2} + \frac{1}{2}a = a - b$$

$$\frac{1}{2}a - b + \frac{1}{2}a = a - b$$

$$a - b = a - b$$

Ergebnis: Die Lösungsmenge ist $\mathbb{L} = \left\{ \left(\dfrac{1}{2}a - b \right) \cdot ab^2 \right\}$.

c) $ab^2x - ax^2 = 0$

$$x(ab^2 - ax) = 0$$

1. Fall: $x = 0 \; \rightarrow \; x_1 = 0$

2. Fall: $ab^2 - ax = 0$ $\qquad |-ax$

$\qquad\qquad ab^2 = ax$ $\qquad\quad |:a$

$\qquad\qquad ab^2 : a = ax : a$

$\qquad\qquad \dfrac{ab^2}{a} = \dfrac{ax}{a}$

$\qquad\qquad b^2 = x$

Ergebnis: Die Lösungsmenge ist $\mathbb{L} = \{0;\, b^2\}$

d) $\dfrac{a^2b^2}{x} - 4 = ab$ $\qquad\qquad |+4\ ,\, x \neq 0$

$\qquad \dfrac{a^2b^2}{x} = ab + 4$ $\qquad\qquad |: a^2b^2$

$\qquad \dfrac{a^2b^2}{xa^2b^2} = \dfrac{ab+4}{a^2b^2}$

$\qquad \dfrac{1}{x} = \dfrac{ab+4}{a^2b^2}$

$\qquad x = \dfrac{a^2b^2}{ab+4}$

Beachte:
$ab + 4 = 0$ bzw. $ab = -4$ ist un-
möglich, da $a, b \in \mathbb{N}$.

Ergebnis: Die Lösungsmenge ist $\mathbb{L} = \left\{ \dfrac{a^2b^2}{ab+4} \right\}$.

e) $(x-a) \cdot b = (x - ab) \cdot a$

$\quad (x-a) \cdot b = ax - a^2b$

$\quad xb - ab = ax - a^2b$ $\qquad |-ax$

$\quad bx - ax - ab = -a^2b$ $\qquad |+ab$

$\quad bx - ax = ab - a^2b$

$\quad (b-a) \cdot x = ab - a^2b$ $\qquad |:(b-a)$

$\quad \dfrac{(b-a) \cdot x}{(b-a)} = \dfrac{ab - a^2b}{b-a}$

Beachte: $b = a$ ist wegen
$b - a = 0$ nicht erlaubt.

$\quad x = \dfrac{ab - a^2b}{b-a}$

Ergebnis: Die Lösungsmenge ist $\mathbb{L} = \left\{ \dfrac{ab - a^2b}{b-a} \right\}$ mit $a \neq b$.

f) $\quad abx + ax + b = ax - ab \qquad \big| - ax$

$$abx + b = -ab \qquad \big| - b$$

$$abx = -b - ab \qquad \big| : ab$$

$$\frac{abx}{ab} = \frac{-b - ab}{ab}$$

$$x = \frac{-b - ab}{ab}$$

$$x = \frac{-b(1 + a)}{ab}$$

$$x = -\frac{1 + a}{a}$$

Ergebnis: Die Lösungsmenge ist $\mathbb{L} = \left\{ -\dfrac{\mathbf{1 + a}}{\mathbf{a}} \right\}$ mit $a \neq 0$.

93. a) Das Gymnasium hat 25 männliche Schüler mehr als weibliche Schüler.

b) 870 Schülerinnen und Schüler besuchen das Gymnasium.

c) Die Anzahl der Gymnasiastinnen ist dreimal so groß wie die Anzahl der Gymnasiasten.

d) Die Gleichung ist äquivalent zu Teilaufgabe c.

e) Zieht man von der doppelten Anzahl der weiblichen Schüler die Zahl 68 ab, so erhält man die Gesamtzahl der Schüler des Gymnasiums.

f) Die Anzahl der Schüler ist um 10 größer als die Anzahl der Schülerinnen.

94. Anzahl der roten Kugeln: $x + 26$
Anzahl der weißen Kugeln: x
Gesamtzahl: $x + 26 + x = 120$

$$2x + 26 = 120 \qquad \big| - 26$$

$$2x = 94 \qquad \big| : 2$$

$$x = 47$$

Ergebnis: Es befinden sich **47** weiße und $47 + 26 = \mathbf{73}$ rote Kugeln in der Lostrommel.

95. Dreimal so viele Männer wie Frauen: $3w = m$
Gesamtzahl: $m + w = 520$

$\left.\begin{array}{l} m + w = 520 \\ m = 3w \end{array}\right\}$ $\begin{aligned} 3w + w &= 520 \\ 4w &= 520 \quad |:4 \\ w &= 130 \end{aligned}$ Ersetze in $m + w = 520$ die Variable m durch $m = 3w$.

Ergebnis: Es arbeiten **130** Frauen und $3 \cdot 130 = $ **390** Männer in dem Betrieb.

96. Anzahl der Gewinne: x
Anzahl der Nieten: $7x$
Gesamtzahl der Lose: $1\,400$

$\begin{aligned} x + 7x &= 1400 \\ 8x &= 1400 \quad |:8 \\ x &= 175 \end{aligned}$

Ergebnis: Insgesamt gab es bei der Lotterie **175** Gewinne und $7 \cdot 175 = $ **1 225** Nieten.

97. Anzahl der Mädchen: x
Anzahl der Jungen: $x + 9$
Ein Mädchen fehlt: $x - 1$
Anzahl der Jungen: $2 \cdot (x - 1)$

$\begin{aligned} x + 9 &= 2 \cdot (x - 1) \\ x + 9 &= 2x - 2 \quad |-x \\ 9 &= x - 2 \quad |+2 \\ 11 &= x \end{aligned}$

Ergebnis: In der Klasse sind **11** Mädchen und $11 + 9 = $ **20** Jungen.

98. Die Summe beträgt 650: $x + y = 650$
Die Differenz beträgt –22: $x - y = -22 \quad |+y$
$ x = -22 + y$

$\left.\begin{array}{l} x + y = 650 \\ x = -22 + y \end{array}\right\}$ $\begin{aligned} -22 + y + y &= 650 \\ -22 + 2y &= 650 \quad |+22 \\ 2y &= 672 \quad |:2 \\ y &= 336 \end{aligned}$

$\begin{aligned} x + 336 &= 650 \quad |-336 \\ x &= 314 \end{aligned}$

Ergebnis: Die beiden gesuchten Zahlen sind **336** und **314**.

99. Der Produktwert ist 847: $x \cdot y = 847$

Der Quotientenwert ist 7: $\dfrac{x}{y} = 7$ $\quad | \cdot y$

$$\dfrac{x \cdot y}{y} = 7y$$

$$x = 7y$$

$\left. \begin{array}{l} x \cdot y = 847 \\ x = 7y \end{array} \right\}$ $7y \cdot y = 847$

$$7y^2 = 847 \quad |:7$$

$$y^2 = 121$$

$$y = 11$$

Aus $\dfrac{x}{y} = \dfrac{x}{11} = 7$ folgt $x = 77$.

Ergebnis: Der Produktwert der Zahlen **77** und **11** ist 847, der Quotientenwert dieser Zahlen ist 7.

100. Gesuchte Zahl: $y \cdot 10 + x \cdot 1$

Quersumme: $x + y$

Das 7-Fache der Quersumme ist $7(x + y)$.

Die Einerstelle x ist um 3 kleiner als die Zehnerstelle y: $y - 3 = x$

$\left. \begin{array}{l} 7 \cdot (x + y) = y \cdot 10 + x \cdot 1 \\ x = y - 3 \end{array} \right\}$ $7 \cdot (y - 3 + y) = y \cdot 10 + y - 3$

$$7 \cdot (2y - 3) = 10y + y - 3$$

$$14y - 21 = 11y - 3 \qquad | + 21$$

$$14y = 11y + 18 \qquad | - 11y$$

$$3y = 18 \qquad |:3$$

$$y = 6$$

$$\rightarrow \ x = 6 - 3 = 3$$

Ergebnis: Die gesuchte Zahl ist **63**.

101. Gesuchte Zahl: $y \cdot 10 + x \cdot 1$

Die Einerziffer ist um 2 kleiner als die Zehnerziffer: $y - 2 = x$

Verdoppelung der Zehnerziffer: $2y \cdot 10 + x \cdot 1$

Verdoppelung der Zahl: $2(y \cdot 10 + x \cdot 1)$

$2y \cdot 10 + x \cdot 1 = 2 \cdot (y \cdot 10 + x \cdot 1)$ (Gleichung 1)

$x = y - 2$ (Gleichung 2)

Gleichung 2 eingesetzt in Gleichung 1:

$20y + \mathbf{y - 2} = 2 \cdot (10y + \mathbf{y - 2})$

$\quad 21y - 2 = 2 \cdot (11y - 2)$

$\quad 21y - 2 = 22y - 4 \qquad\qquad |+4$

$\quad 21y + 2 = 22y \qquad\qquad\quad |-21y$

$\qquad\quad 2 = y$

$x = y - 2 \;\rightarrow\; x = 0$

Ergebnis: Die gesuchte Zahl ist **20**.

102. Zahl von Paula: x

$$\underbrace{x \cdot 3}_{\substack{\textbf{Multiplikation} \\ \textbf{mit 3}}} + \underbrace{x - 3}_{\substack{\textbf{Subtraktion} \\ \textbf{von 3}}} + \underbrace{x : 3}_{\substack{\textbf{Division} \\ \textbf{durch 3}}} - 13 = \underbrace{5 \cdot x}_{\substack{\textbf{Fünffaches der} \\ \textbf{gesuchten Zahl}}}$$

$3x + x - 3 + \dfrac{1}{3}x - 13 = 5x$

$3x + x + \dfrac{1}{3}x - 3 - 13 = 5x$

$\qquad 4\dfrac{1}{3}x - 16 = 5x \qquad\qquad |+16$

$\qquad\qquad 4\dfrac{1}{3}x = 5x + 16 \qquad |-5x$

$\qquad 4\dfrac{1}{3}x - 5x = 16$

$\qquad\qquad -\dfrac{2}{3}x = 16 \qquad\qquad \Big| : \dfrac{2}{3}$

$\qquad\qquad\quad -x = 16 \cdot \dfrac{3}{2}$

$\qquad\qquad\quad -x = 24$

$\qquad\qquad\quad\; x = -24$

Ergebnis: Paula denkt sich die Zahl **–24**.

103. $\underbrace{\dfrac{1}{3}x}_{\textbf{dritter}} + \underbrace{\dfrac{1}{4}x}_{\textbf{vierter}} + \underbrace{\dfrac{1}{6}x}_{\textbf{sechster}} + \underbrace{\dfrac{1}{8}x}_{\substack{\textbf{achter} \\ \textbf{Teil der gesuchten Zahl}}} = \underbrace{x - 3}_{\substack{\textbf{3 weniger als} \\ \textbf{die Zahl selbst}}}$

$$\frac{8}{24}x + \frac{6}{24}x + \frac{4}{24}x + \frac{3}{24}x = x - 3$$

$$\frac{21}{24}x = x - 3 \qquad | -x$$

$$\frac{21}{24}x - \frac{24}{24}x = -3$$

$$-\frac{3}{24}x = -3 \qquad \left| : \left(-\frac{3}{24}\right) \right.$$

$$x = -3 \cdot \left(-\frac{24}{3}\right)$$

$$x = 24$$

Ergebnis: Die gesuchte Zahl heißt 24.

104. 1. Zahl: x

2. Zahl: y

3. Zahl: z

1. Zahl doppelt so groß wie die 3. Zahl: $x = 2z \quad \rightarrow \quad z = \frac{1}{2}x$

2. Zahl um 5 kleiner als die 1. Zahl: $\quad x = y + 5 \ \rightarrow \ y = x - 5$

Die Summe aller Zahlen beträgt 1 000: $\quad x + y + z = 1\,000$

$$x + \underset{\underset{x-5}{\downarrow}}{y} + \underset{\underset{\frac{1}{2}x}{\downarrow}}{z} = 1\,000$$

$$x + x - 5 + \frac{1}{2}x = 1\,000$$

$$x + x + \frac{1}{2}x - 5 = 1\,000$$

$$2{,}5x - 5 = 1\,000 \quad | +5$$

$$x = 402$$

Probe:

1. Zahl: 402 ⎫
2. Zahl: 397 ⎬ $402 + 397 + 201 = 1\,000$
3. Zahl: 201 ⎭

Ergebnis: Die gesuchten Zahlen sind **402, 397** und **201**.

105. a) Winkelsumme im Dreieck: $\alpha + \beta + \gamma = 180°$

α ist dreimal so groß wie β: $\beta = \dfrac{1}{3}\alpha$

α und β sind zusammen doppelt so groß wie γ:

$$\gamma = \frac{1}{2}\cdot(\alpha + \underset{\underset{\frac{1}{3}\alpha}{\downarrow}}{\beta}) = \frac{1}{2}\cdot\left(\alpha + \frac{1}{3}\alpha\right) = \frac{1}{2}\cdot\frac{4}{3}\alpha = \frac{2}{3}\alpha$$

$$\left.\begin{array}{l}\beta = \dfrac{1}{3}\alpha \\[4pt] \gamma = \dfrac{2}{3}\alpha \\[4pt] \alpha + \beta + \gamma = 180°\end{array}\right\} \quad \begin{array}{r}\alpha + \dfrac{1}{3}\alpha + \dfrac{2}{3}\alpha = 180° \\[4pt] 2\alpha = 180° \\[4pt] \alpha = 90°\end{array}$$

$\beta = \dfrac{1}{3}\alpha = \dfrac{1}{3}\cdot 90° = 30°$

$\gamma = \dfrac{2}{3}\alpha = \dfrac{2}{3}\cdot 90° = 60°$

Ergebnis: Das Dreieck ist **rechtwinklig**. Die anderen beiden Winkel betragen **30°** und **60°**.

b) Beide Dreiecke erfüllen die Voraussetzungen, sind jedoch nicht kongruent.
Es gibt also **keinen** Kongruenzsatz, der allein diese 3 Winkel vorgibt.

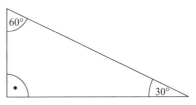

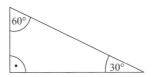

106. Flächeninhalt eines Rechtecks: $\ell \cdot b = 432 \text{ m}^2$
Die Länge beträgt das Dreifache der Breite: $\ell = 3 \cdot b$

$$\left.\begin{array}{l}\ell \cdot b = 432 \text{ m}^2 \\[4pt] \ell = 3 \cdot b\end{array}\right\} \quad \begin{array}{r}3b \cdot b = 432 \text{ m}^2 \\[4pt] 3b^2 = 432 \text{ m}^2 \qquad |:3 \\[4pt] b^2 = 144 \text{ m}^2 \\[4pt] b = 12 \text{ m}\end{array}$$

$\ell = 3 \cdot 12 \text{ m} = 36 \text{ m}$

Probe: $\ell \cdot b = 36 \text{ m} \cdot 12 \text{ m} = 432 \text{ m}^2$

Ergebnis: Das Grundstück hat die Seitenlängen **36 m** und **12 m**

107. Umfang eines Rechtecks: $2 \cdot (\ell + b) = 30 \text{ cm}$ $\qquad |:2$

$$\ell + b = 15 \text{ cm}$$

Die Länge ist $1\frac{1}{2}$-mal so groß wie die Breite: $\ell = 1\frac{1}{2} \cdot b$

$\left. \begin{array}{l} \ell + b = 15 \text{ cm} \\[2mm] \ell = \dfrac{3}{2} \cdot b \end{array} \right\}$ $\dfrac{3}{2} \cdot b + b = 15 \text{ cm}$

$$\frac{5}{2} b^2 = 15 \text{ cm} \qquad\qquad\qquad \left| : \frac{5}{2} \right.$$

$$b = 15 \text{ cm} \cdot \frac{2}{5}$$

$$b = 6 \text{ cm}$$

$\ell = 15 \text{ cm} - b = 15 \text{ cm} - 6 \text{ cm} = 9 \text{ cm}$

Probe: $2 \cdot (\ell + b) = 2 \cdot (6 \text{ cm} + 9 \text{ cm}) = 2 \cdot 15 \text{ cm} = 30 \text{ cm}$ Umfang

$$\ell = 1\frac{1}{2} \cdot b = \frac{3}{2} \cdot b = \frac{3}{2} \cdot 6 \text{ cm} = 9 \text{ cm}$$

Ergebnis: Das Rechteck hat die Breite **6 cm** und die Länge **9 cm**.

108. Die Länge ist um 2 cm größer als die doppelte Breite:

$$\ell - 2 \text{ cm} = 2b \qquad | + 2 \text{ cm}$$
$$\ell = 2b + 2 \text{ cm}$$

Flächeninhalt A eines Rechtecks: $\ell \cdot b = A$

Die Länge wird um 3 cm vergrößert: $\ell + 3 \text{ cm}$

Die Breite wird um 3 cm vergrößert: $b + 3 \text{ cm}$

Die Fläche nimmt um 150 cm^2 zu:

$$(\ell + 3 \text{ cm}) \cdot (b + 3 \text{ cm}) = \underset{\underset{\textstyle A = \ell \cdot b}{\downarrow}}{A} + 150 \text{ cm}^2$$

$$(\ell + 3 \text{ cm}) \cdot (b + 3 \text{ cm}) = \ell \cdot \mathbf{b} + 150 \text{ cm}^2$$

$\ell \cdot b + \ell \cdot 3 \text{ cm} + 3 \text{ cm} \cdot b + 9 \text{ cm}^2 = \ell \cdot b + 150 \text{ cm}^2 \qquad | - \ell \cdot b$

$\ell \cdot 3 \text{ cm} + b \cdot 3 \text{ cm} + 9 \text{ cm}^2 = 150 \text{ cm}^2 \qquad | - 9 \text{ cm}^2$

$$3 \text{ cm} \underset{\underset{\textstyle \ell = 2b + 2 \text{ cm}}{\downarrow}}{(\ell + b)} = 141 \text{ cm}^2$$

$$3 \text{ cm} \cdot (2b + 2 \text{ cm} + b) = 141 \text{ cm}^2$$

$$3 \text{ cm} \cdot (3b + 2 \text{ cm}) = 141 \text{ cm}^2$$

$$9b \text{ cm} + 6 \text{ cm}^2 = 141 \text{ cm}^2 \qquad | - 6 \text{ cm}^2$$

$$9b \text{ cm} = 135 \text{ cm}^2 \qquad | : 9 \text{ cm}$$

$$b = 15 \text{ cm}$$

Probe: $(15\,\text{cm}+3\,\text{cm})\cdot(32\,\text{cm}+3\,\text{cm})=$
$$18\,\text{cm}\cdot35\,\text{cm}=630\,\text{cm}^2$$
$$15\,\text{cm}\cdot32\,\text{cm}=480\,\text{cm}^2$$
$$630\,\text{cm}^2-480\,\text{cm}^2=150\,\text{cm}^2$$

Ergebnis: Das gesuchte Rechteck hat die Breite **15 cm** und die Länge **32 cm**.

109. Menge der 40 %igen Salzsäure: x

Menge des Wassers (0 %ige Salzsäure): $3\,\ell-x$

$$\underbrace{x\cdot0,4}_{\substack{\text{reine Menge}\\\text{an Salzsäure}}}+(3\ell-x)\cdot\underset{\substack{\uparrow\\\text{Wasser enthält}\\\text{0 \% Salzsäure}}}{0}=\underbrace{3\,\ell\cdot0,03}_{\substack{\text{reine Menge}\\\text{an Salzsäure}\\\text{im Gemisch}}}$$

$$0,4x=3\,\ell\cdot0,03$$
$$0,4x=0,09\,\ell\qquad|:0,4$$
$$x=0,225\,\ell$$

Ergebnis: Mit **0,225** ℓ 40 %iger Salzsäure und **2,775** ℓ Wasser erhält man $3\,\ell$ 3 %ige Salzsäure.

110. a) Menge des 65 %igen Fruchtsafts: x

Menge des reinen Fruchtsafts: 0,65x

Menge des reinen Fruchtsafts in $1\,000\,\ell$ Gemisch: $0,25\cdot1\,000\,\ell$
$$0,65x=0,25\cdot1\,000\,\ell$$
$$0,65x=250\,\ell\quad|:0,65$$
$$x\approx385\,\ell$$

Menge an Wasser: $1\,000\,\ell-385\,\ell=615\,\ell$

Ergebnis: Für $1\,000\,\ell$ 25 %igen Fruchtsaft muss man **385** ℓ 65 %igen Fruchtsaft mit **615** ℓ Wasser mischen.

b) Menge des 45 %igen Fruchtsafts: x

Menge des reinen Fruchtsafts: $500\,\ell-x$
$$x\cdot0,1+(500\,\ell-x)\cdot0,45=0,25\cdot500\,\ell$$
$$0,1x+500\,\ell\cdot0,45-0,45x=125\,\ell$$
$$0,1x+225\,\ell-0,45x=125\,\ell$$
$$0,1x-0,45x+225\,\ell=125\,\ell\qquad|-225\,\ell$$
$$-0,35x=-100\,\ell\qquad|:(-0,35)$$
$$x\approx286\,\ell$$

Menge an 45 %igem Fruchtsaft: $500\,\ell-286\,\ell=214\,\ell$

Ergebnis: Für $500\,\ell$ 25 %igen Fruchtsaft muss man **286** ℓ 10 %igen Fruchtsaft mit **214** ℓ 45 %igem Fruchtsaft mischen.

111. a) $2\% = 2 \cdot \dfrac{1}{100} = \dfrac{2}{100} = \dfrac{1}{50}$

$2\% = \mathbf{0,02}$

Um von dem Prozentwert zu der zugehörigen reellen Zahl zu kommen, musst du das Komma um 2 Stellen nach links verschieben.

b) $2\,\text{\textperthousand} = 2 \cdot \dfrac{1}{1\,000} = \dfrac{2}{1\,000} = \dfrac{1}{500}$

$2\,\text{\textperthousand} = \mathbf{0,002}$

Um von dem Promillewert zu der zugehörigen reellen Zahl zu kommen, musst du das Komma um 3 Stellen nach links verschieben.

c) $25\% = \dfrac{25}{100} = \dfrac{1}{4}$

$25\% = \mathbf{0,25}$

d) $12,5\% = \dfrac{12,5}{100} = \dfrac{125}{1\,000} = \dfrac{1}{8}$

$12,5\% = \mathbf{0,125}$

e) $85\% = \dfrac{85}{100} = \dfrac{17}{20}$

$85\% = \mathbf{0,85}$

f) $22,4\% = \dfrac{22,4}{100} = \dfrac{224}{1\,000} = \dfrac{28}{125}$

$22,4\% = \mathbf{0,224}$

g) $0,0024\,\text{\textperthousand} = \dfrac{0,0024}{1\,000} = \dfrac{24}{10\,000\,000} = \dfrac{3}{1\,250\,000}$

$0,0024\,\text{\textperthousand} = \mathbf{0,000\,0024}$

h) $112,58\% = \dfrac{112,58}{100} = \dfrac{11\,258}{10\,000} = \dfrac{5\,629}{5\,000}$

$112,58\% = \mathbf{1,1258}$

i) $1\,525\% = \dfrac{1\,525}{100} = \dfrac{61}{4} = \mathbf{15}\dfrac{\mathbf{1}}{\mathbf{4}}$

$1\,525\% = \mathbf{15,25}$

j) $12\dfrac{1}{6}\% = \dfrac{12\frac{1}{6}}{100} = \dfrac{\frac{73}{6}}{100} = \dfrac{73}{600}$

$12\dfrac{1}{6}\% = 12,1\overline{6}\% = \mathbf{0,12\overline{6}}$

k) $1,25\,‰ = \dfrac{1,25}{1\,000} = \dfrac{125}{100\,000} = \dfrac{1}{800}$

$1,25\,‰ = \mathbf{0,00125}$

l) $2\,866,4\% = 2\,866,4 \cdot \dfrac{1}{100} = \dfrac{28\,664}{1\,000} = \dfrac{3\,583}{125} = 28\dfrac{83}{125}$

$2\,866,4\% = \mathbf{28,664}$

m) $245\dfrac{1}{3}\,‰ = \dfrac{245\frac{1}{3}}{1\,000} = \dfrac{\frac{736}{3}}{1\,000} = \dfrac{736}{3\,000} = \dfrac{92}{375}$

$245\dfrac{1}{3}\,‰ = 245,\overline{3} = \mathbf{0,2453}$

n) $245\dfrac{1}{3}\% = \dfrac{245\frac{1}{3}}{100} = \dfrac{\frac{736}{3}}{100} = \dfrac{736}{100} = \dfrac{184}{75} = 2\dfrac{34}{75}$

$245\dfrac{1}{3}\% = 245,\overline{3} = \mathbf{2,45\overline{3}}$

112. a) $\dfrac{5}{4} = 1\dfrac{1}{4} = 1\dfrac{25}{100} = 1,25 = \mathbf{125\,\%}$

b) $1,358 = \mathbf{135,8\,\%}$

c) $\dfrac{2}{3} = 0,\overline{6} = 66,\overline{6}\,\% \approx \mathbf{66,67\,\%}$

d) $\dfrac{8}{5} = 1\dfrac{3}{5} = 1,6 = \mathbf{160\,\%}$

e) $10\dfrac{1}{3} = 10,\overline{3} = 1\,033,\overline{3}\,\% \approx \mathbf{1\,033,33\,\%}$

f) $\dfrac{1}{6} = 0,1\overline{6} = 16,\overline{6}\,\% \approx \mathbf{16,67\,\%}$

g) $\dfrac{4}{9} = 0,\overline{4} = 0,44\overline{4} = 44,\overline{4}\,\% \approx \mathbf{44,44\,\%}$

h) $0,1258 = \mathbf{12,58\,\%}$

i) $1\frac{1}{4} = 1,25 = \mathbf{125\,\%}$

j) $16\frac{1}{7} = 16,\overline{142857} = 1\,614,\overline{285714}\ \% \approx \mathbf{1\,614,29\,\%}$

k) $\left(\dfrac{1}{10}\right)^3 = \dfrac{1}{1\,000} = 0,001 = \mathbf{0,1\,\%}$

l) $\left(\dfrac{2}{3}\right)^3 = \dfrac{8}{27} = 0,\overline{296} = 0,296\overline{296} = 29,\overline{629}\ \% \approx \mathbf{29,63\,\%}$

113. a) $50\,\%$ von $12\,\% = 0,50 \cdot 0,12 = 0,06 = \mathbf{6\,\%}$

b) $36\,\%$ von $47\,\% = 0,36 \cdot 0,47 = 0,1692 = \mathbf{16,92\,\%}$

c) $112\,\%$ von $112\,\% = 1,12 \cdot 1,12 = 1,2544 = \mathbf{125,44\,\%}$

d) $60\,\%$ von $40\,\% = 0,6 \cdot 0,4 = 0,24 = \mathbf{24\,\%}$

e) $40\,\%$ von $60\,\% = 0,4 \cdot 0,6 = 0,24 = \mathbf{24\,\%}$

f) $52\,\%$ von $1\,\% = 0,52 \cdot 0,01 = 0,0052 = \mathbf{0,52\,\%}$

g) $12\,‰$ von $16\,\% = \dfrac{12}{1\,000} \cdot \dfrac{16}{100} = \dfrac{6}{3\,125} = 0,00192 = \mathbf{0,192\,\%} = \mathbf{1,92\,‰}$

h) $125\,\%$ von $125\,‰ = \dfrac{125}{100} \cdot \dfrac{125}{1\,000} = \dfrac{5}{32} = 0,15625 = \mathbf{15,625\,\%} = \mathbf{156,25\,‰}$

i) $2,4\,‰$ von $1\frac{1}{16}\,‰ = 2,4 \cdot \dfrac{1}{1\,000} \cdot \dfrac{17}{16} \cdot \dfrac{1}{1\,000} = 0,000\,00255 = \mathbf{0,00255\,‰}$

j) $128\,‰$ von $1\,615\,‰ = \dfrac{128}{1\,000} \cdot \dfrac{1\,615}{1\,000} = \dfrac{646}{3\,125} = 0,20672$

    $= \mathbf{20,672\,\%} = \mathbf{206,72\,‰}$

114. a) $\left.\begin{array}{l} G = 132\,€ \\ P = 8,25\,€ \end{array}\right\}$ $p = \dfrac{P}{G} \cdot 100\,\% = \dfrac{8,25}{132} \cdot 100\,\% = \mathbf{6,25\,\%}$

b) $\left.\begin{array}{l} G = 525\,m^3 \\ p = 140\,\% \end{array}\right\}$ $P = G \cdot \dfrac{p}{100\,\%} = 525\,m^3 \cdot \dfrac{140\,\%}{100\,\%} = \mathbf{735\,m^3}$

c) $\left.\begin{array}{l} P = 12,5\,m^2 \\ p = 5\,\% \end{array}\right\}$ $G = \dfrac{P}{p} \cdot 100\,\% = \dfrac{12,5\,m^2}{5\,\%} \cdot 100\,\% = \mathbf{250\,m^2}$

d) $\left.\begin{array}{l} P = 225\text{ t} \\ p = 12{,}5\ \% \end{array}\right\}$ $G = \dfrac{P}{p} \cdot 100\ \% = \dfrac{225\text{ t}}{12{,}5\ \%} \cdot 100\ \% = \mathbf{1\ 800\ t}$

e) $\left.\begin{array}{l} G = 15\ € \\ p = 16\ \% \end{array}\right\}$ $P = G \cdot \dfrac{p}{100\ \%} = 15\ € \cdot \dfrac{16\ \%}{100\ \%} = \mathbf{2{,}40\ €}$

f) $\left.\begin{array}{l} G = 1{,}2\text{ m}^2 \\ P = 14{,}4\text{ m}^2 \end{array}\right\}$ $p = \dfrac{P}{G} \cdot 100\ \% = \dfrac{14{,}4\text{ m}^2}{1{,}2\text{ m}^2} \cdot 100\ \% = \mathbf{1\ 200\ \%}$

g) $\left.\begin{array}{l} G = 120 \\ p = 40\ \% \end{array}\right\}$ $P = \dfrac{p}{100} \cdot G = \dfrac{40}{100} \cdot 120 = \dfrac{2}{5} \cdot 120 = 2 \cdot 24 = \mathbf{48}$

h) $\left.\begin{array}{l} G = 6\ \ell \\ P = 7{,}2\ m\ell = 0{,}0072\ \ell \end{array}\right\}$ $p = \dfrac{P}{100} \cdot 100\ \% = \dfrac{0{,}0072\ \ell}{6\ \ell} \cdot 100\ \%$

$$= 0{,}0012 \cdot 100\ \% = \mathbf{0{,}12\ \%} = \mathbf{1{,}2\ ‰}$$

i) $\left.\begin{array}{l} P = 132{,}5 \\ p = 12{,}5\ \% \end{array}\right\}$ $G = P \cdot \dfrac{100}{p} = 132{,}5 \cdot \dfrac{100}{12{,}5} = 132{,}5 \cdot 8 = \mathbf{1\ 060}$

115. $\left.\begin{array}{l} P = 1\,120\ € \\ p = 112\ \% \end{array}\right\}$ $G = P \cdot \dfrac{100\ \%}{p} = 1\,120\ € \cdot \dfrac{100\ \%}{112\ \%} = 10\ € \cdot 100 = \mathbf{1\ 000\ €}$

Ergebnis: Der Laptop kostete vor der Erhöhung **1 000 €**.

116. a) Der Grundwert ist $G = 35{,}50\ €$, der Prozentsatz ist $p = 10\ \%$; gesucht ist der Prozentwert.

$\left.\begin{array}{l} G = 35{,}50\ € \\ p = 110\ \% \end{array}\right\}$ $P = G \cdot \dfrac{p}{100\ \%} = 35{,}50\ € \cdot \dfrac{110\ \%}{100\ \%} = \mathbf{39{,}05\ €}$

Ergebnis: Die Aktie kostet am Mittag **39,05 €**.

b) $\left.\begin{array}{l} G = 39{,}05\ € \\ p = 90\ \% \end{array}\right\}$ $P = G \cdot \dfrac{p}{100\ \%} = 39{,}05\ € \cdot \dfrac{90\ \%}{100\ \%} \approx \mathbf{35{,}15\ €}$

Ergebnis: Am Abend hat die Aktie einen Wert von **35,15 €**.
Beachte: Auf den ersten Blick könnte man meinen, der Aktienwert am Abend sei nach 10 % Wachstum und anschließender Abnahme um 10 % gleich dem Wert am Morgen. Das ist falsch, weil die jeweiligen Grundwerte verschieden sind.

117. $\left.\begin{array}{l} P = 6\,345{,}74\ € \\ p = 97\ \% \end{array}\right\}$ $G = P \cdot \dfrac{100\ \%}{p} = 6\,345{,}74\ € \cdot \dfrac{100\ \%}{97\ \%} = \mathbf{6\ 542\ €}$

Ergebnis: Die Möbel waren mit **6 542 €** ausgezeichnet.

118. Alter Lohn: $2\,223,20\,€ - 238,20\,€ = 1\,985\,€$

$\left.\begin{array}{l} G = 1\,985\,€ \\ P = 2\,223,20\,€ \end{array}\right\}$ $p = \dfrac{P}{G} \cdot 100\,\% = \dfrac{2\,223,20\,€}{1\,985\,€} \cdot 100\,\% = 112\,\%$

$\underbrace{112\,\%}_{\substack{\text{neuer} \\ \text{Lohn}}} - \underbrace{100\,\%}_{\substack{\text{alter} \\ \text{Lohn}}} = 12\,\%$

alternative Lösung:

$\left.\begin{array}{l} G = 1\,985\,€ \\ P = 238,20\,\% \end{array}\right\}$ $p = \dfrac{P}{G} \cdot 100\,\% = \dfrac{238,20\,€}{1\,985\,€} \cdot 100\,\% = 12\,\%$

Ergebnis: Die Lohnerhöhung für Frau Liebig beträgt **12 %**.

119. a) CSU: 548 Stimmen $= 76\,\%$ des Restes

SPD: 27 % aller Wählerstimmen

$\left.\begin{array}{l} P = 548 \text{ Stimmen} \\ p = 76\,\% \end{array}\right\}$ $G = P \cdot \dfrac{100\,\%}{p} = 548 \text{ Stimmen} \cdot \dfrac{100\,\%}{76\,\%} \approx 721 \text{ Stimmen}$

721 Stimmen gehören nicht zur SPD, das sind $100\,\% - 27\,\% = 73\,\%$ aller Stimmen.

$\left.\begin{array}{l} P = 721 \text{ Stimmen} \\ p = 73\,\% \end{array}\right\}$ $G = P \cdot \dfrac{100\,\%}{p} = 721 \text{ Stimmen} \cdot \dfrac{100\,\%}{73\,\%} = 988 \text{ Stimmen}$

Ergebnis: Bei der Wahl gaben **988** Wahlberechtigte ihre Stimme ab.

b) $\left.\begin{array}{l} P = 988 \text{ Stimmen} \\ G = 1\,235 \text{ Stimmen} \end{array}\right\}$

$p = \dfrac{P}{G} \cdot 100\,\% = \dfrac{988 \text{ Stimmen}}{1\,235 \text{ Stimmen}} \cdot 100\,\% = 0,8 \cdot 100\,\% = 80\,\%$

Ergebnis: Die Wahlbeteiligung bei der Kommunalwahl in Kirchstadt lag bei **80 %**.

120. a) Der Grundwert ist die Summe aller geworfenen Punkte:

$G = 85 + 77 = 167$

Für die Mannschaft Blau:

$\left.\begin{array}{l} G = 162 \\ P = 85 \end{array}\right\}$ $p = \dfrac{P}{G} \cdot 100\,\% = \dfrac{85}{162} \cdot 100\,\% = 52,5\,\%$

Für die Mannschaft Weiß:

$\left.\begin{array}{l} G = 162 \\ P = 77 \end{array}\right\}$ $p = \dfrac{P}{G} \cdot 100\,\% = \dfrac{77}{162} \cdot 100\,\% = 47,5\,\%$

Ergebnis: Die Mannschaft Blau hat **52,2 %** aller Punkte erreicht, die Mannschaft Weiß **47,5 %**.

b) Die Punkte der Mannschaft Weiß entsprechen 100 %.

$\left.\begin{array}{l} G = 77 \\ P = 85 \end{array}\right\} \quad p = \dfrac{P}{G} \cdot 100\,\% = \dfrac{85}{77} \cdot 100\,\% \approx 110\,\%$

Ergebnis: Die Mannschaft Blau hat $110\,\% - 100\,\% = \mathbf{10\,\%}$ mehr Punkte als die Mannschaft Weiß.

121. a) $\left.\begin{array}{l} p_1 = 106\,\% \\ p_2 = 105\,\% \end{array}\right\} \quad p_{ges} = p_1 \cdot p_2 = 106\,\% \cdot 105\,\% = 1,06 \cdot 1,05 = 1,113 = 111,3\,\%$

$111,3\,\% - 100\,\% = 11,3\,\%$

Ergebnis: Die gesamte prozentuale Zunahme der Schüler in den beiden Jahren betrug **11,3 %**.

b) Veränderung der Schülerzahl im ersten Jahr: $106\,\% = 1,06$
Veränderung der Schülerzahl im zweiten Jahr: $105\,\% = 1,05$
Veränderung der Schülerzahl im dritten Jahr: x
Maximale Gesamtzunahme nach 3 Jahren: $110\,\% = 1,10$

$$1,06 \cdot 1,05 \cdot x = 1,10$$
$$1,113 \cdot x = 1,10$$
$$x = 1,10 : 1,113$$
$$x \approx 98,8\,\%$$

$100\,\% - 98,8\,\% = 1,2\,\%$

Ergebnis: Im dritten Jahr müsste die Schülerzahl um etwa **1,2 %** abnehmen.

122. a) $\left.\begin{array}{l} G = 40,50\ \text{Ct} \\ P = 45,50\ \text{Ct} \end{array}\right\} \quad p = \dfrac{P}{G} \cdot 100\,\% = \dfrac{45,50\ \text{Ct}}{40,50\ \text{Ct}} \cdot 100\,\% \approx 112,35\,\%$

$112,35\,\% - 100\,\% = 12,35\,\%$

Ergebnis: Die prozentuale Zunahme beträgt etwa **12,35 %**.

b) 3 500 ℓ Heizöl kosteten am 01. April $3\,500 \cdot 40,50\ \text{Ct} = 1\,417,50\ €$.
3,5 % Rabatt bedeutet $p_R = 100\,\% - 3,5\,\% = 96,5\,\%$.
2 % Skonto bedeutet $p_S = 100\,\% - 2\,\% = 98\,\%$.

$\left.\begin{array}{l} G = 1\,417,50\ € \\ p_S = 98\,\% \\ p_R = 96,5\,\% \end{array}\right\}$

$$P = G \cdot \dfrac{p_R}{100\,\%} \cdot \dfrac{p_S}{100\,\%} = = 1\,417,50\ € \cdot \dfrac{96,5\,\%}{100\,\%} \cdot \dfrac{98\,\%}{100\,\%} = 1\,340,53\ €$$

Ergebnis: Am 1. April musste man für 3 500 ℓ Heizöl **1 340,53 €** bezahlen.

123. a) $\begin{matrix} G = 225\,000\,€ \\ p_1 = 1,5\,\% \end{matrix}\Big\}$ $p_1 = G \cdot \dfrac{p_1}{100\,\%} = 225\,000\,€ \cdot \dfrac{1,5\,\%}{100\,\%} = 3\,375\,€$

$\begin{matrix} G = 225\,000\,€ \\ p_2 = 3,41\,\% \end{matrix}\Big\}$ $p_1 = G \cdot \dfrac{p_2}{100\,\%} = 225\,000\,€ \cdot \dfrac{3,41\,\%}{100\,\%} = 7\,672,50\,€$

$\begin{matrix} G = 225\,000\,€ \\ p_3 = 3,5\,\% \end{matrix}\Big\}$ $p_3 = G \cdot \dfrac{p_3}{100\,\%} = 225\,000\,€ \cdot \dfrac{3,5\,\%}{100\,\%} = 7\,875\,€$

Gesamtkosten:

$\underbrace{225\,000\,€}_{\text{Kaufpreis}} + \underbrace{3\,375\,€}_{\text{Notarkosten}} + \underbrace{7\,672,50\,€}_{\text{Maklergebühr}} + \underbrace{7\,875\,€}_{\substack{\text{Grunderwerbs-}\\\text{steuer}}} = 243\,922,50\,€$

Ergebnis: Familie Müller muss sich zum Kauf der Wohnung
243 922,50 € − 25 000 € = **218 922,50 €** von der Bank leihen.

b) 1,5 % von 218 922,50 €

$\begin{matrix} p = 1,5\,\% \\ G = 218\,922,50\,€ \end{matrix}\Big\}$ $P = G \cdot \dfrac{p}{100\,\%} = 218\,922,50\,€ \cdot \dfrac{1,5\,\%}{100\,\%} = 3\,283,84\,€$

15 000 € − 3 283,84 € = 11 716,16 €

Familie Müller kann im ersten Jahr zusätzlich 11 716,16 € Zinsen bezahlen. Das entspricht folgendem Zinssatz:

$\begin{matrix} G = 218\,922,50\,€ \\ P = 11\,716,16\,€ \end{matrix}\Big\}$ $p = \dfrac{P}{G} \cdot 100\,\% = \dfrac{11\,716,16\,€}{218\,922,50\,€} \cdot 100 = 5,35\,\%$

Ergebnis: Der Zinssatz darf höchstens **5,35 %** pro Jahr betragen.

124. a) $\begin{matrix} G = 85\,€ \\ p = 116\,\% \end{matrix}\Big\}$ $P = G \cdot \dfrac{p}{100} = 85\,€ \cdot \dfrac{116}{100} = 98,6\,€$

Ergebnis: Der MP3-Player kostet mit Mehrwertsteuer **98,60 €**.

b) Nun gilt ein neuer Prozentsatz (19 % oder 119 %):

$\begin{matrix} G = 85\,€ \\ p = 119\,\% \end{matrix}\Big\}$ $P = G \cdot \dfrac{p}{100} = 85\,€ \cdot \dfrac{119}{100} = 101,15\,€$

Ergebnis: Der MP3-Player kostet nach der Mehrwertsteuererhöhung
101,15 €.

c) $\begin{matrix} G = 98,6\,€ \\ P = 101,15\,€ \end{matrix}\Big\}$ $p = \dfrac{P}{G} \cdot 100\,\% = \dfrac{101,15\,€}{98,6\,€} \cdot 100\,\% \approx 102,59\,\%$

Ergebnis: Die prozentuale Zunahme beträgt ungefähr **2,6 %**.

125. a) Nimm beispielsweise den Grundwert 100 € an, um beide Angebote vergleichen zu können.

Angebot 1:

$$\left.\begin{array}{l} G = 100\ \text{€} \\ p = 20\ \% \end{array}\right\} \quad P = G \cdot \frac{p}{100} = 100\ \text{€} \cdot \frac{20}{100} = 20\ \text{€}$$

Rabatt beim 1. Angebot: 20 €

Angebot 2:

$$\left.\begin{array}{l} G_1 = 100\ \text{€} \\ p_1 = 16\ \% \end{array}\right\} \quad P_1 = G_1 \cdot \frac{p_1}{100} = 100\ \text{€} \cdot \frac{16}{100} = 16\ \text{€}$$

Bei Barzahlung gibt es 4 % Rabatt auf den Kaufpreis:

100 € − 16 € = 84 €

$$\left.\begin{array}{l} G_2 = 84\ \text{€} \\ p_2 = 4\ \% \end{array}\right\} \quad P_2 = G_2 \cdot \frac{p_2}{100} = 84\ \text{€} \cdot \frac{4}{100} = 3,36\ \text{€}$$

Gesamtrabatt beim 2. Angebot: 16 € + 3,36 € = 19,36 €

Ergebnis: Das **erste** Angebot ist für den Kunden lukrativer.

b) Angebot 1:

$$\left.\begin{array}{l} G = 75\ \text{€} \\ p = 20\ \% \end{array}\right\} \quad P = G \cdot \frac{p}{100} = 75\ \text{€} \cdot \frac{20}{100} = 15\ \text{€}$$

75 € − 15 € = 60 €

Angebot 2:

$$\left.\begin{array}{l} G_1 = 75\ \text{€} \\ p_1 = 16\ \% \end{array}\right\} \quad P_1 = G_1 \cdot \frac{p_1}{100} = 75\ \text{€} \cdot \frac{16}{100} = 12\ \text{€}$$

Der Preis ohne Barzahlungsrabatt ist 75 € − 12 € = 63 €.

$$\left.\begin{array}{l} p_2 = 4\ \% \\ G_2 = 63\ \text{€} \end{array}\right\} \quad P_2 = \frac{p_2}{100} \cdot G_2 = 63\ \text{€} \cdot \frac{4}{100} = 2,52\ \text{€}$$

Der Gesamtrabatt ist 2,52 € + 12 € = 14,52 €, die Hose kostet 60,48 €.

Ergebnis: Die Hose kostet beim ersten Angebot **60 €**, beim zweiten Angebot **60,48 €**.

c) Mit 50 € ist der Prozentwert gegeben.

1. Angebot:

$$\left.\begin{array}{l} p = 80\ \% \\ P = 50\ \text{€} \end{array}\right\} \quad G = P \cdot \frac{100}{p} = 50\ \text{€} \cdot \frac{100}{80} = 62,50\ \text{€}$$

2. Angebot:

$$\left.\begin{array}{l} p_1 = 96\ \% \\ P_1 = 50\ \text{€} \end{array}\right\} \quad G_1 = P_1 \cdot \frac{100}{p_1} = 50\ \text{€} \cdot \frac{100}{96} = 52,08\ \text{€}$$

4 %iger Preisnachlass bei Barzahlung:

$\left.\begin{array}{l} p_2 = \quad 84\,\% \\ P_2 = 52,08\,€ \end{array}\right\}$ $G_2 = P_2 \cdot \dfrac{100}{p_2} = 52,08\,€ \cdot \dfrac{100}{84} = 62\,€$

Ergebnis: Der Pullover darf beim 1. Angebot vor der Aktion höchstens **62,50 €** kosten, beim 2. Angebot vor der Aktion höchstens **62 €**.

126. a) $\left.\begin{array}{l} G = \quad 5\,\ell \\ p = 30\,\% \end{array}\right\}$ $P = G \cdot \dfrac{p}{100} = 5\,\ell \cdot \dfrac{30}{100} = 1,5\,\ell$

1,5 ℓ reiner Saft
5 ℓ – 1,5 ℓ = 3,5 ℓ Wasser

Die Saftmenge 1,5 ℓ bleibt erhalten:

$\left.\begin{array}{l} P = 1,5\,\ell \\ p = 10\,\% \end{array}\right\}$ $G = P \cdot \dfrac{100}{p} = 1,5\,\ell \cdot \dfrac{100}{10} = 15\,\ell$

Man erhält bei einer 10 %igen Mischung 15 ℓ Getränk.

$15\,\ell - \underset{\substack{\text{Diese Wassermenge}\\ \text{war bereits im}\\ \text{Getränk enthalten.}}}{3,5\,\ell} - \underset{\substack{\text{Menge des}\\ \text{enthaltenen}\\ \text{Saftes.}}}{1,5\,\ell} = 10\,\ell$

Ergebnis: Es müssen noch **10** ℓ Wasser zugegeben werden.

b) Jetzt sind 13,5 ℓ Wasser im Getränk. Dieses Wasser soll im neuen Getränk 70 % entsprechen.

$\left.\begin{array}{l} P = 13,5\,\ell \\ p = \ \ 70\,\% \end{array}\right\}$ $G = P \cdot \dfrac{100}{p} = 13,5\,\ell \cdot \dfrac{100}{70} \approx 19,3\,\ell$

Das Getränk hat das Gesamtvolumen 19,3 ℓ.

$19,3\,\ell - \underset{\substack{\text{Wasser-}\\ \text{volumen}}}{13,5\,\ell} - \underset{\substack{\text{bereits}\\ \text{enthaltener}\\ \text{Saft}}}{1,5\,\ell} = 4,3\,\ell$

Ergebnis: Es müssen noch **4,3** ℓ Saft zugegeben werden.

127. Ein Würfel hat 12 Kanten.
6 m : 12 = 0,5 m Kantenlänge

$\left.\begin{array}{l} p = 100\,\% \\ G = 0,5\,m \end{array}\right\}$ $P = G \cdot \dfrac{p}{100} = 0,5\,m \cdot \dfrac{110}{100} = 0,55\,m$ ist die neue Kantenlänge.

Ursprüngliches Volumen: $V_u = a^3 = (0,5\,m)^3 = 0,125\,m^3$

Ursprüngliche Oberfläche: $O_u = 6 \cdot a^2 = 6 \cdot (0,5\,m)^2 = 1,5\,m^2$

a) Neue Oberfläche: $O_{neu} = 6 \cdot (a_{neu})^2 = 6 \cdot (0,55 \text{ m})^2 = 1,815 \text{ m}^2$

$\left.\begin{array}{l} G = \quad 1,5 \text{ m}^2 \\ P = 1,815 \text{ m}^2 \end{array}\right\}$ $p = \dfrac{P}{G} \cdot 100 \% = \dfrac{1,815 \text{ m}^2}{1,5 \text{ m}^2} \cdot 100 \% = 121 \%$

Ergebnis: Die Oberfläche nimmt um **21 %** zu.

b) Neues Volumen: $V_{neu} = (a_{neu})^3 = (0,55 \text{ m})^3 = 0,166375 \text{ m}^3$

$\left.\begin{array}{l} P = 0,166375 \text{ m}^3 \\ G = \quad 0,125 \text{ m}^3 \end{array}\right\}$ $p = \dfrac{P}{G} \cdot 100 \% = \dfrac{0,166375 \text{ m}^3}{0,125 \text{ m}^3} \cdot 100 \%$

$$= 1,331 \cdot 100 \% = 133,1 \%$$

Ergebnis: Das Volumen nimmt um **33,1 %** zu.

128. a) Zunahme im Jahr 2004:

$\left.\begin{array}{l} G = 45\,388 \\ P = 48\,293 \end{array}\right\}$ $p = \dfrac{P}{G} \cdot 100 \% = \dfrac{48\,293}{45\,388} \cdot 100 \% = 106,4 \%$

Zunahme im Jahr 2005:

$\left.\begin{array}{l} G = 48\,293 \\ P = 50\,197 \end{array}\right\}$ $p = \dfrac{P}{G} \cdot 100 \% = \dfrac{50\,197}{48\,293} \cdot 100 \% = 103,9 \%$

Ergebnis: Die Zunahme der Besucher vom Jahr 2003 zum Jahr 2004 beträgt **6,4 %**, die Steigerung vom Jahr 2004 zum Jahr 2005 beträgt **3,9 %.**

b) Eine Steigerung um 4,5 % entspricht einem Prozentsatz von 104,5 %.

$\left.\begin{array}{l} p = 104,5 \% \\ G = \quad 50\,197 \text{ **2005**} \end{array}\right\}$ $P = G \cdot \dfrac{p}{100} = 50\,197 \cdot \dfrac{104,5}{100} \approx \mathbf{52\,456}$

Ergebnis: Im Jahr 2006 müssten bei der erwarteten Steigerung um 4,5 % insgesamt **52 456** Badegäste kommen.

129. a) Ereignis A: 5 cm entsprechen 50 Skalenteilen.
Ereignis B: 3,5 cm entsprechen 35 Skalenteilen.
Ereignis C: 4,2 cm entsprechen 42 Skalenteilen.
Ereignis D: 1,5 cm entsprechen 15 Skalenteilen.

b) Der Grundwert für alle prozentualen Anteile der Balken ist die Gesamtsumme aller Skalenteile aus Teilaufgabe a: $50 + 35 + 42 + 15 = 142$

A: $\quad P = 50 \quad \rightarrow \quad p = \dfrac{P}{G} \cdot 100 \% = \dfrac{50}{142} \cdot 100 \% \approx \mathbf{35,2\ \%}$

B: $\quad P = 35 \quad \rightarrow \quad p = \dfrac{P}{G} \cdot 100 \% = \dfrac{35}{142} \cdot 100 \% \approx \mathbf{24,6\ \%}$

C: $\quad P = 42 \quad \rightarrow \quad p = \dfrac{P}{G} \cdot 100 \% = \dfrac{42}{142} \cdot 100 \% \approx \mathbf{29,6\ \%}$

D: $\qquad$ P = 15 $\quad \rightarrow \qquad$ $p = \dfrac{P}{G} \cdot 100\,\% = \dfrac{15}{142} \cdot 100\,\% \approx \mathbf{10{,}6\,\%}$

Probe:
Die Summe aller prozentualen Anteile muss 100 % ergeben:
$35{,}2\,\% + 24{,}6\,\% + 29{,}6\,\% + 10{,}6\,\% = 100\,\%$.

130. a) Ergebnisse der Winkelmessung:
  1: **133°**
  2: **35°**
  3: **67°**
  4: **93°**
  5: **32°**

Probe:
Alle Winkel müssen zusammen 360° ergeben, das ist erfüllt:
$133° + 35° + 67° + 93° + 32° = 360°$

b) Der Grundwert bei einem Kreisdiagramm ist stets 360°. Die prozentualen Anteile der einzelnen Kreissegmente sind:

1: $P = 133°$ $\quad \rightarrow \quad$ $p = \dfrac{P}{G} \cdot 100\,\% = \dfrac{133°}{360°} \cdot 100\,\% \approx \mathbf{36{,}9\,\%}$

2: $P = 35°$ $\quad \rightarrow \quad$ $p = \dfrac{P}{G} \cdot 100\,\% = \dfrac{35°}{360°} \cdot 100\,\% \approx \mathbf{9{,}7\,\%}$

3: $P = 67°$ $\quad \rightarrow \quad$ $p = \dfrac{P}{G} \cdot 100\,\% = \dfrac{67°}{360°} \cdot 100\,\% \approx \mathbf{18{,}6\,\%}$

4: $P = 93°$ $\quad \rightarrow \quad$ $p = \dfrac{P}{G} \cdot 100\,\% = \dfrac{93°}{360°} \cdot 100\,\% \approx \mathbf{25{,}8\,\%}$

5: $P = 32°$ $\quad \rightarrow \quad$ $p = \dfrac{P}{G} \cdot 100\,\% = \dfrac{32°}{360°} \cdot 100\,\% \approx \mathbf{8{,}9\,\%}$

Probe:
Die Gesamtsumme der prozentualen Anteile muss 100 % ergeben:
$36{,}9\,\% + 9{,}7\,\% + 18{,}6\,\% + 25{,}8\,\% + 8{,}9\,\% = 99{,}9\,\%$
Die Abweichung zu 100 % kommt durch die Rundungen zustande.

131. a) Arithmetisches Mittel:
$(6\,900 + 5\,700 + 3\,100 + 6\,900 + 2\,200 + 3\,000) : 6 =$
$27\,800 : 6 = 4\,633{,}\overline{3} \approx 4\,633$

Ergebnis: Im Mittel kamen **4 633** Zuschauer zu den ersten sechs Heimspielen.

b) $\begin{array}{l} G = 4\,500 \\ P = 4\,633 \end{array} \Bigr\}\ p = \dfrac{P}{G}\cdot 100\ \% = \dfrac{4\,633}{4\,500}\cdot 100\ \% = 102{,}96\ \%$

$102{,}96\ \% - 100\ \% = 2{,}96\ \%$

Ergebnis: Der Mittelwert aus Teilaufgabe a liegt **2,96 %** über den geforderten 4 500 Zuschauern pro Heimspiel.

c) Maßstab: 1 000
Zuschauer pro
0,8 cm.

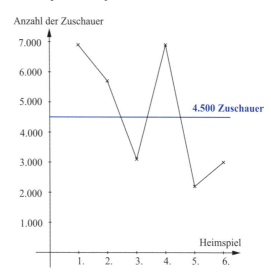

132. a) Arithmetisches Mittel aller Würfe:
$(1\cdot 30 + 2\cdot 16 + 3\cdot 45 + 4\cdot 12 + 5\cdot 42 + 6\cdot 55) : 200 =$
$(30 + 32 + 135 + 48 + 210 + 330) : 200 = 785 : 200 = 3{,}925$

b) Der relative Anteil wird mit dem Grundwert 200 berechnet.

1: $P = 30 \quad\rightarrow\quad p = \dfrac{P}{G}\cdot 100\ \% = \dfrac{30}{200}\cdot 100\ \% = \mathbf{15\ \%}$

2: $P = 16 \quad\rightarrow\quad p = \dfrac{P}{G}\cdot 100\ \% = \dfrac{16}{200}\cdot 100\ \% = \mathbf{8\ \%}$

3: $P = 45 \quad\rightarrow\quad p = \dfrac{P}{G}\cdot 100\ \% = \dfrac{45}{200}\cdot 100\ \% = \mathbf{22{,}5\ \%}$

4: $P = 12 \quad\rightarrow\quad p = \dfrac{P}{G}\cdot 100\ \% = \dfrac{12}{200}\cdot 100\ \% = \mathbf{6\ \%}$

5: $P = 42 \quad\rightarrow\quad p = \dfrac{P}{G}\cdot 100\ \% = \dfrac{42}{200}\cdot 100\ \% = \mathbf{21\ \%}$

6: $P = 55 \quad\rightarrow\quad p = \dfrac{P}{G}\cdot 100\ \% = \dfrac{55}{200}\cdot 100\ \% = \mathbf{27{,}5\ \%}$

Probe:
Die Summe aller relativen Anteile muss 100 % sein:
15 % + 8 % + 22,5 % + 6 % + 21 % + 27,5 % = 100 %

c) Ein Wurf entspricht 360° : 200 = 1,8°.
Berechnung der Innenwinkel des Kreisdiagramms:
1: 1,8° · 30 = 54°
2: 1,8° · 16 = 28,8°
3: 1,8° · 45 = 81°
4: 1,8° · 12 = 21,6°
5: 1,8° · 42 = 75,6°
6: 1,8° · 55 = 99°

Probe:
Die Summe aller Innenwinkel des Kreisdiagramms beträgt
54° + 28,8° + 81° + 21,6° + 75,6° + 99° = 360°.

Kreisdiagramm:

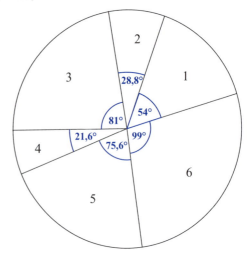

133. a) Berechnung des Tagesmittelwerts (arithmetisches Mittel):
(12 °C + 14 °C + 17 °C + 22 °C + 24 °C + 22 °C + 21 °C + 18 °C + 15 °C) : 9 =
165 °C : 9 = 18,$\overline{3}$ °C ≈ 18,3 °C

Ergebnis: Der Tagesmittelwert beträgt **18,3 °C**.

b) Maßstab: z. B. 3 cm in y-Richtung entsprechen 10 °C.
Multipliziere die Werte der Temperaturen mit 3. So erhältst du den Abstand der jeweiligen Punkte von der x-Achse in mm.

$$12\,°C \xrightarrow{\ 3\cdot 12\ } 36\,cm$$
$$14\,°C \xrightarrow{\ 3\cdot 14\ } 42\,cm \quad usw.$$

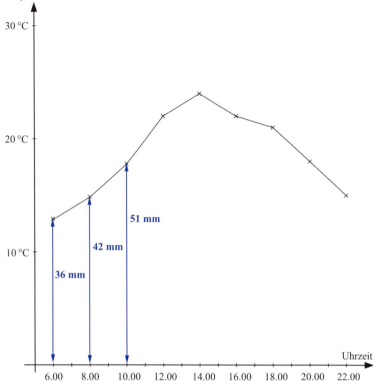

134. a) Zur Ermittlung der prozentualen Anteile misst du zuerst die Innenwinkel des Kreisdiagramms:

Russland: 126°   Deutschland: 58°
Norwegen: 86°   Niederlande: 68°
übrige Länder: 22°

Probe:
Die Gesamtsumme der Innenwinkel beträgt
$126° + 58° + 86° + 68° + 22° = 360°$.

Der Grundwert für die Berechnung des prozentualen Anteils beträgt jeweils 360°:

Russland: $P = 126° \rightarrow p = \dfrac{P}{G} \cdot 100\,\% = \dfrac{126}{360°} \cdot 100\,\% = \mathbf{35\,\%}$

Deutschland: $\quad P = 58° \quad \rightarrow \quad p = \dfrac{P}{G} \cdot 100\,\% = \dfrac{58}{360°} \cdot 100\,\% = \mathbf{16,\overline{1}\,\%}$

Norwegen: $\quad\ \ P = 86° \quad \rightarrow \quad p = \dfrac{P}{G} \cdot 100\,\% = \dfrac{86}{360°} \cdot 100\,\% = \mathbf{23,\overline{8}\,\%}$

Niederlande: $\quad P = 68° \quad \rightarrow \quad p = \dfrac{P}{G} \cdot 100\,\% = \dfrac{68}{360°} \cdot 100\,\% = \mathbf{18,\overline{8}\,\%}$

übrige Länder: $P = 22° \quad \rightarrow \quad p = \dfrac{P}{G} \cdot 100\,\% = \dfrac{22}{360°} \cdot 100\,\% = \mathbf{6,\overline{1}\,\%}$

Probe:
Zählt man alle prozentualen Anteile zusammen, dann erhält man
$35\,\% + 16,1\,\% + 23,9\,\% + 18,9\,\% + 6,1\,\% = 100\,\%$.

b) Säulendiagramm:
In y-Richtung entsprechen 10 % der Länge 2 cm. Multipliziere den prozentualen Anteil mit 2. So erhältst du die Höhe der einzelnen Säulen in Millimeter.

$35\,\% \xrightarrow{\ 35\cdot2\ } 70\text{ mm} = 7\text{ cm}$
$16,1\,\% \xrightarrow{\ 16,1\cdot2\ } 32,2\text{ mm} = 3,22\text{ cm}\ \ \text{usw.}$

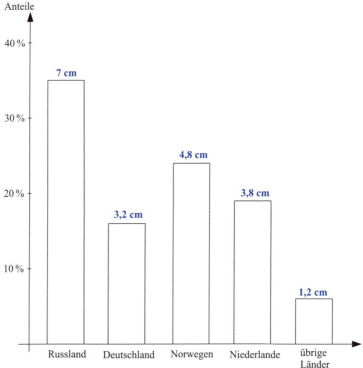

135. a) Säulendiagramm: 10 % entsprechen 1 cm.

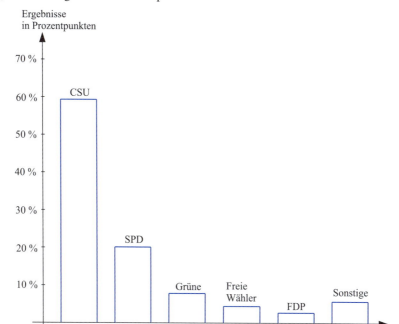

Kreisdiagramm:
Zuerst bestimmst du zu den prozentualen Anteilen den jeweiligen
Innenwinkel. Der Grundwert ist 360°.

CSU: $p = 59{,}3\,\% \;\rightarrow\; P = \dfrac{p}{100\,\%} \cdot G = \dfrac{59{,}3\,\%}{100\,\%} \cdot 360° = 213{,}5°$

SPD: $p = 20{,}1\,\% \;\rightarrow\; P = \dfrac{p}{100\,\%} \cdot G = \dfrac{20{,}1\,\%}{100\,\%} \cdot 360° = 72{,}4°$

Grüne: $p = 7{,}8\,\% \;\rightarrow\; P = \dfrac{p}{100\,\%} \cdot G = \dfrac{7{,}8\,\%}{100\,\%} \cdot 360° = 28{,}1°$

Freie Wähler: $p = 4{,}4\,\% \;\rightarrow\; P = \dfrac{p}{100\,\%} \cdot G = \dfrac{4{,}4\,\%}{100\,\%} \cdot 360° = 15{,}8°$

FDP: $p = 2{,}7\,\% \;\rightarrow\; P = \dfrac{p}{100\,\%} \cdot G = \dfrac{2{,}7\,\%}{100\,\%} \cdot 360° = 9{,}7°$

Sonstige: $p = 5{,}7\,\% \;\rightarrow\; P = \dfrac{p}{100\,\%} \cdot G = \dfrac{5{,}7\,\%}{100\,\%} \cdot 360° = 20{,}5°$

Probe:

Die Summe aller Innenwinkel muss 360° ergeben:

$$213{,}5° + 72{,}4° + 28{,}1° + 15{,}8° + 9{,}7° + 20{,}5° = 360°$$

b) Hier ist der Prozentwert gefragt. Diesmal ist der Grundwert 5 205 000, also die Anzahl der abgegebenen gültigen Stimmen. Den Prozentsatz kannst du dem angegebenen Ergebnis der Aufgabenstellung entnehmen.

CSU:

$$p = 59{,}3\,\% \quad \rightarrow \quad P = \frac{p}{100\,\%} \cdot G = \frac{59{,}3\,\%}{100\,\%} \cdot 5\,205\,000 \approx \mathbf{3\,086\,565}$$

SPD:

$$p = 20{,}1\,\% \quad \rightarrow \quad P = \frac{p}{100\,\%} \cdot G = \frac{20{,}1\,\%}{100\,\%} \cdot 5\,205\,000 \approx \mathbf{1\,046\,205}$$

Grüne:

$$p = 7{,}8\,\% \quad \rightarrow \quad P = \frac{p}{100\,\%} \cdot G = \frac{7{,}8\,\%}{100\,\%} \cdot 5\,205\,000 \approx \mathbf{405\,990}$$

Freie Wähler:

$$p = 4{,}4\,\% \quad \rightarrow \quad P = \frac{p}{100\,\%} \cdot G = \frac{4{,}4\,\%}{100\,\%} \cdot 5\,205\,000 \approx \mathbf{229\,020}$$

FDP:

$$p = 2{,}7\,\% \quad \rightarrow \quad P = \frac{p}{100\,\%} \cdot G = \frac{2{,}7\,\%}{100\,\%} \cdot 5\,205\,000 \approx \mathbf{140\,535}$$

Sonstige:

$$p = 5,7\,\% \quad \rightarrow \quad P = \frac{p}{100\,\%} \cdot G = \frac{5,7\,\%}{100\,\%} \cdot 5\,205\,000 \approx \mathbf{296\,685}$$

Als Probe werden alle Ergebnisse addiert. Der Wert der Summe muss dabei näherungsweise die Gesamtzahl der gültigen Stimmen sein:
$3\,086\,565 + 1\,046\,205 + 405\,990 + 229\,020 + 140\,535 + 296\,685$
$= 5\,205\,000$

c) Wahlbeteiligung: 57,1 % (Prozentsatz)
Abgegebene gültige Stimmen: 4.314.200 (Prozentwert)

$$G = P \cdot \frac{100\,\%}{p} = 5.205.000 \cdot \frac{100\,\%}{57,1\,\%} \approx 9.116.000$$

Ergebnis: In Bayern sind etwa **9 116 000** Personen wahlberechtigt.

136. a)

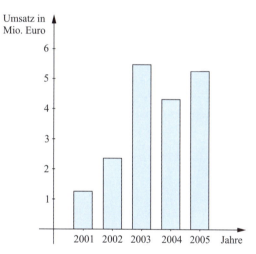

b) Mittelwert der Umsätze der letzten fünf Jahre:
(1,2 Mio. € + 2,3 Mio. € + 5,4 Mio. € + 4,3 Mio. € + 5,2 Mio. €) : 5 =
18,4 Mio. € : 5 ≈ 3,7 Mio. €

Ergebnis: Der Mittelwert der Umsätze in den letzten fünf Jahren beträgt
3,7 Mio. €.

c) 2001 → 2002:

$$\left. \begin{array}{l} G = 1,2\ \text{Mio. €} \\ P = 2,3\ \text{Mio. €} \end{array} \right\} \quad p = \frac{P}{G} \cdot 100\,\% = \frac{2,3}{1,2} \cdot 100\,\% \approx 191,7\,\%$$

2002 → 2003:

$$G = 2,3 \text{ Mio.} \, € \atop P = 5,4 \text{ Mio.} \, €\Bigg\} \; p = \frac{P}{G} \cdot 100 \, \% = \frac{5,4}{2,3} \cdot 100 \, \% \approx 234,8 \, \%$$

2003 → 2004:

$$G = 5,4 \text{ Mio.} \, € \atop P = 4,3 \text{ Mio.} \, €\Bigg\} \; p = \frac{P}{G} \cdot 100 \, \% = \frac{4,3}{5,4} \cdot 100 \, \% \approx 79,6 \, \%$$

2004 → 2005:

$$G = 4,3 \text{ Mio.} \, € \atop P = 5,2 \text{ Mio.} \, €\Bigg\} \; p = \frac{P}{G} \cdot 100 \, \% = \frac{5,2}{4,3} \cdot 100 \, \% \approx 120,9 \, \%$$

Ergebnis: Von 2001 bis 2002 betrug der prozentuale Zuwachs **91,7 %**.
Von 2002 bis 2003 betrug der prozentuale Zuwachs **134,8 %**.
Von 2003 bis 2004 ging der Umsatz um $100 \, \% - 79,6 \, \% = \mathbf{20,4 \, \%}$
zurück. Von 2004 bis 2005 stieg der Umsatz um **20,9 %**.

d) 20 % entsprechen 1 cm.

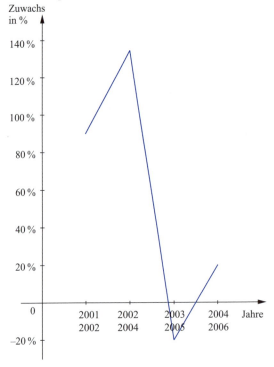

137. a)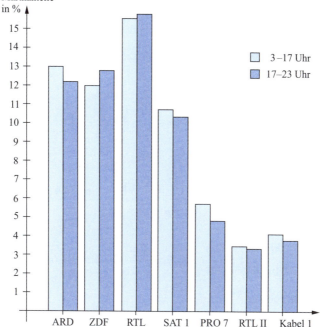

b) Nein, denn die prozentualen Anteile beschreiben keine absoluten Werte. Die Anzahl der Fernsehzuschauer (das ist der Grundwert) kann bei den zwei Zeitintervallen ganz verschieden sein.

c) Es sind nicht alle Fernsehsender aufgeführt. Am Abend sehen $100\% - 62,9\% = 37,1\%$ der Fernsehkonsumenten andere Sender als die aufgeführten.

138. a)

Anzahl der Besuche	0	1	2	3	4	5	6	7
prozentualer Anteil	3 %	5 %	8 %	8 %	15 %	22 %	18 %	10 %

b) Summe der prozentualen Anteile aus Teilaufgabe a:
$3\% + 5\% + 8\% + 8\% + 15\% + 22\% + 18\% + 10\% = 89\%$

Prozentualer Anteil der Schüler mit 8 und mehr Besuchen:
$100\% - 89\% = 11\%$

$$\left.\begin{array}{l} p = 11\% \\ G = 143 \end{array}\right\} P = G \cdot \frac{p}{100\%} = 143 \cdot \frac{11\%}{100\%} \approx 16$$

Ergebnis: **16** Schüler haben das Freibad 8-mal oder öfter besucht.

139. a)

Gewinn	3,5 Mio. €	5,1 Mio. €	6,2 Mio. €	6,3 Mio. €
Jahr	2000	2001	2002	2003

Gewinn	6,0 Mio. €	5,5 Mio. €
Jahr	2004	2005

b) $2000 \rightarrow 2001$

$\left.\begin{array}{l} G = 3,5 \text{ Mio. €} \\ P = 5,1 \text{ Mio. €} \end{array}\right\} p = \dfrac{P}{G} \cdot 100\,\% = \dfrac{5,1}{3,5} \cdot 100\,\% \approx 145,7\,\%$

$2001 \rightarrow 2002$

$\left.\begin{array}{l} G = 5,1 \text{ Mio. €} \\ P = 6,2 \text{ Mio. €} \end{array}\right\} p = \dfrac{P}{G} \cdot 100\,\% = \dfrac{6,2}{5,1} \cdot 100\,\% \approx 121,6\,\%$

$2003 \rightarrow 2004$

$\left.\begin{array}{l} G = 6,2 \text{ Mio. €} \\ P = 6,3 \text{ Mio. €} \end{array}\right\} p = \dfrac{P}{G} \cdot 100\,\% = \dfrac{6,3}{6,2} \cdot 100\,\% \approx 101,6\,\%$

$2003 \rightarrow 2004$

$\left.\begin{array}{l} G = 6,3 \text{ Mio. €} \\ P = 6,0 \text{ Mio. €} \end{array}\right\} p = \dfrac{P}{G} \cdot 100\,\% = \dfrac{6,0}{6,3} \cdot 100\,\% \approx 95,2\,\%$

$2004 \rightarrow 2005$

$\left.\begin{array}{l} G = 6,0 \text{ Mio. €} \\ P = 5,5 \text{ Mio. €} \end{array}\right\} p = \dfrac{P}{G} \cdot 100\,\% = \dfrac{5,5}{6,0} \cdot 100\,\% \approx 91,7\,\%$

$100\,\% - 91,7\,\% = 8,3\,\%$

Ergebnis: Im Jahr 2001 betrug die Gewinnsteigerung **45,7 %**.
Im Jahr 2002 betrug die Gewinnsteigerung **21,6 %**. 2003 wuchs der
Gewinn im Vergleich zum Vorjahr um **1,6 %**. 2004 ging der Gewinn
um $100\,\% - 95,2\,\% = \mathbf{4,8\,\%}$ zurück. Im Jahr 2005 ging der Gewinn um
weitere **8,3 %** zurück.

c) $(3,5 \text{ Mio. €} + 5,1 \text{ Mio. €} + 6,2 \text{ Mio. €} + 6,3 \text{ Mio. €} + 6,0 \text{ Mio. €}$
$+ 5,5 \text{ Mio. €}) : 6 = 32,6 \text{ Mio. €} : 6 \approx 5,4 \text{ Mio. €}$

Ergebnis: Der durchschnittliche jährliche Gewinn betrug in den letzten
sechs Jahren **5,4 Mio. €**.

Notizen

Ihre Meinung ist uns wichtig!

Ihre Anregungen sind uns immer willkommen. Bitte informieren Sie uns mit diesem Schein über Ihre Verbesserungsvorschläge!

Titel-Nr.	Seite	Vorschlag

Die echten Hilfen zum Lernen... **STARK**

16-V1M

Bitte ausfüllen und im frankierten Umschlag
an uns einsenden. Für Fensterkuverts geeignet.

Zutreffendes bitte ankreuzen!

Die Absenderin/der Absender ist:

☐ Lehrer/in in den Klassenstufen:

☐ Fachbetreuer/in
Fächer:

☐ Seminarlehrer/in
Fächer:

☐ Regierungsfachberater/in
Fächer:

☐ Oberstufenbetreuer/in

Unterrichtsfächer: (Bei Lehrkräften)

☐ Schulleiter/in
☐ Referendar/in, Termin 2. Staats-
examen:

☐ Leiter/in Lehrerbibliothek
☐ Leiter/in Schülerbibliothek
☐ Sekretariat
☐ Eltern
☐ Schüler/in, Klasse:
☐ Sonstiges:

STARK Verlag
Postfach 1852
85318 Freising

Kennen Sie Ihre Kundennummer?
Bitte hier eintragen.

Absender (Bitte in Druckbuchstaben!)

Name/Vorname

Straße/Nr.

PLZ/Ort

Telefon privat   Geburtsjahr

E-Mail-Adresse

Schule/Schulstempel (Bitte immer angeben!)

Bitte hier abtrennen

Sicher durch alle Klassen!

Lernerfolg durch selbstständiges Üben zu Hause!
Die von Fachlehrern entwickelten Trainingsbände
enthalten alle nötigen Fakten und jede Menge
<u>praxiserprobte Übungen mit schülergerechten
Lösungen</u>.

Mathematik: Training

Übertritt in weiterführende Schulen 4. Klasse	Best.-Nr. 990404
Mathematik – Übertritt ins Gymnasium	Best.-Nr. 90002
Mathematik 5. Klasse Bayern	Best.-Nr. 90005
Mathematik 5. Klasse Baden-Württemberg	Best.-Nr. 80005
Mathematik 5. Klasse	Best.-Nr. 900051
Mathematik 6. Klasse Bayern	Best.-Nr. 900062
Mathematik 6. Klasse	Best.-Nr. 90006
Bruchzahlen und Dezimalbrüche	Best.-Nr. 900061
Algebra 7. Klasse	Best.-Nr. 900111
Geometrie 7. Klasse	Best.-Nr. 90021
Algebra 8. Klasse	Best.-Nr. 90012
Geometrie 8. Klasse	Best.-Nr. 90022
Lineare Gleichungssysteme	Best.-Nr. 900122
Algebra 9. Klasse	Best.-Nr. 90013
Geometrie 9. Klasse	Best.-Nr. 90023
Klassenarbeiten Mathematik 9. Klasse	Best.-Nr. 900331
Satzgruppe des Pythagoras	Best.-Nr. 900232
Algebra 10. Klasse	Best.-Nr. 90014
Geometrie 10. Klasse	Best.-Nr. 90024
Potenzen und Potenzfunktionen	Best.-Nr. 900141
Klassenarbeiten Mathematik 10. Klasse	Best.-Nr. 900341
Wiederholung Algebra	Best.-Nr. 90009
Kompakt-Wissen Algebra	Best.-Nr. 90016
Kompakt-Wissen Geometrie	Best.-Nr. 90026

Mathematik: Zentrale Prüfungen

Bayerischer Mathematik-Test (BMT) 8. Klasse Gymnasium Bayern	Best.-Nr. 950081
Bayerischer Mathematik-Test (BMT) 10. Klasse Gymnasium Bayern	Best.-Nr. 950001
Vergleichsarbeiten Mathematik 6. Klasse Gymnasium Baden-Württemberg	Best.-Nr. 850061
Vergleichsarbeiten Mathematik 8. Klasse Gymnasium Baden-Württemberg	Best.-Nr. 850081
Zentrale Klassenarbeit Mathematik 10. Klasse Gymnasium Baden-Württemberg	Best.-Nr. 80001
Zentrale Prüfung Mathematik Klasse 10 Gymnasium Nordrhein-Westfalen	Best.-Nr. 550001
Zentrale Prüfung Mathematik Jahrgangsstufe 10 Gymnasium Brandenburg	Best.-Nr. 1250001
Zentrale Prüfung Mathematik Jahrgangsstufe 10 Gymnasium Mecklenburg-Vorpommern	Best.-Nr. 1350001
Besondere Leistungsfeststellung Mathematik 10. Klasse Gymnasium Sachsen	Best.-Nr. 1450001
Besondere Leistungsfeststellung Mathematik 10. Klasse Gymnasium Thüringen	Best.-Nr. 165001

Physik

Physik – Mittelstufe 1	Best.-Nr. 90301
Physik – Mittelstufe 2	Best.-Nr. 90302

Deutsch: Training

Übertritt in weiterführende Schulen mit CD	Best.-Nr. 994402
Rechtschreibung und Diktat 5./6. Klasse	Best.-Nr. 90408
Nach den neuen Regeln, gültig ab 01.08.06.	
Grammatik und Stil 5./6. Klasse Bayern, Baden-Württemberg	Best.-Nr. 90406
Grammatik und Stil 5./6. Klasse	Best.-Nr. 50406
Aufsatz 5./6. Klasse	Best.-Nr. 90401
Grammatik und Stil 7./8. Klasse	Best.-Nr. 90407
Aufsatz 7./8. Klasse	Best.-Nr. 90403
Aufsatz 9./10. Klasse	Best.-Nr. 90404
Deutsche Rechtschreibung 5.–10. Klasse	Best.-Nr. 90402
Nach den neuen Regeln, gültig ab 01.08.06.	
Übertritt in die Oberstufe	Best.-Nr. 90409
Kompakt-Wissen Rechtschreibung	Best.-Nr. 944065
Nach den neuen Regeln, gültig ab 01.08.06.	
Lexikon zur Kinder- und Jugendliteratur	Best.-Nr. 93443

Deutsch: Zentrale Prüfungen

Jahrgangsstufentest Deutsch 6. Klasse Gymnasium Bayern	Best.-Nr. 954061
Jahrgangsstufentest Deutsch 8. Klasse Gymnasium Bayern	Best.-Nr. 954081
Zentrale Klassenarbeit Deutsch 10. Klasse Gymnasium Baden-Württemberg	Best.-Nr. 80402
Zentrale Prüfung Deutsch Klasse 10 Gymnasium Nordrhein-Westfalen	Best.-Nr. 554001
Zentrale Prüfung Deutsch Jahrgangsstufe 10 Gymnasium Brandenburg	Best.-Nr. 1254001
Zentrale Prüfung Deutsch Jahrgangsstufe 10 Gymnasium Mecklenburg-Vorpommern	Best.-Nr. 1354001
Besondere Leistungsfeststellung Deutsch 10. Klasse Gymnasium Sachsen	Best.-Nr. 1454001
Besondere Leistungsfeststellung Deutsch 10. Klasse Gymnasium Thüringen	Best.-Nr. 165401

(Bitte blättern Sie um)

Englisch Grundwissen

Englisch Grundwissen 5. Klasse
Bayern, Baden-Württemberg .... Best.-Nr. 90505
Englisch Grundwissen 5. Klasse .... Best.-Nr. 50505
Klassenarbeiten Englisch 5. Klasse mit CD .... Best.-Nr. 905053
Englisch Grundwissen 6. Klasse
Bayern, Baden-Württemberg .... Best.-Nr. 90506
Englisch Grundwissen 6. Klasse .... Best.-Nr. 50506
Klassenarbeiten Englisch 6. Klasse mit CD .... Best.-Nr. 905063
Englisch Grundwissen
1. Lernjahr als 2. Fremdsprache
Bayern, Baden-Württemberg .... Best.-Nr. 905052
Englisch Grundwissen
1. Lernjahr als 2. Fremdsprache .... Best.-Nr. 505052
Englisch Grundwissen
2. Lernjahr als 2. Fremdsprache
Bayern, Baden-Württemberg .... Best.-Nr. 905062
Englisch Grundwissen
2. Lernjahr als 2. Fremdsprache .... Best.-Nr. 505062
Englisch Grundwissen 7. Klasse .... Best.-Nr. 90507
Englisch Grundwissen 8. Klasse .... Best.-Nr. 90508
Englisch Grundwissen 9. Klasse .... Best.-Nr. 90509
Englisch Grundwissen 10. Klasse .... Best.-Nr. 90510
Englisch Übertritt in die Oberstufe .... Best.-Nr. 82453
Kompakt-Wissen Kurzgrammatik .... Best.-Nr. 90461

Englisch Textproduktion

Textproduktion 9./10. Klasse .... Best.-Nr. 90541

Englisch Leseverstehen

Leseverstehen 5. Klasse .... Best.-Nr. 90526
Leseverstehen 6. Klasse .... Best.-Nr. 90525
Leseverstehen 8. Klasse .... Best.-Nr. 90522
Leseverstehen 10. Klasse .... Best.-Nr. 90521

Englisch Hörverstehen

Hörverstehen 5. Klasse mit CD .... Best.-Nr. 90512
Hörverstehen 6. Klasse mit CD .... Best.-Nr. 90511
Hörverstehen 7. Klasse mit CD .... Best.-Nr. 90513
Hörverstehen 9. Klasse mit CD .... Best.-Nr. 90515
Hörverstehen 10. Klasse mit CD .... Best.-Nr. 80457

Englisch Rechtschreibung

Rechtschreibung und Diktat
5. Klasse mit 3 CDs .... Best.-Nr. 90531
Rechtschreibung und Diktat
6. Klasse mit CD .... Best.-Nr. 90532
Englische Rechtschreibung 9./10. Klasse .... Best.-Nr. 80453

Englisch Wortschatzübung

Wortschatzübung 5. Klasse mit CD .... Best.-Nr. 90518
Wortschatzübung 6. Klasse mit CD .... Best.-Nr. 90519
Wortschatzübung Mittelstufe .... Best.-Nr. 90520

Englisch Übersetzung

Translation Practice 1 / ab 9. Klasse .... Best.-Nr. 80451
Translation Practice 2 / ab 10. Klasse .... Best.-Nr. 80452

Englisch: Zentrale Prüfungen

Jahrgangsstufentest Englisch
6. Klasse mit CD Gymnasium Bayern .... Best.-Nr. 954661
Zentrale Klassenarbeit Englisch mit CD
10. Klasse Gymnasium Baden-Württemberg .... Best.-Nr. 80456
Mittlerer Schulabschluss/Sek I
Mündliche Prüfung Englisch Brandenburg .... Best.-Nr. 121550
Besondere Leistungsfeststellung Englisch mit CD
10. Klasse Gymnasium Sachsen .... Best.-Nr. 1454601
Besondere Leistungsfeststellung Englisch
10. Klasse Gymnasium Thüringen .... Best.-Nr. 165461

Französisch

Rechtschreibung und Diktat 1./2. Lernjahr
mit 2 CDs .... Best.-Nr. 905501
Französisch im 2. Lernjahr .... Best.-Nr. 905503
Französisch im 3. Lernjahr .... Best.-Nr. 905504
Wortschatzübung Mittelstufe .... Best.-Nr. 94510
Kompakt-Wissen Kurzgrammatik .... Best.-Nr. 945011
Zentrale Klassenarbeit Französisch
10. Klasse Gymnasium Baden-Württemberg .... Best.-Nr. 80501

Latein

Latein I/II in 1. Lernjahr 5./6. Klasse G8 .... Best.-Nr. 906051
Latein I/II in 2. Lernjahr 6./7. Klasse G8 .... Best.-Nr. 906061
Latein I/II in 1. Lernjahr 5./7. Klasse G9 .... Best.-Nr. 90605
Latein I – 6. Kl. Latein als 1. Fremdsprache G9 .... Best.-Nr. 90606
Latein II in 2. Lernjahr .... Best.-Nr. 906082
Übersetzung im 1. Lektürejahr G9 .... Best.-Nr. 906091
Wiederholung Grammatik .... Best.-Nr. 94601
Wortkunde .... Best.-Nr. 94603
Kompakt-Wissen Kurzgrammatik .... Best.-Nr. 906011

Biologie/Chemie

Besondere Leistungsfeststellung Biologie
10. Klasse Gymnasium Thüringen .... Best.-Nr. 165701
Besondere Leistungsfeststellung Chemie
10. Klasse Gymnasium Thüringen .... Best.-Nr. 165731
Chemie 8. Klasse Bayern .... Best.-Nr. 90731
Chemie – Mittelstufe 1 .... Best.-Nr. 80731

Geschichte

Kompakt-Wissen Geschichte
Unter-/Mittelstufe .... Best.-Nr. 907601

Ratgeber „Richtig Lernen"

Tipps und Lernstrategien – Unterstufe .... Best.-Nr. 10481
Tipps und Lernstrategien – Mittelstufe .... Best.-Nr. 10482